Das ABC des Genklonens

Dominic W. S. Wong

Das ABC des Genklonens

 Springer

Dominic W. S. Wong
Western Regional Research Center
Albany, USA

Dieses Buch ist eine Übersetzung des Originals in Englisch „The ABCs of Gene Cloning "
von Wong, Dominic W. S., publiziert durch Springer Nature Switzerland AG im Jahr 2018.
Die Übersetzung erfolgte mit Hilfe von künstlicher Intelligenz (maschinelle Übersetzung
durch den Dienst DeepL.com). Eine anschließende Überarbeitung im Satzbetrieb erfolgte
vor allem in inhaltlicher Hinsicht, so dass sich das Buch stilistisch anders lesen wird als eine
herkömmliche Übersetzung. Springer Nature arbeitet kontinuierlich an der Weiterentwicklung
von Werkzeugen für die Produktion von Büchern und an den damit verbundenen Technologien
zur Unterstützung der Autoren.

ISBN 978-3-031-22189-7   ISBN 978-3-031-22190-3 (eBook)
https://doi.org/10.1007/978-3-031-22190-3

Die Deutsche Nationalbibliothek verzeichnet diese Publikation in der Deutschen Nationalbibliografie;
detaillierte bibliografische Daten sind im Internet über http://dnb.d-nb.de abrufbar.

Springer

Planung/Lektorat: Sarah Koch
Springer ist ein Imprint der eingetragenen Gesellschaft Springer Nature Switzerland AG und ist ein Teil
von Springer Nature.
Die Anschrift der Gesellschaft ist: Gewerbestrasse 11, 6330 Cham, Switzerland

An: Benji und Theo

Vorwort zur dritten Auflage

Bei der Vorbereitung dieser dritten Auflage ist der Autor mehr denn je davon überzeugt, dass die Beherrschung der Grundlagen des Sprechens und Lesens der „Sprache" des Genklonierens der Schlüssel zum Verständnis seiner Schönheit ist. Das Gesamtziel bleibt das gleiche wie bei den beiden vorherigen Ausgaben, wobei der Schwerpunkt auf dem Erlernen des Vokabulars und der Sprache des Genklonierens liegt. Zu diesem Zweck wurden in den Teilen I und II die Kapitel über Klonierungstechniken, Klonierungsvektoren und Transformation aktualisiert. Ein neues Kapitel befasst sich mit dem Konzept und der Vorgehensweise bei der Entwicklung von Genvektorkonstrukten für das Expressionsklonieren.

In den zwölf Jahren, die seit der Erstellung der zweiten Auflage vergangen sind, hat es bemerkenswerte Fortschritte in der Anwendungstechnologie des Genklonierens gegeben. Bei der Überarbeitung dieses Buchs wurden neue Themen aufgenommen, die insbesondere den Bereich der medizinischen Wissenschaft und Technologie betreffen. Zu den neuen Abschnitten gehören: Identifizierung von Krankheitsgenen durch Exomsequenzierung, rekombinante adenoassoziierte virusvermittelte Gentherapie, künstliche Nukleasen und CRISPR für Gen-/Genom-Editing sowie Next-generation-Sequenzierung. Auch andere Kapitel wurden überarbeitet und aktualisiert.

Es war eine erfreuliche und inspirierende Erfahrung, den Beitrag zahlreicher Wissenschaftler zu dem sich ständig weiterentwickelnden Gebiet des Genklonierens kennenzulernen. Ich danke den Autoren, auf deren Veröffentlichungen und Materialien in diesem Buch verwiesen wird, sowie den Verlagen für die Erlaubnis, die urheberrechtlich geschützten Materialien zu verwenden. Mein Dank gilt auch vielen meiner Kollegen und Studenten für die jahrelange Forschungszusammenarbeit, die dem Umfang und der Präsentation dieses Buchs Sinn und Bedeutung verliehen hat.

Vorwort zur zweiten Auflage

In den neun Jahren seit der ersten Auflage bin ich nach wie vor der Meinung, dass ein effektiver Ansatz zum Verständnis des Themas Genklonierung darin besteht, das „Vokabular" und die „Sprache" zu lernen. Dieses Buch legt den Schwerpunkt auf das Wesentliche, nämlich die Sprache des Genklonierens zu lesen und zu sprechen. Es zeigt den Lesern, wie man zwischen einem Gen und einer DNA unterscheidet, wie man eine Gensequenz liest und schreibt, wie man intelligent über das Klonieren spricht, wie man wissenschaftliche News liest und wie man Seminare mit einem gewissen Maß an Verständnis genießt.

Im Großen und Ganzen ist die zweite Auflage nicht weiter fortgeschritten als die erste, um das Buch übersichtlich zu halten und die Leser nicht mit unnötigen Details zu belasten. Nichtsdestotrotz waren Änderungen erforderlich und neue Materialien wurden in die Überarbeitung aufgenommen. Teil I enthält ein neues Kapitel, das eine Anleitung zum Lesen von prokaryotischen und eukaryotischen Gensequenzen bietet. Teil II besteht aus mehreren Ergänzungen, die neue Techniken und Klonierungsvektoren betreffen. Die Themen in Teil III wurden in separaten Abschnitten neu geordnet – Teil III konzentriert sich nun auf Anwendungen des Genklonierens in der Landwirtschaft, und Teil IV ist ganz den Anwendungen in der Medizin gewidmet. Die Kapitel über Gentherapie, Gen-Targeting und DNA-Typisierung wurden gründlich überarbeitet. Zusätzliche Kapitel behandeln das Klonen von Tieren und die Sequenzierung des menschlichen Genoms. Die intensive Beschäftigung mit der Neufassung und Erweiterung von Teil IV spiegelt den raschen Fortschritt in der Technologie und die zunehmende Bedeutung des Genklonierens wider.

Ich habe das Schreiben und Überarbeiten dieses Buchs mit großer Befriedigung genossen. Es war eine inspirierende Erfahrung, die bemerkenswerte Entwicklung auf dem Gebiet des Genklonierens und den unermüdlichen Einsatz Tausender von Wissenschaftlern mitzuerleben, die die Gene zum Ticken bringen.

Vorwort zur ersten Ausgabe

Das Klonieren von Genen hat sich zu einem schnell wachsenden Bereich mit weitreichenden Auswirkungen auf alle Bereiche unseres Lebens entwickelt. Das Thema des Genklonierens kann für einen Anfänger mit wenig formaler Ausbildung in Biologie einschüchternd wirken. Dieses Buch soll keine elementare Behandlung der rekombinanten DNA-Technologie darstellen, da es bereits eine Reihe von Büchern in dieser Kategorie gibt. Ziel dieses Buchs ist es, interessierten Lesern, die keine Vorkenntnisse auf diesem Gebiet haben, eine echte Einführung in das Klonieren von Genen zu geben, damit sie das Vokabular erlernen und einige Kenntnisse im Lesen und Sprechen der „Sprache" erwerben können.

Beim Schreiben dieses Buchs war der Autor ständig mit der Frage konfrontiert, wie er die Sprache eines komplexen Fachgebiets auf einfache und zugängliche Weise darstellen kann. Ich habe mich dafür entschieden, Teil I dieses Buchs der Darstellung einiger grundlegender Konzepte der Biologie in einer einfachen und zugänglichen Weise zu widmen. Meine Absicht ist es, nur das Wesentliche hervorzuheben, das für das Verständnis des Genklonierens am wichtigsten ist. Wer sich eingehender mit der Genetik oder Molekularbiologie befassen möchte, kann auf zahlreiche hervorragende Literatur zurückgreifen. Teil II des Buchs beschreibt Klonierungstechniken und -ansätze, die in mikrobiellen, pflanzlichen und Säugetiersystemen verwendet werden. Ich glaube, dass eine Diskussion über Mikroben hinaus eine Voraussetzung für ein besseres Verständnis der Sprache und der praktischen Anwendungen des Genklonierens ist. Teil III beschreibt ausgewählte Anwendungen in der Landwirtschaft und Lebensmittelwissenschaft sowie in der Medizin und verwandten Bereichen. Ich habe den Ansatz gewählt, zunächst die Hintergrundinformationen für jede Anwendung vorzustellen, gefolgt von einem Beispiel für in der Literatur veröffentlichte Klonierungsstrategien. Die Einbeziehung von Veröffentlichungen ist ein effizienter Weg, um zu zeigen, wie das Klonieren von Genen durchgeführt wird, und es mit den in Teil I und II entwickelten Konzepten in Verbindung zu bringen. Darüber hinaus ermöglicht es den Lesern, das kohärente Thema, das die Prinzipien und Techniken des Genklonierens unterstreicht, zu „sehen". Entsprechend seinem einführenden Charakter ist der Text reichlich illustriert, und die Inhalte werden in einer logischen Reihenfolge entwickelt. Jedes Kapitel wird durch eine Liste von Wiederholungsfragen als Studienhilfe ergänzt.

Ich hoffe, dass es diesem Buch gelingt, nicht nur die wunderbare Sprache des Genklonens zu vermitteln, sondern auch ein Gefühl für die Relevanz dieser Wissenschaft in unserem täglichen Leben. Abschließend möchte ich meinen Lehrern und Kollegen, insbesondere Professor Carl A. Batt (Cornell University) und Professor Robert E. Feeney (UC Davis), dafür danken, dass sie mein Interesse an biologischen Molekülen und Prozessen geweckt haben. Besonderer Dank gebührt Dr. Eleanor S. Reimer (Chapman & Hall), die mich bei der Verwirklichung dieses Buchs sehr unterstützt hat.

Inhaltsverzeichnis

Grundlagen der genetischen Prozesse

KAPITEL 1

EINFÜHRENDE KONZEPTE

Die Bausteine aller Formen des Lebens sind Zellen. Einfache Organismen wie Bakterien bestehen aus einzelnen Zellen. Pflanzen und Tiere bestehen aus vielen Zelltypen, die jeweils in Geweben und Organen mit spezifischen Funktionen organisiert sind. Die Bestimmungsfaktoren der genetischen Merkmale lebender Organismen sind im Kern jeder Zelle in Form einer Art von Nukleinsäure enthalten, der Desoxyribonukleinsäure (DNA). Die genetische Information in der DNA wird für die Synthese von zellspezifischen Proteinen verwendet. Die Fähigkeit der Zellen, die von der DNA kodierten Informationen in Form von Proteinmolekülen auszudrücken, wird durch den zweistufigen Prozess von Transkription und Translation erreicht.

$$\text{DNA} \xrightarrow{\text{Transkription}} \xrightarrow{\text{Übersetzung}} \text{Eiweiß}$$

1.1 Was ist DNA und was ist ein Gen?

Ein DNA-Molekül enthält zahlreiche diskrete Informationen, die jeweils für die Struktur eines bestimmten Proteins kodieren. Jedes Stück der Information, das ein Protein spezifiziert, entspricht nur einem sehr kleinen Segment des DNA-Moleküls. Der Bakteriophage λ, ein Virus, der Bakterien infiziert, enthält alle seine 60 Gene in einem einzigen DNA-Molekül. Beim Menschen gibt es etwa 20.000 Gene, die in 46 Chromosomen organisiert sind, komplexen Strukturen von DNA-Molekülen, die mit Proteinen verbunden sind.

Wann, wie und wo die Synthese der einzelnen Proteine erfolgt, wird genau kontrolliert. Biologische Systeme sind auf Effizienz optimiert; Proteine werden nur dann hergestellt, wenn sie benötigt werden. Das bedeutet, dass Transkription und Translation eines Gens bei der Herstellung eines Proteins durch eine Reihe von Steuerelementen, von denen viele auch Proteine sind, in hohem Maß reguliert werden. Diese regulatorischen Proteine werden wiederum von einer Reihe von Genen kodiert.

Es ist daher sinnvoller, ein Gen als eine funktionelle Einheit zu definieren. Ein Gen ist eine Kombination von DNA-Segmenten, die alle für seine Expression notwendigen Informationen enthalten, die zur Produktion eines Proteins führen. Ein in diesem Zusammenhang definiertes Gen würde (1) die strukturelle Gensequenz, die das Protein kodiert, und (2) die Sequenzen, die an der Regulierungsfunktion des Prozesses beteiligt sind, umfassen.

1.2   Was ist Genklonieren?

Beim Klonieren von Genen wird eine fremde DNA (oder ein Gen) in eine Wirtszelle (eine Bakterienzelle, eine Pflanze oder ein Tier) eingeführt. Um dies zu erreichen, wird das Gen in der Regel in einen Vektor (ein kleines Stück DNA) eingefügt, um ein rekombinantes DNA-Molekül zu bilden. Der Vektor dient als Vehikel für die Einführung des Gens in die Wirtszelle und für die Steuerung der richtigen Replikation (DNA -> DNA) und Expression (DNA -> Protein) des Gens (Abb. 1.1).

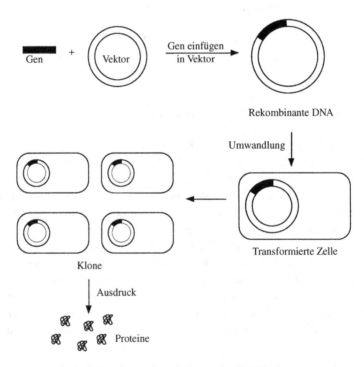

Abb. 1.1 Allgemeines Schema der Genklonierung

Der Prozess, bei dem der genhaltige Vektor in eine Wirtszelle eingeführt wird, wird Transformation genannt. Die Wirtszelle, die nun das fremde Gen beherbergt, ist eine transformierte Zelle oder ein Transformant.

Die Wirtszelle, die den genhaltigen Vektor trägt, produziert Nachkommen, die alle das eingefügte Gen enthalten. Diese identischen Zellen werden als Klone bezeichnet.

In der transformierten Wirtszelle und ihren Klonen wird das eingefügte Gen transkribiert und in Proteine übersetzt. Das Gen wird also exprimiert, wobei das Genprodukt ein Protein ist. Dieser Vorgang wird als Expression bezeichnet.

1.3 Zellorganisationen

Richten wir unsere Aufmerksamkeit für einen Moment auf die Organisation und die allgemeinen strukturellen Merkmale einer Zelle, deren Kenntnis erforderlich ist, um die Sprache des Genklonierens zu beherrschen. Es gibt zwei verschiedene Arten von Zellen (Abb. 1.2). Bei einem einfachen Zelltyp gibt es keine getrennten Kompartimente für das genetische Material und andere interne Strukturen.

Organismen mit dieser Art der zellulären Organisation werden als Prokaryoten bezeichnet. Das genetische Material von Prokaryoten, wie z. B. Bakterien, liegt in einer einzigen zirkulären DNA in einer klaren Region vor, die Nukleoid genannt wird und mikroskopisch beobachtet werden kann. Einige Bakterien enthalten auch kleine zirkuläre DNA-Moleküle, die als Plasmide bezeichnet werden (Plasmide sind die DNA, die für die Konstruktion von Vektoren beim Klonieren von Genen verwendet wird; siehe Abschn. 9.1). Der Rest des Zellinneren ist das Zytoplasma, das zahlreiche winzige kugelförmige Strukturen enthält, die Ribosomen genannt werden – die Orte für die Proteinsynthese. Abgegrenzte Strukturen wie Ribosomen werden als Organellen bezeichnet. Der restliche (flüssige) Teil des Zytoplasmas ist das Zytosol, eine Lösung aus chemischen Bestandteilen, die verschiedene Funktionen der Zelle aufrechterhalten. Alle intrazellulären Materialien werden von einer Plasmamembran umschlossen, einer Doppelschicht aus Phospholipiden, in die verschiedene Proteine eingebettet sind. Darüber hinaus enthalten einige Bakterienzellen eine äußere Schicht aus Peptidoglykan (ein Polymer aus Aminozuckern) und eine Kapsel (eine schleimige Schicht aus Polysacchariden).

Im Gegensatz dazu hat die überwiegende Mehrheit der lebenden Arten, darunter Tiere, Pflanzen und Pilze, Zellen, die das genetische Material in einem membrangebundenen Zellkern enthalten, der von anderen inneren Kompartimenten, die ebenfalls von Membranen umgeben sind, getrennt ist. Organismen mit dieser Art der Zellorganisation werden als Eukaryoten bezeichnet. Die Anzahl und Komplexität der Organellen in eukaryotischen Zellen übersteigt die von Bakterien bei Weitem (Abb. 1.2). In tierischen Zellen sind die Organellen und die Bestandteile durch eine Plasmamembran verbunden. In Pflanzen und

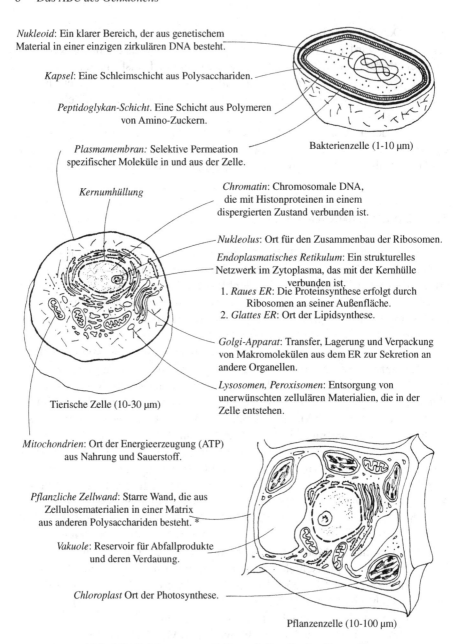

Nukleoid: Ein klarer Bereich, der aus genetischem Material in einer einzigen zirkulären DNA besteht.

Kapsel: Eine Schleimschicht aus Polysacchariden.

Peptidoglykan-Schicht. Eine Schicht aus Polymeren von Amino-Zuckern.

Plasmamembran: Selektive Permeation spezifischer Moleküle in und aus der Zelle.

Bakterienzelle (1-10 µm)

Kernumhüllung

Chromatin: Chromosomale DNA, die mit Histonproteinen in einem dispergierten Zustand verbunden ist.

Nukleolus: Ort für den Zusammenbau der Ribosomen.

Endoplasmatisches Retikulum: Ein strukturelles Netzwerk im Zytoplasma, das mit der Kernhülle verbunden ist.
1. *Raues ER*: Die Proteinsynthese erfolgt durch Ribosomen an seiner Außenfläche.
2. *Glattes ER*: Ort der Lipidsynthese.

Golgi-Apparat: Transfer, Lagerung und Verpackung von Makromolekülen aus dem ER zur Sekretion an andere Organellen.

Lysosomen, Peroxisomen: Entsorgung von unerwünschten zellulären Materialien, die in der Zelle entstehen.

Tierische Zelle (10-30 µm)

Mitochondrien: Ort der Energieerzeugung (ATP) aus Nahrung und Sauerstoff.

Pflanzliche Zellwand: Starre Wand, die aus Zellulosematerialien in einer Matrix aus anderen Polysacchariden besteht. *

Vakuole: Reservoir für Abfallprodukte und deren Verdauung.

Chloroplast Ort der Photosynthese.

Pflanzenzelle (10-100 µm)

Abb. 1.2 Zeichnung von Zellen mit Details der Organellen

Pilzen gibt es zusätzlich eine äußere Zellwand, die hauptsächlich aus Zellulose besteht (in Pflanzen- und Pilzzellen muss die Zellwand in einigen Fällen entfernt werden, bevor eine fremde DNA in die Zelle eingeschleust werden kann, wie in Abschn. 11.1 beschrieben).

1.4   Vererbungsfaktoren und Merkmale

In einem eukaryotischen Zellkern liegt die DNA in Komplexen mit Proteinen vor und bildet eine Struktur, die Chromatin genannt wird (Abb. 1.3). Während der Zellteilung verdichtet sich das faserartige Chromatin zu einer genauen Anzahl klar definierter Strukturen, die Chromosomen genannt werden und unter dem Mikroskop sichtbar sind.

Die Chromosomen sind aufgrund von Ähnlichkeiten in Form und Länge sowie der genetischen Zusammensetzung in Paaren zusammengefasst. Die Anzahl der Chromosomenpaare ist bei den verschiedenen Arten unterschiedlich. Karotten haben beispielsweise 9 Chromosomenpaare, Menschen haben 23 Paare usw. Die beiden ähnlichen Chromosomen eines Paares werden als homolog bezeichnet und enthalten genetisches Material, das die gleichen vererbbaren Merkmale steuert. Befindet sich ein Erbfaktor (Gen), der ein bestimmtes Erbmerkmal bestimmt, auf einem Chromosom, so befindet er sich auch an derselben Stelle (Locus) auf dem homologen Chromosom. Die beiden Kopien eines Gens, die sich an denselben Loci in einem homologen Chromosomenpaar befinden, bestimmen dasselbe Erbmerkmal, können aber in ver-

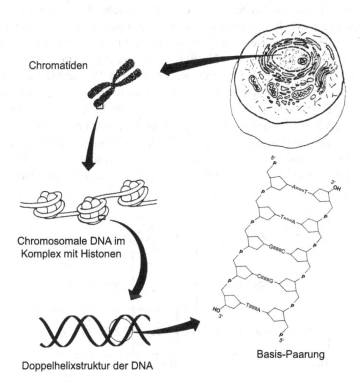

Abb. 1.3 Struktur eines zellulären Chromosoms

schiedenen Formen (Allelen) vorliegen. Vereinfacht ausgedrückt, es gibt für jedes Gen dominante und rezessive Allele.

Bei einem homologen Chromosomenpaar können die beiden Kopien eines Gens in drei verschiedenen Kombinationen vorliegen: zwei dominante Allele, ein dominantes und ein rezessives oder zwei rezessive. Dominante Allele werden mit Großbuchstaben bezeichnet, rezessive Allele mit dem gleichen Buchstaben, aber in Kleinbuchstaben. So wird beispielsweise die Form eines Erbsenkorns durch das Vorhandensein des R-Gens bestimmt. Die dominante Form des Gens wird mit *R* und die rezessive Form des Gens mit *r* bezeichnet. Die homologe Kombination der Allele kann eine der folgenden sein: (1) *RR* (beide dominant), (2) *Rr* (eines dominant, eines rezessiv) oder (3) *rr* (beide rezessiv). Diese genetische Zusammensetzung eines Vererbungsfaktors wird als Genotyp bezeichnet. Ein dominantes Allel ist die Form eines Gens, die immer exprimiert wird, während ein rezessives Allel in Gegenwart eines dominanten Allels unterdrückt wird. Im Fall der Genotypen *RR* und *Rr* erhalten die Erbsensamen also eine runde Form, während der Genotyp *rr* einen faltigen Samen ergibt. Das beobachtete Erscheinungsbild bei der Ausprägung eines Genotyps ist sein Phänotyp.

In diesem Beispiel hat eine Erbsenpflanze mit dem Genotyp *RR* oder *Rr* einen Phänotyp mit runden Samen. Wenn zwei Allele eines Gens gleich sind (z. B. *RR* oder *rr*), werden sie als homozygot (dominant oder rezessiv) bezeichnet. Wenn die beiden Allele unterschiedlich sind (z. B. *Rr*), sind sie heterozygot. Die Genotypen und Phänotypen der Nachkommen aus der Vermehrung von beispielsweise zwei Erbsenpflanzen mit den Genotypen *Rr* (heterozygot) und *rr* (homozygot-rezessiv) können mithilfe eines Punnett-Quadrats verfolgt werden (Abb. 1.4a). Die Nachkommen der ersten Generation haben die Genotypen *Rr* und *rr* im Verhältnis 1:1 und die Phänotypen runder Samen bzw. faltiger Samen.

Das Beispiel der runden/faltigen Form von Erbsensamen ist typisch für ein Gen, das ein einzelnes Merkmal kontrolliert. In den meisten Fällen ist die Situation komplexer, da viele Merkmale polygen bestimmt werden. Die Augen-

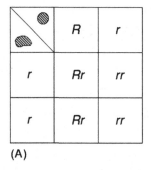
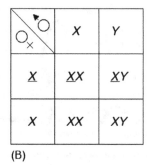

Abb. 1.4 Kreuzung zwischen (**a**) *Rr*- und *rr*-Erbsenpflanzen und (**b**) Trägerweibchen und normalem Männchen

farbe zum Beispiel wird durch das Vorhandensein mehrerer Gene gesteuert. In einigen Fällen kann ein Gen in mehr als zwei allelischen Formen vorliegen. Die menschliche ABO-Blutgruppe wird von einem Gen mit drei Allelen gesteuert – I^A und I^B sind kodominant und I^o ist rezessiv. Zusätzliche Variationen werden durch ein Phänomen namens Crossing-over (oder Rekombination) eingeführt, bei dem ein genetisches Segment eines Chromosoms mit dem entsprechenden Segment des homologen Chromosoms während der Meiose (einem Zellteilungsprozess, siehe Abschn. 1.5 und 18.1) ausgetauscht wird.

Eine weitere Komplikation ergibt sich aus geschlechtsgebundenen Merkmalen. Der Mensch hat 23 Chromosomenpaare. Die Chromosomenpaare 1–22 sind homologe Paare und das letzte Paar enthält die Geschlechtschromosomen. Der Mann hat ein XY-Paar und die Frau hat XX-Chromosomen. Die Gene, die das Y-Chromosom trägt, bestimmen die Entwicklung des Mannes; das Fehlen des Y-Chromosoms führt zu einer Frau. Ein geschlechtsgebundenes Gen ist ein Gen, das sich auf einem Geschlechtschromosom befindet. Die meisten bekannten menschlichen geschlechtsgebundenen Gene befinden sich auf dem X-Chromosom und werden daher als X-gebunden bezeichnet. Ein Beispiel für ein geschlechtsgebundenes Merkmal ist Farbenblindheit, die durch ein rezessives Allel auf dem X-Chromosom verursacht wird (Abb. 1.4b). Wenn eine weibliche Trägerin mit einem normalen Mann verheiratet ist, haben die Kinder die folgenden Genotypen und Phänotypen: Söhne *X̱Y* (farbenblind) und *XY* (normal), und Töchter: *X̱X* (normal, Träger) und *XX* (normal, Nichtträger).

1.5 Mitose und Meiose

Das Vorhandensein homologer Chromosomenpaare ist das Ergebnis der sexuellen Fortpflanzung. Ein Teil jedes Chromosomenpaares wird von jedem Elternteil vererbt. Beim Menschen und anderen höheren Organismen enthalten autosomale Zellen (alle Zellen mit Ausnahme der Keimzellen, Spermien und Eizellen) einen vollständigen Satz homologer Chromosomen, jeweils ein Paar von einem Elternteil. Diese Zellen werden als diploide Zellen (*2n*) bezeichnet. Keimzellen enthalten nur ein homologes Chromosomenpaar und werden als haploid (*n*) bezeichnet.

Ein grundlegendes Merkmal von Zellen ist ihre Fähigkeit, sich durch Zellteilung zu reproduzieren – ein Verdopplungsprozess, bei dem zwei neue (Tochter-)Zellen aus der Teilung einer bestehenden (Mutter-)Zelle hervorgehen. Bakterienzellen nutzen die Zellteilung als Mittel der ungeschlechtlichen Fortpflanzung und erzeugen Tochterzellen durch binäre Spaltung. Das Chromosom einer Mutterzelle wird dupliziert und geteilt, sodass jede der beiden Tochterzellen das gleiche Chromosom wie die Mutterzelle erhält.

Bei Eukaryoten ist der Prozess nicht so einfach. Es lassen sich zwei Arten der Zellteilung unterscheiden, die Mitose und die Meiose. Bei der Mitose wird jedes Chromosom in Duplikate (sogenannte Chromatiden) kopiert,

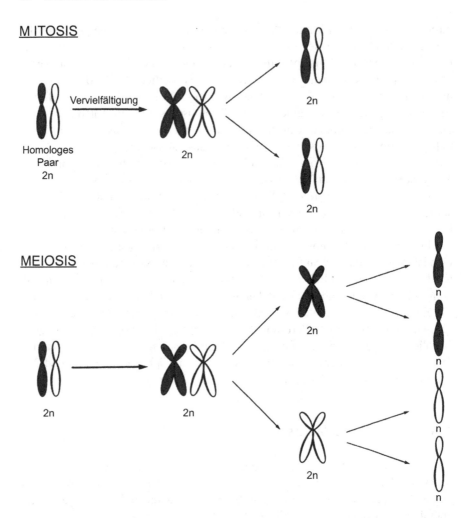

Abb. 1.5 Schematischer Vergleich zwischen Mitose und Meiose

die getrennt und auf zwei Tochterzellen aufgeteilt werden. Somit erhält jede der beiden Tochterzellen eine exakte Kopie der genetischen Information der Mutterzelle (Abb. 1.5). Die Mitose ermöglicht es neuen Zellen, alte Zellen zu ersetzen – ein Prozess, der für Wachstum und Erhaltung unerlässlich ist. Bei der Meiose bleiben die beiden Chromatiden jedes Chromosoms verbunden und die Chromosomenpaare werden stattdessen getrennt, sodass jede Tochterzelle die Hälfte der Chromosomenzahl der Mutterzelle trägt (Abb. 1.5). Man beachte, dass in diesem Stadium jedes Chromosom in den Tochterzellen aus zwei Chromatiden besteht. In einem zweiten Teilungsschritt teilen sich die Chromatiden, sodass vier Tochterzellen entstehen, die jeweils eine haploide Anzahl von Chromosomen enthalten, d. h. nur ein Teil jedes homologen

Chromosomenpaars. Die Meiose ist der Prozess, durch den die Keimzellen entstehen. Nach der Befruchtung einer Eizelle mit einem Spermium verfügt der Embryo über vollständige Paare homologer Chromosomen.

1.6 Zusammenhang zwischen Genen und vererbten Merkmalen

Die vorangegangenen Erörterungen über dominante und rezessive Formen sowie Genotypen und Phänotypen können auf molekularer Ebene interpretiert werden, indem man sie darauf bezieht, wie Gene vererbte Merkmale bestimmen. Vereinfacht ausgedrückt kann ein Gen in einer funktionellen Form vorliegen, sodass es durch Transkription und Translation exprimiert wird und ein Genprodukt (ein bestimmtes Protein) hervorbringt, das seine normale Funktion erfüllt. Ein Gen kann jedoch auch nicht funktionsfähig sein, z. B. durch eine Mutation, die dazu führt, dass entweder kein Genprodukt vorhanden ist oder ein Genprodukt nicht richtig funktioniert. Ein homozygot-dominanter Genotyp wie *AA* bedeutet daher, dass beide Allele in dem Chromosomenpaar funktionsfähig sind. Bei einem Genotyp *Aa* ist immer noch eine funktionelle Kopie des Gens vorhanden, die die Synthese des funktionellen Proteins ermöglicht. Ein homozygot rezessives (*aa*) Individuum produziert das Genprodukt nicht oder ein nicht funktionales Genprodukt. Ein Gen steuert ein vererbtes Merkmal durch seine Ausprägung, indem das Genprodukt das zugehörige vererbte Merkmal bestimmt. Gene mit mehreren Allelen lassen sich durch die unterschiedliche Effizienz der Funktionen der Genprodukte erklären. Eine andere Erklärung ist, dass eine Kopie des Gens eine geringere Menge des Genprodukts produziert als das entsprechende normale (funktionelle) Gen.

Ein Beispiel dafür ist die genetische Störung der Fettleibigkeit bei Mäusen. Obese (*ob*) ist eine autosomal-rezessive Mutation auf Chromosom 6 des Mausgenoms. Das normale Gen kodiert das Ob-Protein, das in einem Signalweg für die Anpassung des Energiestoffwechsels und der Fettansammlung im Körper fungiert (siehe Abschn. 18.4). Mäuse, die zwei mutierte Kopien (*ob/ob*) des Gens tragen, entwickeln eine fortschreitende Fettleibigkeit mit erhöhter Stoffwechseleffizienz (d. h. erhöhte Gewichtszunahme pro Kalorienaufnahme). Mäuse mit *ob/ob*-Genotyp produzieren das Genprodukt (Ob-Protein) nicht, da beide Kopien des *ob*-Gens nicht funktionsfähig sind.

1.7 Warum Genklonieren?

Das allgemeine Ziel des Klonierens von Genen besteht darin, die Proteinsynthese zu manipulieren. Es gibt mehrere Gründe, warum wir das tun wollen.

1. Herstellung eines Proteins in großen Mengen. Die Produktion von therapeutischen Proteinen in großem Maßstab ist ein Hauptschwerpunkt der Biotechnologie. Viele Proteine mit potenziell therapeutischem Wert kommen in biologischen Systemen oft in winzigen Mengen vor. Es ist wirtschaftlich nicht machbar, diese Proteine aus ihren natürlichen Quellen zu reinigen. Um dies zu umgehen, wird das Gen für ein bestimmtes Protein in ein geeignetes Wirtssystem eingefügt, das das Protein effizient in großen Mengen produzieren kann. Beispiele für Arzneimittel dieser Art sind Humaninsulin, menschliches Wachstumshormon, Interferon, Hepatitis-B-Impfstoff, Gewebeplasminogenaktivator, Interleukin-2 und Erythropoietin. Ein weiterer Bereich von großem Interesse ist die Entwicklung von sogenannten Transpharmern. Das Gen eines pharmazeutischen Proteins wird in Nutztiere kloniert und die daraus resultierenden transgenen Tiere können zum „Melken" des Proteins gezüchtet werden.

2. Manipulation von biologischen Abläufen. Eines der häufigsten Ziele beim Klonieren von Genen ist die Verbesserung von Nutzpflanzen und Nutztieren. Dazu werden häufig biologische Stoffwechselwege verändert, indem entweder (A) die Produktion eines Enzyms blockiert wird oder (B) die Produktion eines exogenen (fremden) Enzyms durch die Manipulation von Genen eingeführt wird. Viele Anwendungen des Genklonierens in der Landwirtschaft gehören zur ersten Kategorie. Ein bekanntes Beispiel ist die Hemmung des Abbaus von Strukturpolymeren in der Zellwand von Tomatenpflanzen durch Blockierung der Expression des Gens für das am Abbau beteiligte Enzym (mithilfe der Antisense-Technik). Die manipulierten Tomaten, die weniger weich werden, können an der Rebe reifen, sodass sich Farbe und Geschmack voll entfalten können. Ein weiteres Beispiel ist die Steuerung der Reifung durch Blockierung der Expression des Enzyms, das den wichtigsten Schritt bei der Bildung des Reifungshormons Ethylen katalysiert.

Andererseits können neue Funktionen in Pflanzen und Tiere eingebracht werden, indem ein fremdes Gen für die Produktion neuer Proteine eingeführt wird, die vorher nicht in dem System vorhanden waren. Die Entwicklung von schädlingsresistenten Pflanzen wurde durch Klonieren eines bakteriellen Endotoxins erreicht. Weitere Beispiele sind salztolerante und krankheitsresistente Nutzpflanzen. Ähnliche Strategien können bei der Zucht von Nutztieren angewandt werden, die eine eingebaute Resistenz gegen bestimmte Krankheiten aufweisen. Bei Tieren, die mit Wachstumshormon-Genen kloniert wurden, wird die Wachstumsrate gesteigert, die Effizienz der Energieumwandlung erhöht und das Verhältnis von Eiweiß zu Fett verbessert. All dies führt zu niedrigeren Kosten für die Aufzucht von Nutztieren und zu einem niedrigeren Preis für hochwertiges Fleisch.

Eine Reihe von genetisch bedingten Krankheiten des Menschen, wie die schwere kombinierte Immunschwäche (SCID), wird durch das Fehlen eines funktionellen Proteins oder Enzyms verursacht, das auf ein einzelnes defektes

Gen zurückzuführen ist. In diesen Fällen kann der Defekt durch die Einführung eines gesunden (normalen, therapeutischen) Gens korrigiert werden. Durch die Verstärkung wird der Patient in die Lage versetzt, das Schlüsselprotein zu produzieren, das für das normale Funktionieren des biologischen Stoffwechsels erforderlich ist. „Nackte" DNA, wie z. B. Plasmide, die ein Gen enthalten, das für bestimmte Antigene kodiert, können als therapeutische Impfstoffe verwendet werden, um Immunreaktionen zum Schutz vor Infektionskrankheiten zu stimulieren.

3. Veränderung der Struktur und der Funktion eines Proteins durch Manipulation seines Gens. Man kann die physikalischen und chemischen Eigenschaften eines Proteins verändern, indem man seine Struktur durch Genmanipulation verändert. Mit den Werkzeugen der Gentechnik ist es möglich, die Funktionsweise von Proteinen im Detail zu erforschen, indem man die Auswirkungen der Veränderung bestimmter Stellen im Molekül untersucht. Diese Technik hat zu einem enormen Wissenszuwachs über den Mechanismus wichtiger Proteine und Enzymfunktionen geführt.

Für therapeutische Anwendungen werden viele der Proteine so verändert, dass ihre Struktur und Aktivität modifiziert werden. So können beispielsweise durch die Vernetzung der variablen Domänen verschiedener monoklonaler Antikörper mit kurzen Peptid-Linkern einkettige bispezifische Antikörper gebildet werden, die weniger immunogen sind und besser in das Gewebe eindringen. Mithilfe des Glycoengineering wurden Zuckereinheiten in Antikörper eingebracht, um die Löslichkeit zu verbessern und die Halbwertszeit des Proteins zu erhöhen. Die Modifizierung der proteolytischen Spaltstelle des Gerinnungsfaktors VIII erhöht seine Resistenz gegen Inaktivierung und verbessert die pharmakokinetischen Eigenschaften.

Zur Veranschaulichung der Auswirkungen des Genklonierens werden in Teil III (für die Landwirtschaft) und Teil IV (für die Medizin und verwandte Bereiche) dieses Buchs einige Anwendungsbeispiele behandelt.

Überprüfung

1. Definieren Sie: (A) ein Gen, (B) Transformation, (C) einen Klon, (D) Expression.
2. Wofür wird ein Vektor verwendet?
3. Nennen Sie einige Anwendungen des Genklonierens.
4. Beschreiben Sie die Unterschiede in den strukturellen Merkmalen zwischen prokaryotischen und eukaryotischen Zellen.
5. Kreuze die richtige Antwort in der rechten Spalte an.

Homozygot-dominant	*RR, Rr, rr*
Homozygot rezessiv	*RR, Rr, rr*
Heterozygot	*RR, Rr, rr*

6. Zungenrollen ist ein autosomal rezessives Merkmal. Wie lauten die Genotypen und Phänotypen der Kinder einer heterozygoten Frau, die mit einem homozygoten dominanten Mann verheiratet ist?

7. Hämophilie ist ein geschlechtsgebundenes Merkmal. Beschreiben Sie die Genotypen und Phänotypen der Söhne und Töchter aus einer Ehe zwischen einem normalen Mann und einer Trägerin.

8. Nennen Sie die Unterschiede zwischen Mitose und Meiose.

	Mitose	Meiose
(A) Anzahl der Tochterzellen		
(B) Haploid oder diploid		
(C) Eine oder zwei Teilungen		
(D) Keimzellen oder somatische Zellen		

9. Warum entspricht ein dominantes Allel einem funktionellen Gen? Warum ist es rezessiv, wenn ein Gen nicht funktionsfähig ist?

KAPITEL 2

STRUKTUREN VON NUKLEINSÄUREN

Wie sieht die chemische Struktur eines Desoxyribonukleinsäure(DNA)-Moleküls aus? Die DNA ist ein Polymer aus Desoxyribonukleotiden. Alle Nukleinsäuren bestehen aus Nukleotiden als Bausteinen. Ein Nukleotid hat drei Komponenten: Zucker, Base und eine Phosphatgruppe (die Kombination aus einem Zucker und einer Base ist ein Nukleosid). Im Fall der DNA wird das Nukleotid als Desoxyribonukleotid bezeichnet, da der Zucker in diesem Fall Desoxyribose ist. Die Base ist entweder ein Purin (Adenin oder Guanin) oder ein Pyrimidin (Thymin oder Cytosin; Abb. 2.1 und 2.3). Eine andere Art von Nukleinsäure ist die Ribonukleinsäure (RNA), ein Polymer aus Ribonukleotiden, das ebenfalls aus drei Komponenten besteht – einem Zucker, einer Base und einem Phosphat. Der Zucker ist in diesem Fall eine Ribose und die Base Thymin ist durch Uracil ersetzt (Abschn. 2.7).

2.1 5′-P- und 3′-OH-Enden

In der DNA ist die Hydroxylgruppe (OH) an den Kohlenstoff an der 3′-Position der Desoxyribose gebunden. Eines der drei Phosphate (P) in der Phosphatgruppe ist an das Kohlenstoffatom in der 5′-Position gebunden (Abb. 2.1). Die OH-Gruppe und die P-Gruppe in einem Nukleotid werden als 3′-OH („3 prime hydroxyl") bzw. 5′-P („5 prime phosphate") bezeichnet. Ein Nukleotid wird besser als 2′-Desoxynukleosid-5′-triphosphat bezeichnet, um darauf hinzuweisen, dass die OH-Gruppe an der 2′-Position desoxidiert ist und die Phosphatgruppe an die 5′-Position gebunden ist.

Ein DNA-Molekül wird durch die Verknüpfung des 5′-P eines Nukleotids mit dem 3′-OH des benachbarten Nukleotids gebildet (Abb. 2.2). Ein DNA-Molekül ist also ein Polynukleotid mit Nukleotiden, die durch 3′–5′-Phosphodiesterbindungen verbunden sind. Das 5′-P-Ende enthält drei Phosphate, aber bei den 3′–5′-Phosphodiesterbindungen sind zwei der Phosphate während

D. W. S. Wong, *Das ABC des Genklonens*,
https://doi.org/10.1007/978-3-031-22190-3_2

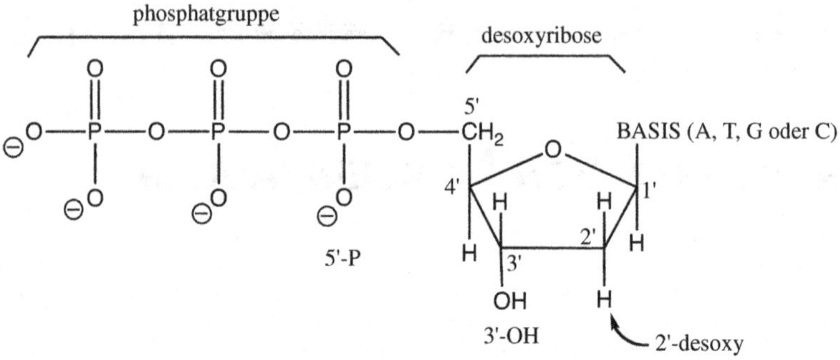

Abb. 2.1 Chemische Struktur des Desoxyribonukleotids

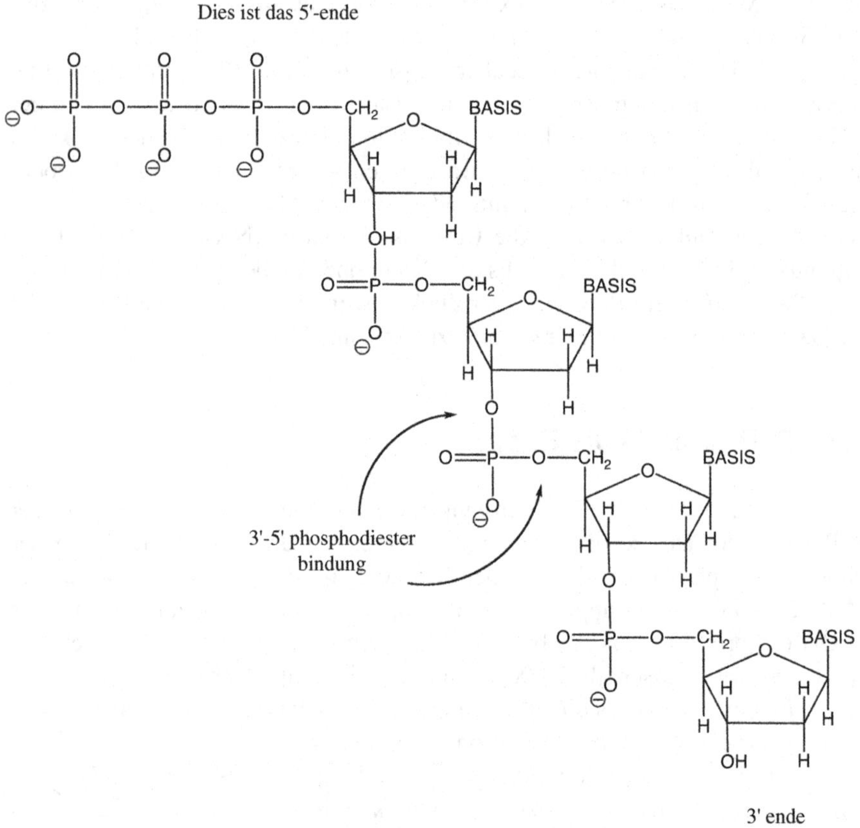

Abb. 2.2 Polynukleotid mit einer 3′–5′-Phosphodiesterbindung

der Bindungsbildung gespalten worden. Eine wichtige Folge der Phosphodiesterbindung ist, dass die DNA-Moleküle gerichtet sind: ein Ende der Kette mit
einer freien Phosphatgruppe und das andere Ende mit einer freien OH-Gruppe.
Beim Klonieren ist es wichtig, die beiden Enden eines DNA-Moleküls zu spezi-
fizieren: 5′-P-Ende (oder einfach 5′-Ende) und 3′-OH-Ende (oder 3′-Ende).

2.2 Purin- und Pyrimidinbasen

Die Desoxyribosen und Phosphatgruppen, die das Rückgrat eines
DNA-Moleküls bilden, sind in der gesamten Polynukleotidkette unverändert.
Die Basen in den Nukleotiden variieren jedoch, denn es gibt vier Basen – Ade-
nin, Thymin, Guanin und Cytosin, abgekürzt als A, T, G bzw. C (Abb. 2.3,
Tab. 2.1). A und G sind Purine (mit Doppelringstruktur), T und C sind Pyrimi-
dine (mit Einfachringstruktur). Es gibt also vier verschiedene Nukleotide.

Adenin   Thymin

Guanin   Cytosin

Abb. 2.3 Chemische Strukturen von Purin- und Pyrimidinbasen

Tab. 2.1 Nukleotide in der DNA

Basis	DNA-Nukleotid (Desoxynukleosidtriphosphate)	dNTP
Adenin (A)	2′-Desoxyadenosin-5′-triphosphat	dATP
Thymin (T)	2′-Desoxythymidin-5′-triphosphat	dTTP
Guanin (G)	2′-Desoxyguanosin-5′-triphosphat	dGTP
Cytosin (C)	2′-Desoxycytidin-5′-triphosphat	dCTP

Bei einem DNA-Molekül mit n Nukleotiden gibt es 4^n mögliche Anordnungen der vier Nukleotide. Bei einer 100 Nukleotide langen DNA gibt es beispielsweise 4^{100} verschiedene mögliche Anordnungen. Die besondere Anordnung der Nukleotide (die durch die Basen bestimmt wird) eines DNA-Moleküls wird als Nukleotidsequenz (oder DNA-Sequenz) bezeichnet.

2.3   Komplementäre Basenpaarung

Die einzigartigen Strukturen der vier Basen führen zur Basenpaarung zwischen A und T sowie zwischen G und C durch die Bildung von Wasserstoffbrückenbindungen (elektrostatische Anziehung zwischen einem Wasserstoffatom und zwei elektronegativen Atomen, wie Stickstoff und Sauerstoff; Abb. 2.3). Es ist wichtig zu beachten, dass bei GC-Paaren drei Wasserstoffbrücken entstehen, während bei AT-Paaren nur zwei Wasserstoffbrücken gebildet werden. Daher sind AT-Paare weniger fest gebunden (und daher weniger stabil) als GC-Paare.

Die Basenpaarung ist eine wichtige Kraft für die Interaktion zweier Polynukleotide. Ein DNA-Molekül liegt in seinem ursprünglichen (natürlichen) Zustand als Doppelstrangmolekül vor, wobei die Nukleotide eines Strangs eine Basenpaarung mit den Nukleotiden des anderen Strangs eingehen. Die beiden Stränge eines DNA-Moleküls sind also komplementär zueinander. Wenn die Basen in einem Strang bekannt sind, kann die Ausrichtung der Basen im komplementären Strang abgeleitet werden.

Zusätzlich zur komplementären Basenpaarung nehmen die beiden Stränge eines DNA-Moleküls aufgrund energetischer Faktoren der Bindungen eine doppelhelicale Struktur an, ein Thema, das den Rahmen dieses Buchs sprengen würde. Die beiden Stränge eines DNA-Moleküls sind antiparallel. Ein Strang verläuft von 5′ zu 3′ in eine Richtung, während der andere Strang in die entgegengesetzte Richtung verläuft (Abb. 2.4).

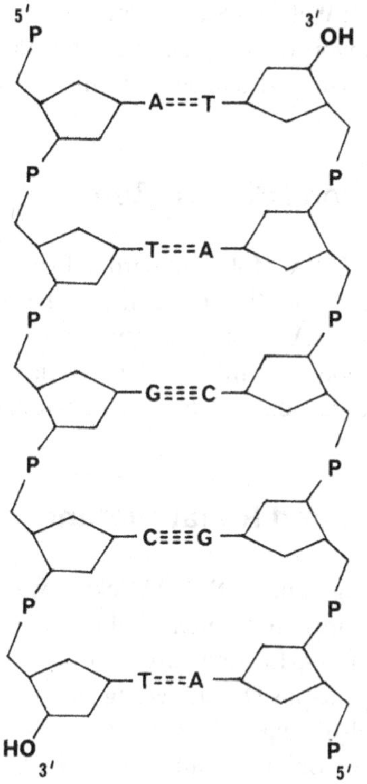

Abb. 2.4 Basenpaarung in doppelsträngiger DNA

2.4 Schreiben eines DNA-Moleküls

Unter Berücksichtigung aller bisher beschriebenen Informationen kann ein DNA-Molekül durch ein einfaches Schema dargestellt werden. Da das Desoxyribose- und Phosphatgerüst bei jedem Nukleotid gleich ist, kann ein DNA-Molekül einfach durch die Basen dargestellt werden, wobei das 5′-Ende des DNA-Strangs angegeben wird. Die vier Basen A, T, G und C werden synonym mit ihren jeweiligen Nukleotiden verwendet, da dies eine bequeme Möglichkeit ist, eine komplizierte Struktur zu vereinfachen. Eine DNA-Sequenz wird beispielsweise wie folgt dargestellt: 5′-ATGTCGGTTGA. Beachten Sie auch, dass eine DNA-Sequenz immer in einer Richtung von 5′ zu 3′ gelesen wird. Beim Schreiben einer DNA-Sequenz beginnt man immer mit dem 5′-Ende. Üblicherweise wird nur die Sequenz eines Strangs dargestellt, da der komplementäre Strang leicht abgeleitet werden kann. In diesem Beispiel wird die komplementäre Sequenz wie folgt geschrieben: 3′-TACAGCCAACT oder 5′-TCAACCGACAT in der richtigen Ausrichtung.

Die Frage ist also: Welchen Strang eines DNA-Moleküls wählen wir für die Darstellung? Die Antwort darauf hängt mit dem Prozess von Transkription und Translation zusammen und wird in den Abschn. 4.2, 4.5 und 5.2 beschrieben.

2.5   Beschreiben von DNA-Größen

Die Größe eines DNA-Moleküls wird anhand der Anzahl der Nukleotide (oder einfach der Anzahl der Basen) gemessen. Die gemeinsame Einheit für doppelsträngige DNA (dsDNA) ist das Basenpaar (bp). Eintausend bp sind eine Kilobase (kb). Eine Million bp wird als Megabasen (Mb) bezeichnet. Ein kb dsDNA hat ein Molekulargewicht von $6{,}6 \times 10^5$ Dalton (330 Gramm pro Mol).

2.6   Denaturierung und Renaturierung

Die beiden Stränge eines DNA-Moleküls werden durch Wasserstoffbrücken (AT- und GC-Paare) zusammengehalten, die durch Erhitzen oder Erhöhen des pH-Werts der DNA-Lösung aufgebrochen werden können.

In einem Prozess, der als Denaturierung bezeichnet wird, trennen sich die beiden Stränge in einzelsträngige DNA (ssDNA) bei einer hohen Schmelztemperatur von etwa 90 °C. Beim Abkühlen der DNA-Lösung verbinden sich die beiden Stränge wieder zu einem dsDNA-Molekül, ein Prozess, der als Renaturierung bezeichnet wird (Abb. 2.5). Der Prozess der thermischen Denaturierung und Renaturierung wird bei der Klonierung zur Erzeugung von ssDNA-Strängen, beim Anlagern („annealing") von DNA-Primern bei der DNA-Sequenzierung und bei der Polymerasekettenreaktion eingesetzt (siehe Abschn. 8.10).

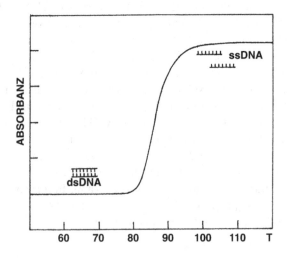

Abb. 2.5 Denaturierungs- und Renaturierungskurve

2.7 Ribonukleinsäure

Eine zweite Art von Nukleinsäure ist die Ribonukleinsäure (RNA). Wie die DNA ist auch die RNA ein Polynukleotid, jedoch mit den folgenden Unterschieden (Abb. 2.6, Tab. 2.2): (1) In der RNA ist der Zucker Ribose und nicht Desoxyribose (das Nukleotid in der RNA wird daher als Ribonukleotid bezeichnet); (2) die Basen in der RNA sind A, U (Uracil), G, C, anstelle von A, T, G, C in der DNA; (3) die OH-Gruppe an der 2′-Position ist nicht desoxygeniert; (4) die RNA ist einzelsträngig. Sie kann jedoch Basenpaare mit einem DNA-Strang bilden. Zum Beispiel:

```
5'-ATGCATG----3'     ssDNA
3'-UACGUAC----5'     RNA
```

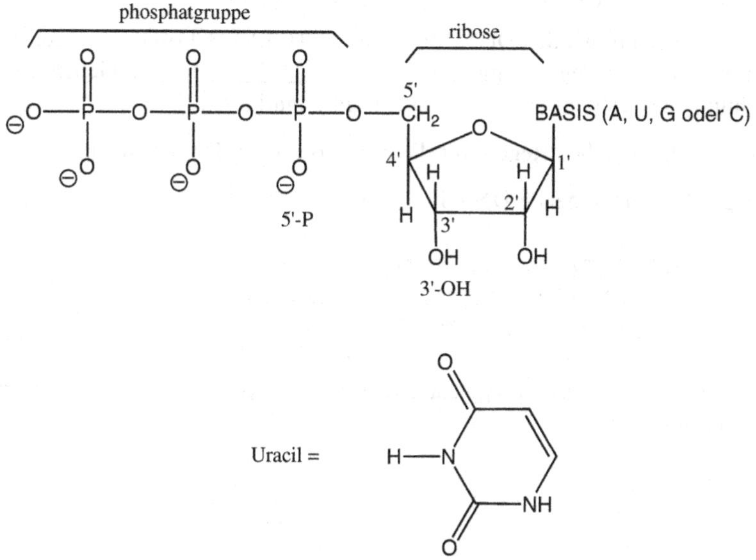

Abb. 2.6 Chemische Struktur des Ribonukleotids

Tab. 2.2 Nukleotide in RNA

Basis	RNA-Nukleotide (Nukleosidtriphospate)	NTP
Adenin (A)	Adenosin-5′-triphosphat	ATP
Uracil (U)	Uridin-5′-triphosphat	UTP
Guanin (G)	Guanosin-5′-triphosphat	GTP
Cytosin (C)	Cytidin-5′-triphosphat	CTP

Überprüfung

1. Ein DNA-Molekül entsteht durch die Verknüpfung der _____ eines Nukleotids mit der _____ des benachbarten Nukleotids. Die Bindung, die durch die Verknüpfung zweier Nukleotide entsteht, ist eine _____ Bindung.

2. Die Desoxyribonukleinsäure (DNA) ist doppelsträngig. Die beiden Stränge sind _____ zueinander, wobei sich A (Adenin) mit _____ und G (Guanin) mit _____ paart. Die DNA-Stränge sind gerichtet, mit _____ und _____ Enden. Die beiden Stränge sind _____ zueinander.

3. Nennen Sie die Unterschiede in den Bestandteilen zwischen Desoxyribonukleotid und Ribonukleotid.

Nukleotid	Zucker	Base	Phosphat
Desoxyribonukleotid			
Ribonukleotid			

4. Geben Sie den folgenden DNA-Strang an: 5′-TCTAATGGAGCT, schreiben Sie den komplementären Strang auf: _____. Geben Sie die Richtungen an, indem Sie das 5′-Ende richtig markieren.

5. Was sind die üblichen Regeln für das Schreiben einer DNA-Sequenz?

6. Wie groß ist das folgende DNA-Fragment?

```
5'-AATGGCTAGT GGCAAATGCT AGGCTGCAAG
   CCTTTCCAAT GGTGTGTCAA ACAAAAAACG
   TGCCCGTCAG CAAGTTGTG
```

7. Angenommen, das DNA-Fragment aus Aufgabe 6 ist RNA. Wie sieht dann die Sequenz aus?

KAPITEL 3

STRUKTUREN VON PROTEINEN

Proteine sind die Produkte von Transkription und Translation. Die Struktur und damit die funktionellen Eigenschaften eines bestimmten Proteins werden durch die im Gen codierte Information festgelegt. Ein gewisses Verständnis der molekularen Architektur von Proteinen ist notwendig, um den genetischen Prozess zu verstehen.

3.1 Aminosäuren

Proteine sind Polymere aus Aminosäuren. Es gibt 20 primäre Aminosäuren mit einer gemeinsamen Struktur, bestehend aus einer Aminogruppe (NH_2), einer Carboxylgruppe (COOH) und einer variablen Seitenkettengruppe (R), die alle an ein Kohlenstoffatom gebunden sind (Abb. 3.1 und 3.2).

Jede Aminosäure hat eine andere R-Gruppe mit einzigartigen chemischen Strukturen und Eigenschaften. Zum Beispiel hat die Aminosäure Glycin die kleinste R-Gruppe, die ein Wasserstoffatom ist. Einige Aminosäuren, wie Asparaginsäure und Lysin, haben hydrophile (wasserliebende) Seitenketten. Andere, z. B. Phenylalanin, haben hydrophobe Eigenschaften. Einige haben Seitenketten, die geladene Gruppen bilden können. Die Seitenketten von Aminosäuren können also auf vielfältige Weise interagieren. Wichtige Wechselwirkungen zwischen den Seitenketten sind Ionenbindungen (elektrostatisch), Wasserstoffbrückenbindungen und hydrophobe Wechselwirkungen. Außerdem enthält die Aminosäure Cystein eine Seitenkette mit einer Thiolgruppe (-SH), die sich mit einem anderen Cystein zu einer Disulfidbindung vernetzen kann (Cystein-S-S-Cystein; Abb. 3.3).

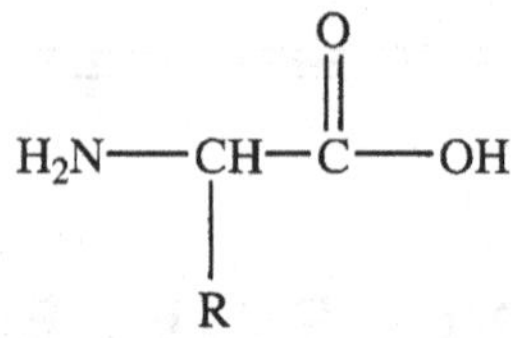

$$H_2N - CH - C - OH$$

(O above C, R below CH)

Abb. 3.1 Chemische Struktur der Aminosäure

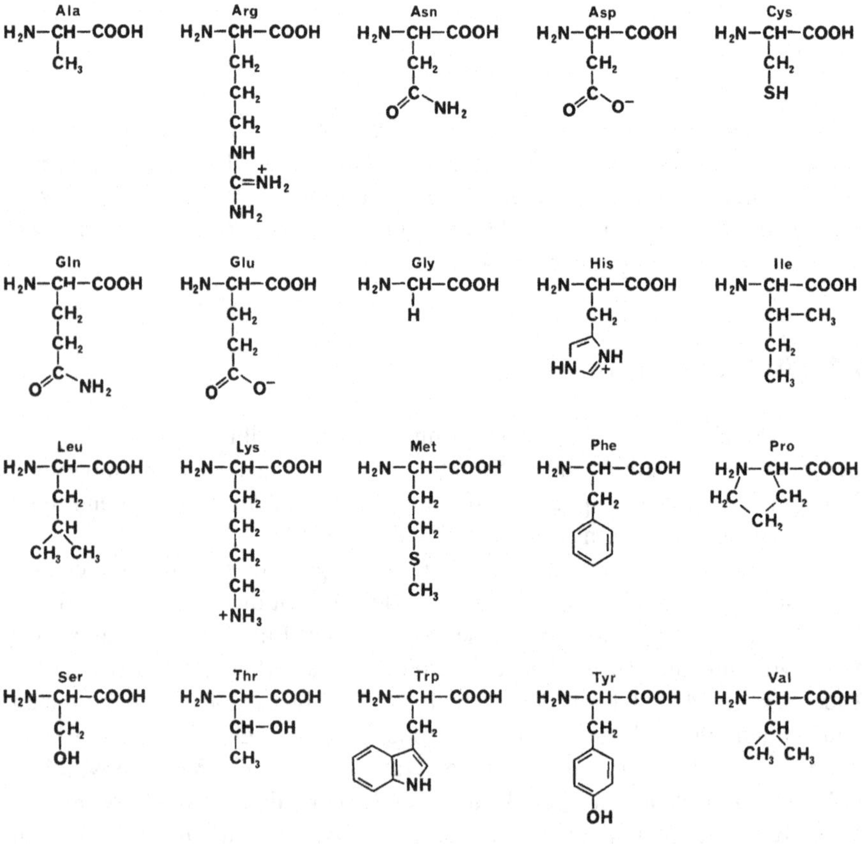

Ala
$H_2N-CH-COOH$
CH_3

Arg
$H_2N-CH-COOH$
CH_2
CH_2
CH_2
NH
$C=\overset{+}{N}H_2$
NH_2

Asn
$H_2N-CH-COOH$
CH_2
$O=C-NH_2$

Asp
$H_2N-CH-COOH$
CH_2
$O=C-O^-$

Cys
$H_2N-CH-COOH$
CH_2
SH

Gln
$H_2N-CH-COOH$
CH_2
CH_2
$O=C-NH_2$

Glu
$H_2N-CH-COOH$
CH_2
CH_2
$O=C-O^-$

Gly
$H_2N-CH-COOH$
H

His
$H_2N-CH-COOH$
CH_2
(imidazole ring) $HN \quad NH^+$

Ile
$H_2N-CH-COOH$
$CH-CH_3$
CH_2
CH_3

Leu
$H_2N-CH-COOH$
CH_2
CH
$CH_3 \quad CH_3$

Lys
$H_2N-CH-COOH$
CH_2
CH_2
CH_2
CH_2
$^+NH_3$

Met
$H_2N-CH-COOH$
CH_2
CH_2
S
CH_3

Phe
$H_2N-CH-COOH$
CH_2
(phenyl ring)

Pro
$H_2N-CH-COOH$
$H_2C \quad CH_2$
CH_2

Ser
$H_2N-CH-COOH$
CH_2
OH

Thr
$H_2N-CH-COOH$
$CH-OH$
CH_3

Trp
$H_2N-CH-COOH$
CH_2
(indole ring) NH

Tyr
$H_2N-CH-COOH$
CH_2
(phenol ring)
OH

Val
$H_2N-CH-COOH$
CH
$CH_3 \quad CH_3$

Abb. 3.2 Chemische Strukturen der 20 primären Aminosäuren

Aminosäuren werden durch Symbole mit drei Buchstaben oder einen Buchstaben dargestellt (Tab. 3.1). Alanin ist zum Beispiel Ala oder A; Arginin ist Arg oder R; Lysin ist Lys oder K. Symbole mit einem Buchstaben werden häufig verwendet, wenn die Aminosäuresequenz zusammen mit der Nukleotidsequenz dargestellt wird.

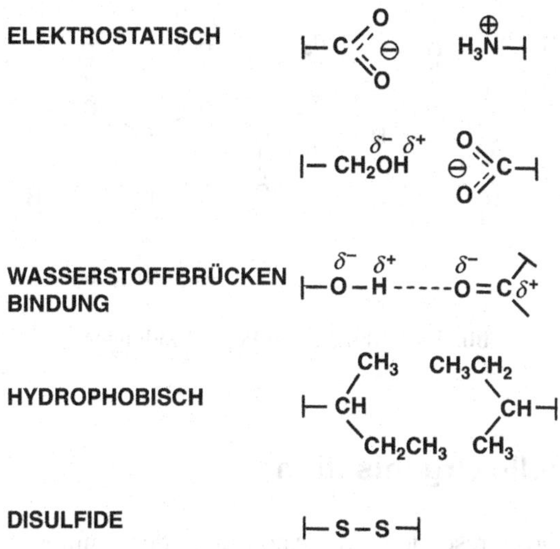

ELEKTROSTATISCH

$\vdash C \diagdown \! \! \! \! \! \! \! \begin{smallmatrix} O \\ \ominus \\ O \end{smallmatrix}$ $H_3\overset{\oplus}{N}\dashv$

$\vdash CH_2OH \overset{\delta^- \ \delta^+}{} \quad \ominus \overset{O}{\underset{O}{\diagdown}} C \dashv$

WASSERSTOFFBRÜCKEN
BINDUNG

$\vdash \overset{\delta^-}{O} - \overset{\delta^+}{H} - - - - - \overset{\delta^-}{O} = C \overset{\diagup}{\underset{\diagdown}{}} \delta^+$

HYDROPHOBISCH

$\vdash \overset{CH_3}{\underset{CH_2CH_3}{\diagup}} CH \overset{CH_3CH_2}{\underset{CH_3}{\diagup}} CH \dashv$

DISULFIDE

$\vdash S - S \dashv$

Abb. 3.3 Wechselwirkungen zwischen Aminosäureseitenketten

Tab. 3.1 Buchstabensymbole der primären Aminosäuren

Aminosäure	3-Buchstaben-Symbol	1-Buchstaben-Symbol	Aminosäure	3-Buchstaben-Symbol	1-Buchstaben-Symbol
Alanin	Ala	A	Leucin	Leu	L
Arginin	Arg	R	Lysin	Lys	K
Asparagin	Asn	N	Methionin	Met	M
Asparaginsäure	Asp	D	Phenylalanin	Phe	F
Cystein	Cys	C	Proline	Pro	P
Glutamin	Gin	Q	Serin	Ser	S
Glutaminsäure	Glu	E	Threonin	Thr	T
Glycin	Gly	G	Tryptophan	Trp	W
Histidin	Seine	H	Tyrosin	Tyr	Y
Isoleucin	Ile	I	Valin	Val	V

3.2 Die Peptidbindung

Proteine werden durch die Verknüpfung von Aminosäuren gebildet, wobei die COOH-Gruppe einer Aminosäure mit der NH_2 Gruppe der nachfolgenden Aminosäure reagiert (Abb. 3.4).

Die Verbindung zwischen zwei Aminosäuren ist eine Peptidbindung. Proteine sind richtungsgebunden Polypeptidketten mit N- und C-terminalen Enden. Eine Aminosäuresequenz wird immer vom N-terminalen zum C-terminalen Ende geschrieben, da die Proteine in dieser Richtung synthetisiert werden. Kurzkettige Polypeptide (mit weniger als 20 Aminosäuren) werden als Oligopeptide oder einfach Peptide bezeichnet.

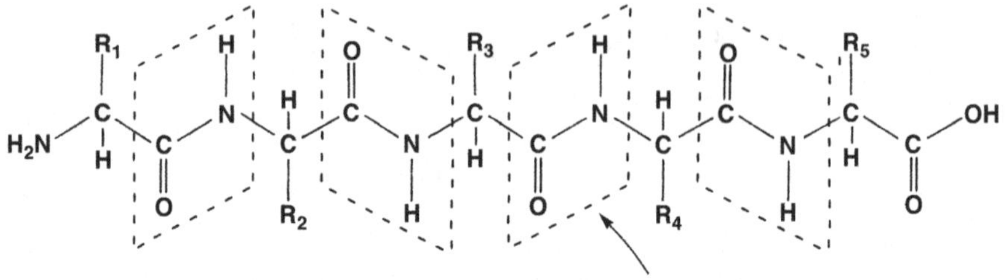

Peptidbindung

Abb. 3.4 Bildung von Peptidbindungen

3.3 Strukturelle Organisation

Die Aminosäuresequenz (die Anordnung der Aminosäuren) eines Proteins ist seine Primärstruktur. Ein Protein mit einer Anzahl von n Aminosäuren hat 20^n verschiedene Anordnungsmöglichkeiten. Aus einem Pool von 20 primären Aminosäuren kann eine Zelle viele tausend verschiedene Proteine herstellen, von denen jedes seine spezifischen chemischen und biologischen Funktionen hat. Die Sequenz und die chemischen/physikalischen Eigenschaften der Seitenketten der Aminosäuren definieren die höhere strukturelle Architektur einer Polypeptidkette.

Ein Polypeptid kann sich aufgrund der Wechselwirkung von Wasserstoffbrückenbindungen zu einer α-Helix aufrollen oder zu gefalteten Blättern anordnen (Abb. 3.5). In einer α-Helix sind die CO-Gruppen jedes Aminosäurerests mit der NH-Gruppe des vier Einheiten entfernten Aminosäurerests wasserstoffgebunden. Benachbarte Aminosäuren nehmen eine Drehung von 100° an, was zu 3,6 Aminosäureresten pro Drehung (360°) führt.

In einem β-Faltblatt sind die Polypeptidketten verlängert, wobei Wasserstoffbrücken zwischen benachbarten Ketten gebildet werden. Die Ausrichtung der Polypeptidketten kann parallel (in der gleichen Richtung) oder antiparallel sein. Diese Strukturen werden als Sekundärstruktur eines Proteins bezeichnet.

Viele Proteine nehmen eine weitere Organisation an, indem sich die Sekundärstruktur infolge von Wechselwirkungen wie Wasserstoffbrückenbindungen, hydrophoben Kräften, ionischen Wechselwirkungen und Disulfidvernetzungen zwischen den Aminosäureseitenketten zu einer kompakten globulären Struktur faltet. Auch die Wechselwirkungen zwischen den Seitenketten und den Wassermolekülen in der unmittelbaren Umgebung des Proteins spielen bei diesem Prozess eine wichtige Rolle. Diese strukturellen Anordnungen beschreiben die Tertiärstruktur eines Proteins. Bestimmte Proteine bestehen aus mehr als einem Polypeptid. In diesem Fall fügen sich zwei oder mehr Polypeptide zu einem großen Molekül zusammen. Hämoglobin zum Beispiel, ein

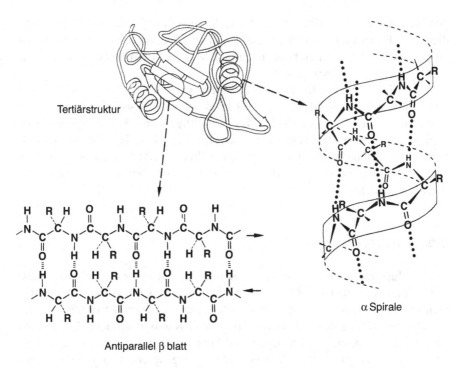

Tertiärstruktur

α Spirale

Antiparallel β blatt

Abb. 3.5 Strukturelle Organisation eines Proteinmoleküls

wichtiges Protein in den roten Blutkörperchen, das reversibel Sauerstoff bindet, ist ein Tetramer. Jedes der vier Polypeptide ist eine Untereinheit der Gesamtstruktur; jede Untereinheit verarbeitet ähnliche Sekundär- und Tertiärstrukturen. Der Zusammenbau der Untereinheiten bildet eine Quartärstruktur. In der Natur nehmen nicht alle Proteine eine kugelförmige Gestalt an. So besteht beispielsweise Kollagen, das Protein, das Knochen, Knorpel und Haut mechanische Festigkeit verleiht, aus drei Polypeptiden, die miteinander verwoben sind und eine dreifach helikale, stabförmige Struktur bilden.

3.4 Posttranslationale Modifikation

Proteine können nach der Translation eine Reihe von Veränderungen erfahren. Proteine werden oft mit einem zusätzlichen kurzen Peptid am N-Terminus synthetisiert, das zu einem späteren Zeitpunkt abgespalten wird. Das Peptid kann dazu dienen, das Protein funktionsunfähig zu halten, bis es in die reife Form aktiviert wird. Auf diese Weise lassen sich Zeitpunkt und Ort der Wirkung eines bestimmten Proteins in den physiologischen Prozessen einer Zelle genau steuern. Einige Proteine werden synthetisiert und aus der Zelle ausgeschieden. In diesem Fall ist die kurze Sequenz ein Signalpeptid, das dazu dient, das Protein durch verschiedene Kompartimente in der Zelle zur äußeren Oberfläche der Plasmamembran zu leiten. Die kurze N-terminale Sequenz wird auch als Leitsequenz bezeichnet.

Viele Proteine liegen als Glykoproteine oder Lipoproteine vor. Bei ersteren sind Kohlenhydrate kovalent an das Proteinmolekül gebunden, bei letzteren sind es Lipidmoleküle. Das Hinzufügen von Kohlenhydrat- oder Lipidkomponenten zu einem Protein erfolgt nach dem Translationsprozess. Weitere Modifikationen sind die Phosphorylierung (Anfügen von Phosphatgruppen an Aminosäureseitenketten) und die Acetylierung (Anfügen von Acetylgruppen).

3.5 Enzyme

Enzyme sind eine besondere Klasse von Proteinen, die biochemische Reaktionen in Zellen beschleunigen. Ohne Enzyme können nur wenige Reaktionen in biologischen Systemen ablaufen. Der chemische Mechanismus, der zur Beschleunigung einer Reaktion führt, wird Katalyse genannt. Ein Enzym katalysiert eine bestimmte chemische Reaktion, ohne selbst verbraucht zu werden. In einem enzymatischen Prozess wird die Ausgangschemikalie (Substrat genannt) in eine neue Verbindung (Produkt) umgewandelt, und zwar millionenfach schneller als bei der unkatalysierten Reaktion, oft bei niedriger Temperatur und nahezu neutralem pH-Wert. Die enorme Geschwindigkeitssteigerung bei der Enzymkatalyse wird durch die Bildung eines Enzym-Substrat-Komplexes ermöglicht. Das Enzym bindet sein Substrat an einer für den Ablauf der Reaktion optimalen Position. Der Ort in einem Enzymmolekül, an dem das Substrat bindet und die Katalyse stattfindet, ist die aktive Stelle des Enzyms. Der Nachbarschaftseffekt führt zur Senkung der für die Reaktion erforderlichen Energie.

Bei jeder chemischen Reaktion wird die *Richtung* des Gleichgewichts durch ΔG, die Änderung der freien Energie der Reaktion, beschrieben. Wenn bei einer chemischen Reaktion A + B = C + D die Reaktanten A und B mehr freie Energie besitzen als die Produkte C und D, dann wird ΔG (das gleich $G_{\text{Produkte}} - G_{\text{Reaktanten}}$) negativ und die Reaktion verläuft nach rechts. Mit steigendem ΔG verschiebt sich das Gleichgewicht zunehmend in Richtung Produktbildung. Wenn ΔG positiv ist, läuft die Reaktion nicht ab, da das Gleichgewicht nach links verschoben ist.

Das ΔG einer Reaktion beschreibt nur die Gleichgewichtslage der Reaktion; es beschreibt nicht, wie *schnell* die Reaktion verläuft, um die Gleichgewichtslage zu erreichen. Diese Reaktionsgeschwindigkeit hängt mit der Aktivierungsenergie E_a zusammen, einem Maß für die Energiebarriere, die die Bildung des Übergangszustands zwischen den Reaktanten und den Produkten darstellt. Die Höhe dieser Energiebarriere bestimmt die Ge-

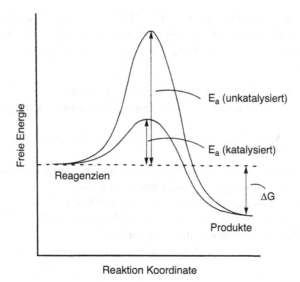

Abb. 3.6 Reaktionsgeschwindigkeit im Verhältnis zur Aktivierungsenergie

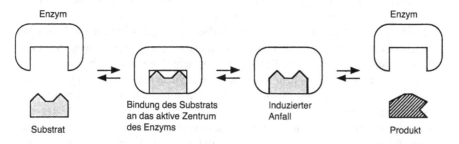

Abb. 3.7 Illustration der Enzym-Substrat-Wechselwirkung bei der Katalyse

schwindigkeit einer Reaktion bei einer bestimmten Temperatur (Abb. 3.6). Bei enzymkatalysierten Reaktionen senkt ein Enzym die Aktivierungsenergie für den Übergangszustand des Substrats durch die Bildung eines Enzym-Substrat-Komplexes. Der Übergangszustand ist eine instabile Spezies, in der sich ständig Bindungen bilden und auflösen. Die Bindung eines Enzyms an ein Substrat erfolgt mit einer Komplementarität der Konformationsformen, die ihm eine Substratspezifität verleiht – ein einzigartiges Merkmal der Enzymaktivitäten. Keine anderen Moleküle als seine spezifischen Substrate oder Analoga können mit einem einzelnen Enzym einen Komplex bilden. Wenn das Substrat an ein einzelnes Enzym bindet, führt dies häufig zu einer Änderung der Konformation des Enzyms, bei der die aktive Stelle für die Katalyse richtig positioniert ist (Abb. 3.7).

Enzyme werden nach dem von der Commission on Enzymes der International Union of Biochemistry empfohlenen System in sechs Klassen eingeteilt. Die beim Klonieren verwendeten Enzyme lassen sich in eine der Gruppen einordnen.

1. Oxidoreduktasen – oxidieren oder reduzieren Substrate.
2. Transferasen – entfernen Gruppen von einem Substrat und übertragen sie auf ein Akzeptormolekül.
3. Hydrolasen – katalysieren das Aufbrechen kovalenter Bindungen unter gleichzeitiger Zugabe von Wasser.
4. Lyasen – entfernen Gruppen von Substraten, um eine Doppelbindung zu hinterlassen, oder fügen Gruppen zu Doppelbindungen hinzu.
5. Isomerasen – katalysieren die Isomerisierung von Substraten.
6. Ligasen – katalysieren die Bildung von Bindungen, die mit der Spaltung von ATP oder ähnlichen Triphosphaten einhergehen.

Überprüfung

1. Proteine sind Polymere, die durch die Verknüpfung der _____ Gruppe einer Aminosäure mit der _____ Gruppe der vorhergehenden Aminosäure gebildet werden, wodurch eine _____ Bindung entsteht.
2. Es gibt _____ Aminosäuren, die jeweils durch ein Symbol mit drei oder einem Buchstaben dargestellt werden. Die Anzahl der möglichen Anordnungen für ein Protein ist _____. Für ein Peptid, das aus acht Aminosäuren besteht, ist die Anzahl der möglichen Kombinationen verschiedener Anordnungen gleich _____. (Wie lautet die Antwort, wenn es sich um ein DNA-Fragment mit acht Nukleotiden handelt?)
3. Definieren Sie: Primärstruktur, Sekundärstruktur, Tertiärstruktur und Quartärstruktur eines Proteins. Welches sind die wichtigsten Kräfte, die an der Bildung der jeweiligen Strukturorganisation beteiligt sind?
4. Nennen Sie Beispiele für Paare von Aminosäuren, die (A) elektrostatische Wechselwirkungen, (B) Wasserstoffbrückenbindungen, (C) hydrophobe Wechselwirkungen bilden.
5. Was sind die üblichen Regeln für das Schreiben einer Proteinsequenz?
6. Enzyme sind Proteine mit besonderen Funktionen für _____.
7. ΔG beschreibt die Änderung der freien Energie einer Reaktion. Wenn ΔG _____ ist, findet eine Reaktion nicht statt. Für die Bildung von Produkten ist der Wert von ΔG _____.
8. Die Geschwindigkeit einer durch ein Enzym katalysierten Reaktion wird durch die Aktivierungsenergie der Reaktion bestimmt. Was ist die Aktivierungsenergie? Wie hängt sie mit dem Übergangszustand eines Substrats und der Bildung eines Enzym-Substrat-Komplexes zusammen?
9. Wie werden Enzyme klassifiziert?

KAPITEL 4

DER GENETISCHE PROZESS

Zwei Prozesse sind für die genetische Kontinuität von einer Generation zur nächsten von zentraler Bedeutung: (1) Die genetische Information wird von der DNA über die RNA auf die Proteine übertragen (Transkription und Translation); (2) die genetische Information wird von DNA zu DNA übertragen (Replikation).

4.1   Von Genen zu Proteinen

Die genetische Information, die in der DNA enthalten ist, wird in einem zweistufigen Prozess in Form von Proteinen ausgedrückt. Der erste ist die Transkription (DNA → mRNA), bei der die Information (Nukleotidsequenz) der DNA in Boten-RNA (mRNA) umgeschrieben wird. Der zweite ist die Translation (mRNA → Protein), bei der die mRNA-Sequenz in eine Aminosäuresequenz entschlüsselt (übersetzt, translatiert) wird.

4.2   Transkription

Bei der Synthese von mRNA wird nur einer der beiden DNA-Stränge transkribiert. Der DNA-Strang, der bei der Transkription verwendet wird, wird als Matrizenstrang bezeichnet (Abb. 4.1). Die Transkription erfordert die Wirkung der RNA-Polymerase, die ein DNA-Segment vor dem 5′-Ende des Gens erkennt und daran bindet.

In einem ersten Schritt wird die dsDNA durch die Bindung der RNA-Polymerase entrollt. Die mRNA wird in 5′- zu 3′-Richtung synthetisiert, wobei die Basen (Ribonukleotide) komplementäre Paare (Bildung von AU- und GC-Paaren) mit denen des Matrizen-DNA-Strangs bilden. Die Ribonukleotide in der entstehenden mRNA werden in einer Polymerisationsreaktion verknüpft,

D. W. S. Wong, *Das ABC des Genklonens*,
https://doi.org/10.1007/978-3-031-22190-3_4

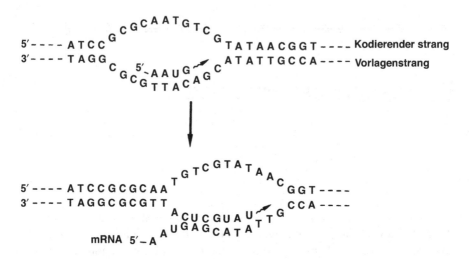

Abb. 4.1 Matrizen-DNA-Strang, der in mRNA transkribiert wird

wobei das 3′-OH eines Nukleotids mit dem 5′-P des nachfolgenden Nukleotids reagiert. Die RNA-Polymerase bewegt sich entlang der DNA, wickelt sie ab, bildet Basenpaare und polymerisiert die wachsende mRNA, bis die Endstelle erreicht ist. Die gebildete mRNA trennt sich vom DNA-Matrizenstrang, sodass sich dieser Teil der DNA zurückspulen kann.

Es ist wichtig zu beachten, dass die synthetisierte mRNA komplementär zum DNA-Musterstrang ist (Abb. 4.1). Der DNA-Matrizenstrang wird auch als antikodierender, nichtkodierender, antisense oder transkribierter DNA-Strang bezeichnet. Der zum Matrizenstrang komplementäre DNA-Strang trägt dieselbe Sequenz wie die mRNA und wird als kodierender, Sinn(„sense")- oder Nichtmatrizen-DNA-Strang bezeichnet. Der Begriff Transkript wird manchmal verwendet, um eine RNA-Kopie eines Gens zu beschreiben.

4.3   Translation

Für die Translation der mRNA sind zwei weitere RNA-Klassen erforderlich: (1) die ribosomale RNA (rRNA), die einen Hauptbestandteil des Ribosoms bildet, in dem die Translation stattfindet; (2) die Transfer-RNA (tRNA), die die mRNA „liest" und die Informationen der Nukleotide in eine Aminosäuresequenz umwandelt. Die Transfer-RNA hat eine Kleeblattstruktur, wobei das 3′-Ende an eine Aminosäure gebunden ist, und einer Loop-Region aus einem Drei-Nukleotid-Anticodon. Es gibt 20 Aminosäuren, die jeweils von einer oder mehreren tRNAs mit spezifischen Anticodons getragen werden.

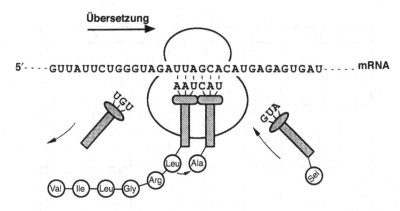

Abb. 4.2 An der Translation der mRNA sind ribosomale RNA und Transfer-RNA beteiligt

Die Translation wird durch die Bindung der mRNA an ein Ribosom eingeleitet. Die Nukleotidsequenz der mRNA wird in einer 5'-zu-3'-Richtung translatiert. Während der Translation bewegt sich das Ribosom entlang der Polynukleotidkette (Abb. 4.2). Am Ribosom wird die mRNA alle drei aufeinanderfolgenden Nukleotide von den tRNAs gelesen. Jede Gruppe von drei aufeinanderfolgenden Nukleotiden in der mRNA bildet ein Codon, das eine Basenpaarung mit dem Anticodon einer tRNA bildet, die eine bestimmte Aminosäure trägt. Die Aminosäure, die von der gepaarten tRNA getragen wird, verbindet sich mit der benachbarten Aminosäure im sich entwickelnden Polypeptid, wenn sich das Ribosom zum nächsten Codon in der mRNA bewegt. Die NH_2-Gruppe einer Aminosäure bildet eine Peptidbindung mit der COOH-Gruppe der vorhergehenden Aminosäure. Die Synthese von Proteinen verläuft vom N- zum C-Terminus, da die mRNA von den tRNAs vom 5'- zum 3'-Ende gelesen wird.

4.4 Der genetische Code

Es gibt 64 Codons (drei Nukleotide in jedem Codon mit vier möglichen Basen, insgesamt $4^3 = 64$ mögliche Codons). Von den 64 Codons, die für die 20 Aminosäuren kodieren, wird ein Codon (AUG) als Startsignal für die Translation verwendet, und drei Codons (UAA, UAG oder UGA) sind Abbruchsignale. Das AUG-Codon kodiert auch für die Aminosäure Methionin. Da es 61 Codons für 20 Aminosäuren gibt, gibt es mehr als ein Codon, das für eine Aminosäure kodiert, wie aus der Codontabelle (Abb. 4.3) ersichtlich ist

Zum Beispiel wird Phe durch zwei Codons in der mRNA-Sequenz kodiert, entweder UUU oder UUC. Das bedeutet, dass die tRNA, die Phe an ihrem

Zweite Position

		U	C	A	G	
	U	UUU ⎤ Phe UUC ⎦ UUA ⎤ Leu UUG ⎦	UCU ⎤ UCC ⎥ Ser UCA ⎥ UCG ⎦	UAU ⎤ Tyr UAC ⎦ UAA Stop UAG Stop	UGU ⎤ Cys UGC ⎦ UGA Stopp UGG Trp	U C A G
	C	CUU ⎤ CUC ⎥ Leu CUA ⎥ CUG ⎦	CCU ⎤ CCC ⎥ Pro CCA ⎥ CCG ⎦	CAU ⎤ His CAC ⎦ CAA ⎤ Gln CAG ⎦	CGU ⎤ CGC ⎥ Arg CGA ⎥ CGG ⎦	U C A G
	A	AUU ⎤ AUC ⎥ Ile AUA ⎦ AUG Met	ACU ⎤ ACC ⎥ Thr ACA ⎥ ACG ⎦	AAU ⎤ Asn AAC ⎦ AAA ⎤ Lys AAG ⎦	AGU ⎤ Ser AGC ⎦ AGA ⎤ Arg AGG ⎦	U C A G
	G	GUU ⎤ GUC ⎥ Val GUA ⎥ GUG ⎦	GCU ⎤ GCC ⎥ Ala GCA ⎥ GCG ⎦	GAU ⎤ Asp GAC ⎦ GAA ⎤ Glu GAG ⎦	GGU ⎤ GGC ⎥ Gly GGA ⎥ GGG ⎦	U C A G

(5′ ende — left side; 3′ ende — right side)

Abb. 4.3 Die genetische Codontabelle

3′-Ende trägt, entweder AAA oder AAG als Anticodon trägt. Beachten Sie, dass sich die Codontabelle auf die Codons in der mRNA bezieht, nicht auf die Anticodons in der tRNA. Mit anderen Worten: Mithilfe der Codontabelle kann man die mRNA direkt in Aminosäuren übersetzen.

Viele Organismen weisen eine einzigartige Codonnutzung auf, d. h. es gibt eine bevorzugte Gruppe von Codons, die bei der Translation stark genutzt werden. Die Kenntnis der Codonnutzung eines bestimmten Organismus ist nützlich, wenn man die Nukleotidsequenz aus einer Aminosäuresequenz ableiten will. Die Codonnutzung beeinflusst offensichtlich die Proteinsynthese und -sekretion, ein Faktor, der beim Klonieren von Genen berücksichtigt werden muss.

4.5   Warum eine Sequenz mithilfe des kodierenden Strangs darstellen?

Konventionell wird eine DNA-Sequenz durch den kodierenden Strang beschrieben. Es ist gängige Praxis, bei der Darstellung einer DNA-Sequenz den kodierenden Strang zu notieren, obwohl der Matrizenstrang für die Basenpaarung bei der Transkription im biologischen Prozess verwendet wird. Der Grund dafür ist, dass wir bei der Klonierung an der Sequenz der mRNA interes-

siert sind, die eine Kopie des kodierenden Strangs ist und nicht des Matrizenstrangs ist.

```
5′ ---- TGGTTTACCTCT ----
3′ ---- ACCAAATGGAGA ----
```

Angenommen, der obere Strang ist der kodierende Strang, dann kopieren Sie für die Nukleotidsequenz der mRNA einfach dieselbe DNA-Sequenz ab,
wobei Sie das T durch ein U ersetzen, wie folgt:

```
5′ ---- UGGUUUACCUCU ----
```

Für die Translation müssen wir die Nukleotidsequenz der mRNA kennen. Die Aminosäuren können direkt aus der Codontabelle abgelesen werden.
Es ist nicht notwendig, die Anticodons der tRNAs abzuleiten, obwohl dieser
Schritt im biologischen System vorkommt. So ergibt die Translation der oben
genannten mRNA die folgende Aminosäuresequenz:

```
5′ ---- UGG UUU ACC UCU ----mRNA
N  ---- Trp Phe Thr Ser ----Aminosäuren
```

Tatsächlich kann man die Aminosäuresequenz direkt aufschreiben, indem man den kodierenden Strang liest und darauf achtet, dass die Thyminbasen
(T) durch Uracil (U) ersetzt werden. Die Umwandlung kann bequem mithilfe
einer öffentlich zugänglichen Computersoftware vorgenommen werden. Es ist
auch relativ einfach, den Prozess umzukehren und die DNA-Sequenz aus einer
bekannten Aminosäuresequenz abzuleiten. Da jede Aminosäure durch mehr als
ein Codon kodiert wird, muss bei diesem Verfahren die Codonnutzung für einen
bestimmten Organismus berücksichtigt werden.

4.6   Der Leserahmen

Der Prozess der Transkription/Translation erfordert eine Reihe präziser
Steuerungselemente. Zunächst muss es eine Möglichkeit geben, zu unterscheiden, welcher Strang des DNA-Moleküls transkribiert wird. Die Nukleotidsequenz der mRNA ist unterschiedlich, je nachdem, welcher der beiden DNA-
Stränge als Vorlage verwendet wird. Folglich werden bei der Translation dieser
beiden mRNAs zwei Proteine mit sehr unterschiedlichen Aminosäuresequenzen
entstehen.

```
5′ ---- TGGTTTACCTCT ----
3′ ---- ACCAAATGGAGA ----
```

(1) Oberer Strang = kodierender Strang

```
5' ---- UGG UUU ACC UCU ----mRNA
N  ---- Trp Phe Thr Ser ----Aminosäuren
```

(2) Unterer Strang = kodierender Strang

```
5' ---- AGA GGU AAA CCA ----mRNA
N  ---- Arg Gly Lys Pro ----Aminosäuren
```

Zweitens müssen die Start- und Endpunkte der Transkription und der Translation genau kontrolliert werden. Der genetische Code wird in Gruppen von jeweils drei Nukleotiden gelesen. Eine Verschiebung des Leserasters führt zu einem anderen Protein. Die Transkription kann auch indirekt das Leseraster beeinflussen. Unterschiedliche Transkriptionsstartstellen ergeben mRNAs mit unterschiedlichen 5'-Enden, was zu einer Verschiebung des Leserasters bei der Translation führt.

```
5' ---- TGGTTTACCTCT ---- Kodierender Strang
        a b         ←  Startpunkt der Transkription
```

Transkription mit Startort bei a,

```
5' UGG UUU ACC UCU ----mRNA
N  Trp Phe Thr Ser ----Aminosäuren
```

Transkription mit Startstelle bei b,

```
5' GUU UAC CUC U ----mRNA
N  Val Tyr Leu ----  Aminosäuren
```

Bei der Translation führt der Start mit derselben mRNA, aber unterschiedlichen Translationsstartstellen, ebenfalls zu einem unterschiedlichen Leseraster.

```
5' ----- UGGUUUACCUCU ----- mRNA
         a b          ←  Startseite der Übersetzung
```

Leseraster mit Startstelle bei a,

```
5' ---- UGG UUU ACC UCU ----mRNA
N  ---- Trp Phe Thr Ser ----Aminosäuren
```

Leseraster mit Startstelle bei b,

```
5' ---- UG GUU UAC CUC U ----mRNA
N ----       Gly Leu Pro ----  Aminosäuren
```

Beim Klonieren von Genen ist es wichtig, dass das Gen ordnungsgemäß in einen Vektor eingefügt wird, damit es im richtigen Leseraster platziert wird, wenn die Expression des Gens gewünscht ist. In-Frame oder Out-of-Frame ist einer der Faktoren, die über Erfolg oder Misserfolg der Genexpression entscheiden. Die Konstruktion eines korrekten Rahmens erfordert oft die Kenntnis der Sequenz, insbesondere des 5'-Endabschnitts des Gens, und eine sorgfältige Planung des DNA-Einbaus.

Der Begriff offener Leserahmen („open reading frame", ORF) wird häufig beim Klonieren von Genen verwendet. Eine DNA-Sequenz wird (oft mithilfe von Computersoftware) gelesen, um die Rahmen zu eliminieren, die durch Stoppcodons unterbrochen sind. Der Leserahmen, der eine vollständige Translation der gesamten (oder der längsten) Sequenz ohne Unterbrechung ermöglicht, wird als ORF dieser Sequenz bezeichnet. Im folgenden Beispiel ergibt nur (B) ein ORF.

```
5'--- TTCTCAGTTAATTAATGTAGT ---
```

(A) Das Lesen beginnt mit dem ersten T.

```
N --- Phe Ser Val Asn Stop
```

(B) Das Lesen beginnt beim zweiten T.

```
N --- Ser Gln Leu Ile Asn Val
```

(C) Das Lesen beginnt bei C.

```
N --- Leu Ser Stop
```

4.7 DNA-Replikation

Die bisherigen Ausführungen beschreiben die Umsetzung der DNA-Information für die Synthese von Proteinen. Die Diskussion ist unvollständig ohne Berücksichtigung eines anderen wichtigen Prozesses, der DNA-Replikation. Die Replikation ist der Prozess, bei dem sich ein DNA-Molekül dupliziert, um identische DNA-Moleküle zu erzeugen. Die Vervielfältigung des

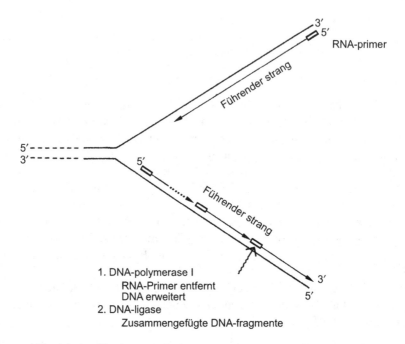

Abb. 4.4 Replikationsgabel mit Synthese von Vor- und Nachlaufstrang

genetischen Materials ist ein wesentlicher Bestandteil der Zellteilung, damit die bei der Zellteilung entstehenden Tochterzellen dieselbe genetische Information tragen wie die Mutterzelle.

Bei der Replikation wird die dsDNA durch die Wirkung eines Enzyms namens Helicase abgewickelt. Die dabei entstehende Y-förmige Struktur wird als Replikationsgabel bezeichnet (Abb. 4.4). Die grundlegenden Merkmale der Replikation sind für beide Stränge gleich. Die Nukleotide werden komplementär zu einem der beiden Stränge hinzugefügt. Die Phosphodiesterbindungen werden durch die Wirkung des Enzyms DNA-Polymerase III gebildet. Damit das Enzym arbeiten kann, wird ein kurzer RNA-Primer benötigt, der komplementär zum ursprünglichen DNA-Strang ist. Dieser RNA-Primer wird durch die Wirkung eines Enzyms, der RNA-Primase, initiiert, die Teil eines größeren Enzymkomplexes ist, der als Primosom bekannt ist.

Die beiden Stränge an der Replikationsgabel unterscheiden sich dadurch, dass ein Strang ein exponiertes 3′-Ende und der andere ein exponiertes 5′-Ende hat. Beim Strang mit dem exponierten 3′-Ende verläuft die Replikation kontinuierlich. Der neue Tochterstrang wird in einer 5′-zu-3′-Richtung synthetisiert. Dieser Tochterstrang wird als Leitstrang bezeichnet.

Bei dem Strang mit dem freiliegenden 5′-Ende verläuft die Replikation diskontinuierlich in kurzen Segmenten in Richtung 5′ zu 3′. Die kurzen Abschnitte, die so genannten Okazaki-Fragmente, werden später zu einem vollständigen Tochterstrang zusammengefügt. Dieser Tochterstrang wird als „lagging strand" bezeichnet. Das Zusammenfügen der Okazaki-Fragmente erfordert die Tätigkeit der DNA-Polymerase I und der DNA-Ligase. Die DNA-Polymerase I ersetzt den RNA-Primer durch die DNA-Erweiterung des vorgelagerten Okazaki-Fragments. Wenn der gesamte RNA-Primer ersetzt ist, wird die Lücke, die zwei Okazaki-Fragmente trennt, durch die Bildung einer Phosphodiesterbindung durch die DNA-Ligase verbunden.

4.8 Das Replikon und der Replikationsursprung

Die Einheit der DNA-Replikation ist ein Replikon. Im Fall von Bakterien bildet das gesamte Genom ein einziges Replikon. Die Replikation beginnt an einem Initiationspunkt (Replikationsursprung) mit der Bildung einer Replikationsgabel und schreitet fort, bis das gesamte Genom vollständig dupliziert ist. Die Replikation kann unidirektional oder bidirektional erfolgen, je nachdem, wie sich die Replikationsgabel am Ursprung bewegt. Die Häufigkeit der Replikation ist abhängig von der komplexen Kontrolle durch regulatorische Proteine am Ursprung. Bakterielle Plasmide, Bakteriophagen oder Virus-DNA enthalten Replikons, die durch ein ähnliches Replikationsschema beschrieben werden können. Eukaryotische Chromosomen bestehen jedoch aus vielen Replikons, die im Allgemeinen kleiner sind und sich langsamer replizieren als bakterielle Replikons.

Die vollständige DNA-Sequenz eines Replikationsursprungs kann isoliert und in ein DNA-Molekül kloniert werden, dem der Ursprung fehlt, sodass die daraus resultierende rekombinante DNA die Fähigkeit zur Replikation erlangt. Aus Bakterien isolierte Replikationsursprünge haben A-T-reiche Sequenzen. Eines der wichtigsten Merkmale eines Klonierungsvektors ist ein geeigneter Replikationsursprung, der die ordnungsgemäße Replikation des eingefügten Gens gewährleistet (siehe Abschn. 9.1).

4.9 Zusammenhang zwischen Replikation und Genklonierung

Beim Klonieren ist es oft notwendig, ein DNA-Segment in ausreichender Menge für die Handhabung und Manipulation zu erhalten. Der biologische Prozess der Replikation ist die erste Wahl, um DNA in großen Mengen zu produzieren. Die gewünschte DNA wird in einen Vektor eingefügt, der dann in Bakterienzellen, z. B. *E. coli,* eingeführt wird. Die transformierten Zellen werden kultiviert, geerntet und lysiert. Die aus den Zellen freigesetzte DNA kann isoliert und gereinigt werden (siehe Abschn. 8.1).

Die Wirkung der DNA-Polymerase bildet auch die Grundlage für die Polymerasekettenreaktion („polymerase chain reaction", PCR), die die Vervielfältigung einer ausgewählten Region eines DNA-Moleküls ermöglicht, sofern die flankierenden Regionen bekannt sind (siehe Abschn. 8.10). Das Enzym, das für die DNA-Replikation in *E. coli* verantwortlich ist, ist die DNA-Polymerase III, die für ihre Wirkung einen RNA-Primer benötigt. Die DNA-Polymerase, die bei Klonierungsarbeiten verwendet wird, ist die DNA-Polymerase I von *E. coli*, die einen DNA-Primer benötigt (siehe Abschn. 7.3).

Überprüfung

1. Beschreiben Sie die Konvention zum Schreiben einer DNA-Sequenz.
2. Bei einem DNA-Strang von 5'-TCTAATGGAGGT lautet der Komplementärstrang _____. Wenn der komplementäre Strang die Vorlage ist, lautet die mRNA _____. Wird die oben genannte mRNA für die Translation verwendet, lautet die Aminosäuresequenz _____.
3. Wiederholen Sie Aufgabe 2, wobei Sie den angegebenen DNA-Strang als Vorlage verwenden.
4. Wiederholen Sie Aufgabe 2, aber beginnen Sie die Transkription an der zweiten Base der mRNA.
5. Wiederholen Sie Aufgabe 2, aber beginnen Sie die Translation an der zweiten Base der mRNA.
6. Was ist ein offenes Leseraster? Was ist das offene Leseraster für die folgende Sequenz?

   5'-TCTTGTAATTGACGTCGGAAT

7. Warum verläuft die Replikation des Strangs mit dem exponierten 5'-Ende diskontinuierlich?
8. Können Sie einen Grund dafür nennen, warum die Sequenzen der bakteriellen Replikationsursprünge A-T-reich sind?

KAPITEL 5

Organisation von Genen

Ein Gen ist ein diskreter Abschnitt der DNA, der als Ausdruckseinheit existiert (siehe Abschn. 1.1). Ein DNA-Molekül kann aus vielen Genen bestehen. Beim Bakteriophagen λ beispielsweise ist die gesamte genetische Information in einem einzigen DNA-Molekül mit 48,5 kb gespeichert, das aus 60 Genen besteht. Beim Menschen ist die genetische Information in 46 DNA-Molekülen gespeichert, die als 23 Chromosomenpaare organisiert sind, was insgesamt $3,2 \times 10^9$ bp und schätzungsweise 20.000 Gene ausmacht.

Betrachten wir die allgemeine Organisation eines Strukturgens in einem DNA-Molekül. Der DNA-Abschnitt, der dem Transkriptionsstartpunkt vorausgeht, ist die 5′-flankierende Region. Dieser Bereich wird auch als Upstream-Region bezeichnet. Die DNA-Sequenz, die auf die Transkriptionstermination folgt, ist die 3′-flankierende Region oder Downstream-Region. Die Begriffe stromaufwärts („upstream") und stromabwärts („downstream") werden auch verwendet, um die relative Position von zwei Stellen in einer Sequenz zu bezeichnen.

5.1 Das Laktose-Operon

Wann und wo die Transkription des Matrizenstrangs in mRNA stattfindet, wird genau gesteuert. Die Start- und Endsignale für die Transkription werden durch eine Reihe von regulatorischen Elementen gesteuert, die sich in den stromaufwärts und stromabwärts gelegenen Regionen eines Strukturgens befinden. Die Gesamtheit der Kontrollregionen und des/der Strukturgene(s) wird als Operon bezeichnet.

Ein bekanntes Beispiel ist das Laktose-Operon (*lac*) in *E.*-coli-Bakterien. Das *lac*-Operon besteht aus den folgenden Elementen: regulatorische(s) Gen(e), Promotor, Operator und Strukturgen(e) (Abb. 5.1). Bei Prokaryoten ist es nicht ungewöhnlich, dass ein einziger Regulationsmechanismus mehr als ein Strukturgen kontrolliert. Das *lac*-Operon ist ein typisches Beispiel; es besteht aus drei

D. W. S. Wong, *Das ABC des Genklonens*,
https://doi.org/10.1007/978-3-031-22190-3_5

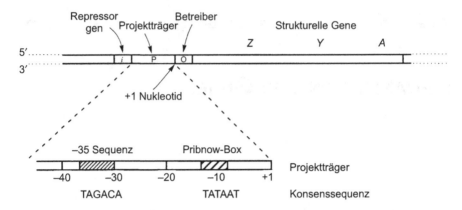

Abb. 5.1 Organisation des Laktose-Operons

Strukturgenen, *lacZ*, *lacY* und *lacA* (die jeweils für die drei Enzyme β-Galactosidase, Permease und Acetylase codieren), die alle von einem einzigen Regulationsmechanismus kontrolliert werden. Die Kontrollregion stromaufwärts der drei Strukturgene besteht aus dem Repressor-Gen, dem Promotor und dem Operator. Die Kontrollregionen werden manchmal zusammen als Promotorregion bezeichnet. Der Begriff Promotor wird hier in einem weiten Sinn verwendet.

5.2   Kontrolle der Transkription

Es gibt zwei Arten der Transkriptionskontrolle: Ort und Zeitpunkt. (1) Wo befinden sich Start- und Endpunkt der Transkription? (2) Wann beginnt und wann endet die Transkription?

5.2.1   Wo befinden sich Start- und Endpunkt der Transkription?

Die Transkription beginnt mit der RNA-Polymerase, die die Promotorsequenz als Bindungsstelle erkennt. Die RNA-Polymerase ist ein Holoenzym, das aus dem Kernenzym und den Sigma-Faktoren besteht. Letztere sind Proteine, die bei der Erkennung des Promotors durch das Enzym helfen. Spezifische Sigma-Faktoren sind dafür verantwortlich, die RNA-Polymerase zu bestimmten Promotoren zu lenken. Promotoren bestehen aus kurzen Sequenzen, die von der RNA-Polymerase erkannt werden. In *E.*-coli-Promotoren befinden sich zwei Konsensussequenzen, die als −35-Sequenz (5′-TTGACA) und −10-Sequenz oder Pribnow-Box (5′-TATAAT) bekannt sind (Abb. 5.1). Die Bindung der RNA-Polymerase an den Promotor bestimmt die Startstelle für die Transkription sowie den zu kopierenden Strang. Die Abb. 5.2 zeigt die *lac*-Promotorsequenz,

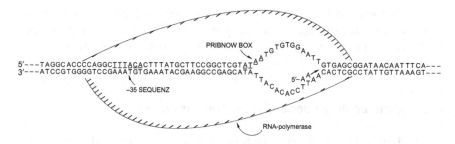

Abb. 5.2 Bindung der RNA-Polymerase an den *lac*-Promotor

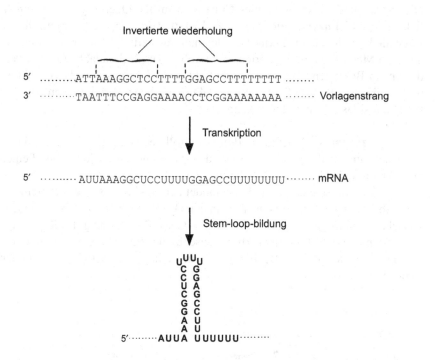

Abb. 5.3 Bildung einer Stem-loop-Struktur

die von der RNA-Polymerase gebunden wird, und die Abspulung der DNA-Stränge durch das Enzym. Die Transkriptionsstartstelle, die üblicherweise als Nukleotid +1 bezeichnet wird, befindet sich am Anfang der Operatorsequenz im *lac*-Operon, wie in der Abbildung dargestellt (Die Position des +1-Nukleotids variiert in den verschiedenen Operonen. Im *trp*-Operon beispielsweise befindet sich das +1-Nukleotid stromabwärts des Operators). Die Sequenz stromaufwärts des +1-Nukleotids wird als Minus-Nukleotid (–) nummeriert.

Die Transkriptionsterminationsstellen bestehen aus Sequenzen mit invertierten Wiederholungen von hohen GC-Paaren. Das in dieser Region transkribierte mRNA-Segment faltet sich zu einem „stem loop" (Abb. 5.3).

Die RNA-Polymerase löst sich von den DNA-Strängen, wenn sie die Stem-loop-Struktur passiert hat. An einigen Abbruchstellen wird die Ablösung durch ein Rho-Protein unterstützt, das die DNA-RNA-Basenpaare zwischen der Vorlage und der mRNA aufbricht.

5.2.2 Wann beginnt oder endet die Transkription?

Der Prozess der Proteinsynthese wird auf der Ebene der Transkription gesteuert. Proteine werden nur dann synthetisiert, wenn sie benötigt werden. Dieses An- und Abschalten eines Gens wird im *lac*-Operon gut veranschaulicht. Die drei Enzyme, die von *lacZ*, *lacY* und *lacA* codiert werden, haben folgende Funktionen: (1) Permease erleichtert die aktive Diffusion von Laktose aus dem Medium in die Bakterienzelle (Abb. 5.4); (2) β-Galaktosidase zerlegt die (in der Bakterienzelle vorhandene) Laktose in die Einfachzucker Galaktose und Glukose; (3) Acetylase entfernt laktoseähnliche Verbindungen, die die β-Galaktosidase nicht zerlegen kann.

Laktose als Induktor Beim Kontrollmechanismus wirkt die Laktose im Wachstumsmedium als Induktor, der die Gene anschaltet. Sein Fehlen bewirkt, dass die Gene ausgeschaltet werden.

In Abwesenheit von Laktose bindet der *lac*-Repressor, das Protein des regulatorischen Gens im *lac*-Operon, an den Operator (die kurze DNA-Sequenz zwischen dem *lac*-Promotor und dem *lacZ*-Gen). Die Bindung des Repressors an den Operator stört die Interaktion zwischen der RNA-Polymerase und dem Promotor. Unter dieser Bedingung kann keine Transkription stattfinden (Abb. 5.5).

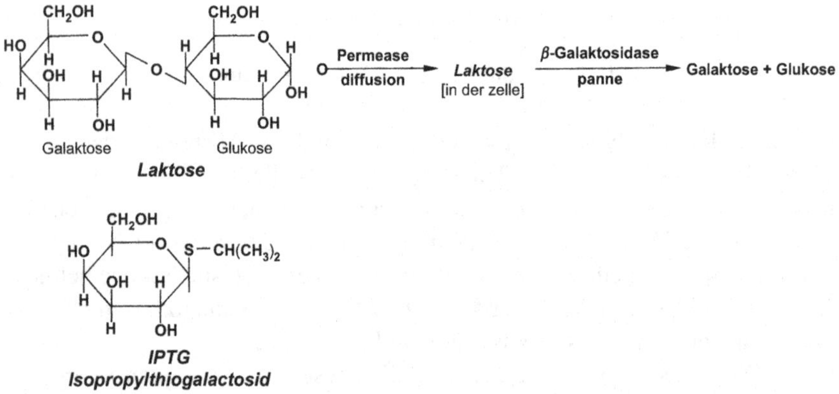

Abb. 5.4 Von Permease und β-Galactosidase katalysierte Reaktion

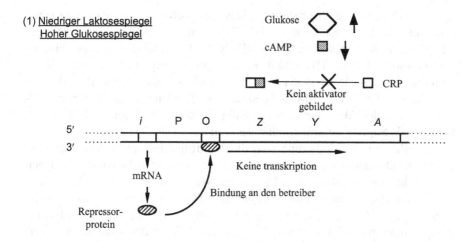

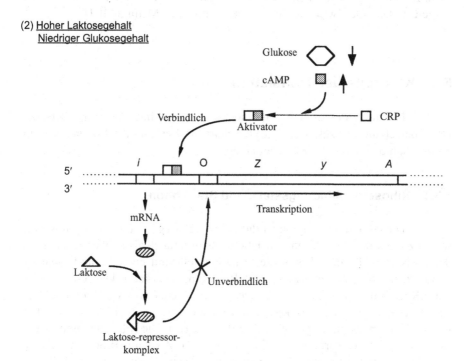

Abb. 5.5 Der Regulationsprozess des *lac*-Operons

In Gegenwart von Laktose bindet das Repressorprotein an Laktose und der daraus resultierende laktosegebundene Repressor kann nicht an den Operator binden. Der Promotor ist für die Bindung der RNA-Polymerase zugänglich, und die *lacZ*-, *lacY*- und *lacA*-Gene werden exprimiert.

Glukose als Suppressor Das *lac*-Operon verfügt auch über einen positiven Kontrollmechanismus. Die Transkription erfolgt nur, wenn ein Aktivator, ein Komplex aus cAMP-CRP (zyklisches-AMP-Rezeptorprotein), an den Promotor bindet. Die cAMP-Konzentration steigt nur an, wenn keine Glukose in der Zelle vorhanden ist. Wenn Glukose (das Produkt der Laktosehydrolyse durch β-Galaktosidase) vorhanden ist, sinkt der cAMP-Spiegel, und der Aktivator ist nicht funktionsfähig. In diesem Fall wirkt die Glukose als Suppressor und schaltet das Gen aus (Abb. 5.5).

Bei der Genklonierung wird die Kontrollregion (regulatorisches Gen, Promotor, Operator) als genetischer Schalter verwendet. In einem einfachen Schema kann ein kontrolliertes Expressionssystem konstruiert werden, indem der genetische Schalter einem beliebigen Gen vorgeschaltet wird (siehe Abschn. 9.1.1; Abb. 9.2). Der natürliche Induktor, Laktose, wird durch Isopropylthiogalaktosid (IPTG) ersetzt, das nicht durch β-Galaktosidase hydrolysiert wird. Die Genexpression wird durch die Zugabe von IPTG zum Kulturmedium ausgelöst. Das Gen wird ausgeschaltet, wenn dem Medium IPTG entzogen wird.

5.3   Kontrolle der Translation

Die mRNA eines Gens wird nicht in ihrer gesamten Sequenz übersetzt. Der Übersetzungsprozess benötigt eine Start- und eine Endstelle, die sich am 5′- bzw. am 3′-Ende der mRNA befinden.

5.3.1   Ribosomenbindungsstelle und Startcodon

Die codierende Region ist die übersetzte Region, die die Aminosäuresequenz spezifiziert. Die 5′-untranslatierte Region (auch als Leader bezeichnet) der mRNA enthält eine Ribosomenbindungsstelle mit einer Shine-Dalgarno-Sequenz, die eine Basenpaarung mit rRNA eingehen kann. Die 5′-untranslatierte Region des *lacZ*-Gens im *lac*-Operon ist 5′-UUCACCCAGGAAACAG-CUAUG-. Die Shine-Dalgarno-Sequenz ist in diesem Fall AGGAA, vergleichbar mit der Konsensussequenz 5′-AGGAGGU in *E. coli*. Die Ribosomenbindungsstelle sorgt für die korrekte Positionierung der mRNA am Ribosom, um die Translation am Startcodon AUG einzuleiten. Beachten Sie, dass AUG für die Aminosäure Methionin codiert. Das A im Startcodon wird als +1 und die Region stromaufwärts als Minus-Sequenz (−) bezeichnet, analog zu den bei der Transkription verwendeten numerischen Koordinaten (Abb. 5.6).

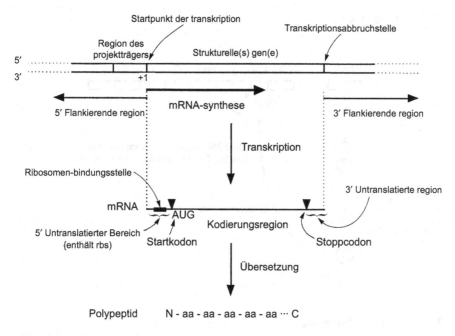

Abb. 5.6 Allgemeines Schema der Transkription und Translation in prokaryotischen Zellen

5.3.2 Terminierungsort der Translation

Die Translation endet an einem Stoppcodon (AGC, UAG oder UAA). Es gibt keine tRNA mit Anticodon, die eine Basenpaarung mit diesen drei Codons eingehen kann. Die mRNA löst sich vom Ribosom ab. In einigen Fällen, wie häufig bei Eukaryoten, kann die Anordnung mehrerer Stoppcodons als Abbruchsignal dienen.

5.4 Das Tryptophan-Operon

Ein weiteres gut untersuchtes Operon in *E. coli* ist das *trp*-Operon, das an der Biosynthese der Aminosäure Tryptophan beteiligt ist. Für die Synthese von Tryptophan sind fünf Enzyme erforderlich, die von fünf Genen (*trpE*, *trpD*, *TrpC*, *TrpB* und *TrpA*) codiert werden. Alle fünf Gene werden durch ein einziges Regulationssystem gesteuert. Folgende Steuerelemente sind beteiligt: (1) ein *trp*-Promotor und ein Operator, (2) ein Repressor-Gen (*trpR*), das sich weit entfernt vom Cluster der *trp*-Gene befindet, (3) ein Leader-Gen (*trpL*) mit 162 Nukleotiden, das sich zwischen der Promotorregion und dem *trpE*-Gen (dem ersten Gen im *trp*-Operon) befindet (Abb. 5.7).

(1) <u>High Tryptophan Level</u>

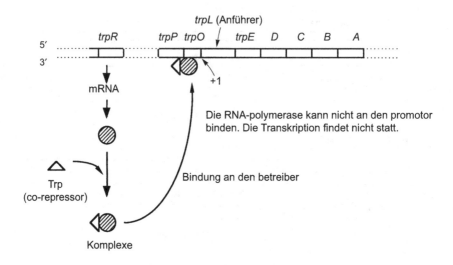

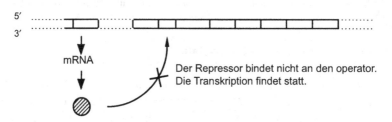

(2) <u>Niedriger Tryptophanspiegel</u>

Abb. 5.7 Organisation des Tryptophan-Operons

5.4.1 Co-Repressor

Die Transkription der *trp*-Gene steht unter der Kontrolle des *trp*-Repressors. In Gegenwart hoher Konzentrationen von intrazellulärem Tryptophan bindet das *trp*-Repressorprotein an die Aminosäure und bildet einen Repressor-Tryptophan-Komplex. Unter dieser Bedingung wird das Enzym RNA-Polymerase an der Bindung an den Promotor gehindert und die Transkription kann nicht stattfinden. In Abwesenheit von Tryptophan kann das *trp*-Repressorprotein allein nicht an den Operator binden und die Transkription kann stattfinden.

Im Gegensatz zum *lac*-Operon, bei dem Laktose als Induktor wirkt, ist die Aminosäure Tryptophan in diesem System der Co-Repressor. Eine ergänzende regulatorische Aktivität, die sogenannte Abschwächung („attenuation"), ist ebenfalls beteiligt.

5.4.2 Abschwächung

Die Leitsequenz besteht aus vier Regionen (R1, R2, R3 und R4), die in der Lage sind, Basenpaare zu bilden, um eine Vielzahl von Schleifenstrukturen zu bilden: (1) R1 paart sich mit R2, und R3 paart sich mit R4 oder (2) R2 paart sich mit R3. Die Region R1 enthält zwei benachbarte Trp-Codons (UGG). Die Paarung von R3 und R4 erzeugt ein GC-Palindrom, gefolgt von acht aufeinanderfolgenden U-Resten, einem typischen Terminierungssignal für die Transkription. Diese Sequenz, die die Terminationsstammschleife bildet, ist ein Dämpfungsglied (Abb. 5.8).

Bei einer niedrigen Tryptophankonzentration übersetzt das Ribosom die Leader-Sequenz, bis es zu den Trp(UGG)-Codons (in der R1-Region) gelangt. Der Prozess gerät ins Stocken, weil es an Trp-tRNA für die Übersetzung mangelt. Dieser Stillstand ermöglicht es R2, sich mit R3 zu paaren, wodurch der zwischen R3 und R4 gebildete Stem-loop-Terminator verhindert wird. Unter dieser Bedingung werden die *trp*-Gene transkribiert und in die entsprechenden Enzyme für die Biosynthese der Aminosäure Tryptophan übersetzt.

LEADER

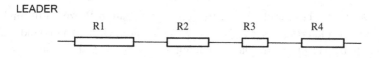

(1) <u>Hoher Tryptophanspiegel</u>

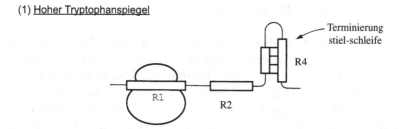

(2) <u>Niedriger Tryptophanspiegel</u>

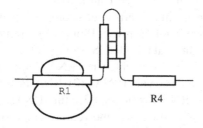

Abb. 5.8 Abschwächung im Tryptophan-Operon

Bei einer hohen Tryptophankonzentration ist Trp-tRNA im Überfluss vorhanden, und die Funktion des Ribosoms verläuft reibungslos. Unter diesen Bedingungen wird der R3-R4-Terminations-stem-Loop gebildet. Die Transkription endet am Ende der Leader-Sequenz.

5.4.3 Hybride Promotoren

Funktionelle Hybridpromotoren können so gestaltet werden, dass sie erwünschte Eigenschaften besitzen. Der *tac*-Promotor zum Beispiel, ein starker Promotor, der häufig in bakteriellen Systemen verwendet wird, ist ein solcher Hybrid. Die −35-Region stammt vom *trp*-Promotor und die Pribnow-Box (−10-Region) vom *lac*-Promotor ab. Der *tac*-Promotor ist effizienter als die beiden Elternpromotoren und eignet sich für die kontrollierte Expression von Fremdgenen in *E. coli* in hohen Mengen. Der *tac*-Promotor wird durch den *lac*-Repressor kontrolliert und kann durch IPTG dereprimiert werden (siehe Abschn. 9.1.1).

5.5 Das Kontrollsystem in eukaryotischen Zellen

Der bisher beschriebene Transkription-Translation-Prozess gilt im Allgemeinen für Prokaryoten, wie z. B. *E. coli*. In höheren Organismen sind mehrere zusätzliche Merkmale für das Klonieren von Genen entscheidend.

5.5.1 Transkriptionelle Kontrolle

Analog zur bakteriellen Transkriptionskontrolle gibt es in eukaryotischen Promotoren konservierte Sequenzen, die sich in der Region zwischen −25 und −35 befinden und als TATA-Box (oder Hogness-Box) bezeichnet werden. Darüber hinaus gibt es zwei häufig vorkommende konservierte kurze Sequenzen, die GC-Box und die CAAT-Box. Diese werden als Enhancer (Verstärker) bezeichnet und sind an der Aktivierung der Transkription beteiligt. Es gibt auch negativ wirkende DNA-Sequenzen, die Silencer (Dämpfer) genannt werden und an der Unterdrückung der Transkription beteiligt sind. Enhancer und Silencer können sich stromaufwärts oder stromabwärts des Promotors befinden oder sogar Tausende von Basen vom Promotor entfernt sein.

Im Gegensatz zum bakteriellen System gibt es bei der Synthese von eukaryotischer RNA drei verschiedene RNA-Polymerasen: (1) RNA-Polymerase I für die Synthese von rRNA, (2) RNA-Polymerase II für die mRNA-Synthese und (3) RNA-Polymerase III für tRNA. Die eukaryotische RNA-Polymerase II arbeitet mit einer Reihe von Proteinen zusammen, den sogenannten Transkriptionsfaktoren TFIIA, B, C, D, E, F und H. Bei der Initiierung der Transkription bindet TFIID an die TATA-Box, gefolgt von anderen Transkriptionsfaktoren, die sich mit der RNA-Polymerase II zu einem Initiationskomplex verbinden. Die Bildung des Komplexes ermöglicht die korrekte Positionierung des Enzyms an der Transkriptionsstartstelle, die Entfaltung der DNA an dieser Stelle und den Übergang des Enzyms vom Promotor zur codierenden Gensequenz. In dieser Hinsicht ist die Funktion eines eukaryotischen Initiationskomplexes analog zum bakteriellen RNA-Polymerase-Holoenzym.

Enhancer und Silencer sind Andockstellen für eine Gruppe von Transkriptionsfaktoren, zu denen Zinkfingerproteine, Leucin-Zipper-Proteine und Helix-Turn-Helix-Proteine gehören. Jede Proteinklasse interagiert auf unterschiedliche Weise mit der DNA. Leucin-Zipper-Proteine beispielsweise zeichnen sich durch eine Wiederholung von Leucinresten aus, die als Reißverschlussregion (Zipper-Region) bezeichnet wird. Durch die Verbindung von zwei Leucin-Zipper-Regionen wird ein Dimer gebildet (Abb. 5.9). Durch die Paarung von Zipper-Proteinen entstehen Dimere in verschiedenen Kombinationen, die unterschiedliche Reaktionen bei DNA-Wechselwirkungen bewirken.

Das Zusammenspiel von Promotor, Enhancer (Silencer) und Transkriptionsfaktoren bildet die molekulare Maschinerie zur Kontrolle der Transkriptionsaktivität eines Gens. Die spezifische Kombination von Transkriptionsfaktoren und ihre Interaktionen mit DNA-Sequenzen spielen eine zentrale Rolle bei der unterschiedlichen Genexpression, die zu bestimmten Zelltypen führt.

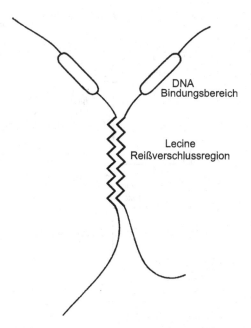

DNA
Bindungsbereich

Lecine
Reißverschlussregion

Abb. 5.9 Leucin-Zipper-Kontakt zur Bildung eines Dimers

5.5.2 Introns und Exons

Bei Eukaryoten wird die codierende Region der mRNA durch DNA-Abschnitte unterbrochen, die nicht für Aminosäuren codieren. Diese DNA-Abschnitte werden als Introns bezeichnet (Abb. 5.10). Die transkribierten und in Aminosäuren translatierten Abschnitte sind Exons. Die Introns werden vor der Translation in einem Prozess entfernt, der Spleißen genannt wird. Es gibt vier Arten von Introns, jedes mit seinen eigenen besonderen Merkmalen und einem anderen Spleißmechanismus. Die GC-AT-Klasse der Introns ist die am häufigsten vorkommende und am gründlichsten untersuchte. Diese Introns haben die Dinukleotide GC und AT an ihren 5'- und 3'-Enden. Die vollständigen Konsensussequenzen sind 5'-AGGTAA^GT an der 5'-Spleißstelle und 5'-(Py)$_6$

TRANSKRIPTION IM ZELLKERN

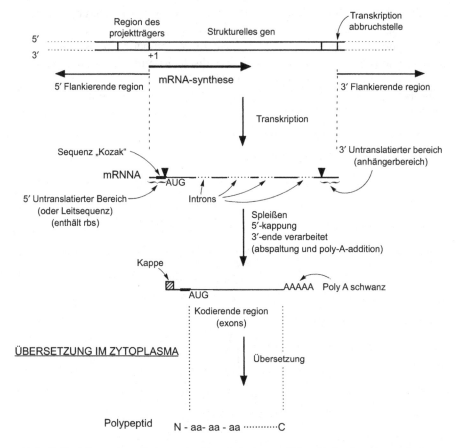

Abb. 5.10 Allgemeines Schema der Transkription und Translation in eukaryotischen Zellen

NCAG^ an der 3'-Spleißstelle (Py = C oder U und N = beliebiges Nukleotid). Die Spaltung erfolgt an der 5'-Spleißstelle, wobei ein freies 5'-Ende entsteht, das sich an eine interne Stelle im Intron anlagert und eine lassoähnliche Struktur (Lariat) bildet. Die 3'-Spleißstelle wird dann gespalten und die beiden Exons werden zusammengefügt. Bei einigen Genen kann die mRNA auf mehr als eine Weise gespleißt werden. Daher können je nach Spleißung verschiedene Formen eines Proteins entstehen. Man geht davon aus, dass jedes menschliche Gen im Durchschnitt drei Proteine bilden kann, indem es verschiedene Kombinationen von Exons verwendet.

5.5.3 Abdeckungen und Nachlauf

Nach der Transkription wird das 5'-Ende einer mRNA durch Hinzufügen eines methylierten Guanosin-Nukleotids verkappt („capped"; Abb. 5.10). Das 7-Methylguanin (m7G) wird nach der Transkription durch einen zweistufigen Prozess an das 5'-Phosphatende der mRNA angefügt: Bindung des G an das Phosphat und anschließende Methylierung des G-Basenstickstoffs an Position 7. Die Cap-Struktur spielt eine wichtige Rolle beim Spleißen der prä-mRNA und beim Initiationsprozess der Translation.

Das 3'-Ende der mRNA wird durch das Hinzufügen von etwa 20 bis 200 Adenosinmolekülen (Poly A) verarbeitet. Dieser Prozess findet 10–30 Basen stromabwärts von einem spezifischen Polyadenylierungssignal mit der Konsensussequenz 5'-AAUAAA statt. Die Polyadenylierung kann die Stabilität der mRNA erhöhen und ist effektiv der Terminierungsprozess für die RNA-Polymerase-II-Transkription.

5.5.4 Ribosomenbindungssequenz

Anstelle der Shine-Dalgarno-Sequenz in prokaryotischen mRNAs nutzen eukaryotische Ribosomen effizient eine Sequenz in der mRNA, die als Kozak-Sequenz bekannt ist: GCCGCCACCAUGG, die innerhalb einer kurzen 5' untranslatierten Region liegt, zur Bindung und Einleitung des Übersetzungsprozesses (am Startcodon AUG).

5.5.5 Monocistronisch und polycistronisch

Eukaryotische mRNAs sind im Allgemeinen monocistronisch, d. h. eine einzige mRNA wird in ein einziges Polypeptid übersetzt. Im Gegensatz dazu sind Prokaryoten polycistronisch, d. h. eine einzige mRNA kann mehrere Polypeptide produzieren, wie im Fall des *lac*-Operons.

Überprüfung

1. Listen Sie die Funktion der Strukturgene und regulatorischen Elemente des lac-Operons auf und beschreiben Sie diese.

Strukturgene	Funktionen
(A) _____	_____
(B) _____	_____
(C) _____	_____
Regulatorische Elemente	Funktionen
lac-Promoter	_____
lac-Repressor-Gen	_____
lac-Operator	_____

2. Beschreiben Sie die Auswirkungen der An- und Abwesenheit von Laktose auf die folgenden Kontrollelemente des *lac*-Operons.

	Laktose vorhanden	Laktose nicht vorhanden
(A) *lac*-Promotor		
(B) *lac*-Repressorprotein		
(C) *lac*-Operator		

3. Wie erkennt die RNA-Polymerase die Start- und Terminierungsstelle der Transkription? Was ist die Funktion der Sigma-Faktoren?
4. Was ist die funktionelle Rolle einer Ribosomenbindungsstelle? Wie hängt sie mit dem Startcodon AUG in der mRNA zusammen? Was ist die Terminationsstelle für die Translation?
5. Im lac-Operon wirkt Laktose als Induktor. Bei der Genklonierung wird der genetische Schalter für das lac-Operon durch IPTG eingeschaltet. Warum wird IPTG anstelle von Laktose verwendet?
6. Im lac-Operon ist Glukose ein Suppressor. Beschreiben Sie die Abfolge der Ereignisse, die eintreten, wenn Glukose zum Wachstumsmedium hinzugefügt wird.
7. Beschreiben Sie die Funktionen der regulatorischen Elemente des trp-Operons.

    (A) trp-Promotor
    (B) trp-Operator
    (C) Repressor-Gen (trpR)
    (D) Leader (trpL)

8. Beschreiben Sie die Auswirkungen der intrazellulären Tryptophankonzentration.

	Hoher Trp-Spiegel	Niedriger Trp-Spiegel
(A) Repressorprotein		
(B) *trp*-Promotor		
(C) *trp*-Operator		

9. Erläutern Sie den Mechanismus der Abschwächung am Beispiel des *trp*-Operons.
10. Welches sind die Bestandteile des *tac*-Promotors?
11. Beschreiben Sie die Funktionen der folgenden transkriptionsregulatorischen Elemente in eukaryotischen Zellen: (A) Enhancer, (B) Transkriptionsfaktor.
12. Was ist die Funktion einer Kozak-Sequenz?

KAPITEL 6

ABLESEN DER NUKLEOTIDSEQUENZ EINES GENS

In diesem Kapitel werden wir das in den vorangegangenen Kapiteln Gelernte anwenden, um ein prokaryotisches Gen und ein eukaryotisches Gen abzulesen. Ziel ist es, eine schrittweise Einführung in das Ablesen einer Gensequenz zu geben. Man kann eine Fülle von Informationen über die architektonische Organisation eines Gens gewinnen, einschließlich vieler Merkmale auf der Proteinebene. Sowohl Transkriptions- als auch Translationsprozesse können durch das Ablesen einer Gensequenz abgeleitet werden.

6.1 Das *E.-coli*-Gen *dut*

Als Beispiel für ein prokaryotisches Gen wird das *dut*-Gen von *E. coli* herangezogen (Abb. 6.1). Das *dut*-Gen codiert für das Enzym dUTPase (Desoxyuridin-5′-triphosphat-Nukleotidhydrolase, E.C. 3.6.1.23; Lundberg et al. 1983. *EMBO J.* 2, 967–971). Das Enzym ist eine Phosphatase, die Diphosphate von dUTP abspaltet, eine Reaktion im Pyrimidinstoffwechsel ($dUTP + H_2O = dUMP + Diphosphat$).

Beachten Sie, dass das Gen vereinbarungsgemäß mit drei kursiven Kleinbuchstaben benannt wird, während der Proteinname in der Abkürzung in normaler Schrift und in Großbuchstaben angegeben ist. E.C. 3.6.1.23 ist die Enzymcodenummer, die der dUTPase gemäß dem Nomenclature Committee of the International Union of Biochemistry and Molecular Biology zugewiesen wurde (siehe Abschn. 3.5 zur Enzymklassifizierung).

Schauen wir uns die Nukleotidsequenz der *E.-coli*-dUTPase im Detail an. Der Einfachheit halber sind die zu erörternden Merkmale hervorgehoben und einige sind markiert. Die abgeleiteten Aminosäuren sind unter der DNA-Sequenz aufgeführt und entsprechen den jeweiligen Codons.

```
CAGAGAAAATCAAAAAGCAGGCCACGCAGGGTGATGAATTAACAATAAAAATGGTTAAAA    60
ACCCCGATATCGTCGCAGGCGTTGCCGCACTAAAAGACCATCGACCCTACGTCGTTGGAT   120
TTGCCGCCGAAACAAATAATGTGGAAGAATACGCCCGGCAAAAACGTATCCGTAAAAACC   180
TTGATCTGATCTGCGCGAACGATGTTTCCCAGCCAACTCAAGGATTTAACAGCGACAACA   240
                                              -35 region
ACGCATTACACCTTTTCTGGCAGGACGGAGATAAAGTCTTACCGCTTGAGCGCAAAGAGC   300

       Pribnow-box   +1        rbs            +1
TCCTTGGCCAATTATTACTCGACGAGATCGTGACCCGTTATGATGAAAAAAATCGACGTT   360
                                          M  K  K  T  D  V
AAGATTCTGGACCCGCGCGTTGGGAAGGAATTTCCGCTCCCGACTTATGCCACCTCTGGC   420
 K  I  L  D  P  R  V  G  K  E  F  P  L  P  T  Y  A  T  S  G
TCTGCCGGACTTGACCTGCGTGCCTGTCTCAACGACGCCGTAGAACTGGCTCCGGGTGAC   480
 S  A  G  L  D  L  R  A  C  L  N  D  A  V  E  L  A  P  G  D
ACTACGCTGGTTCCGACCGGGCTGGCGATTCATATTGCCGATCCTTCACTGGCGGCAATG   540
 T  T  L  V  P  T  G  L  A  I  H  I  A  D  P  S  L  A  A  M
ATGCTGCCGCGCTCCGGATTGGGACATAAGCACGGTATCGTGCTTGGTAACCTGGTAGGA   600
 M  L  P  R  S  G  L  G  H  K  H  G  I  V  L  G  N  L  V  G
TTGATCGATTCTGACTATCAGGGCCAGTTGATGATTTCCGTGTGGAACCGTGGTCAGGAC   660
 L  I  D  S  D  Y  Q  G  Q  L  M  I  S  V  W  N  R  G  Q  D
AGCTTCACCATTCAACCTGGCGAACGCATCGCCCAGATGATTTTTGTTCCGGTAGTACAG   720
 S  F  T  I  Q  P  G  E  R  I  A  Q  M  I  F  V  P  V  V  Q
GCTGAATTTAATCTGGTGGAAGATTTCGACGCCACCGACCGCGGTGAAGGCGGCTTTGGT   780
 A  E  F  N  L  V  E  D  F  D  A  T  D  R  G  E  G  G  F  G
CACTCTGGTCGTCAGTAACACATACGCATCCGAATAACGTCATAACATAGCCGCAAACAT   840
 H  S  G  R  Q  Stop            Stop             Stem-loop

TTCGTTTGCGGTCATAGCGTGGGTGCCGCCTGGCAAGTGCTTATTTTCAGGGGTATTTTG   900
loop                          Zweite stamm-schleife

TAACATGGCAGAAAAACAAACTGCGAAAAGGAACCGTCGCGAGGAAATACTTCAGTCTCT   960
GGCGCTGATGCTGGAATCCAGCGATGGAAGCCAACGTATCACGACGGCAAAACTGGCCGC  1020
CTCTGTCGGCGTTTCCGAAGCGGCACTGTATCGCCACTTCCCCAGTAAGACCCGCATGTT  1080
CGATAGCCTGATTGAGTTTATCGAAGATAGCCTGATTACTCGCATCAACCTGATTCTGAA  1140
AGATGAGAAAGACACCACAGCGCGCCTGCGTCTGATTGTGTTGCTGCTTCTCGGTTTTGG  1200
TGAGCGTAATCCTGGCCTGACCCGCATCCTCACTGGTCATGCGCTAATGTTTGAACAGGA  1260
TCGCCTGCAAGGGCGCATCAACCAGCTGTTCGAGCGTATTGAAGCGCAGCTGCGCCAGGT  1320
ATTGCGTGAAAAGAGAATGCGTGAGGGTGAAGGTTACACCACCGATGAAACCCTGCTGGC  1380
AAGCCAGATCCTGGCCTTCTGTGAAGGTATGCGTGTCACGTTTTGTCCGCAGCGAATTAA  1440
ATACCGCCCGACGGATGATTTTGACGCCCGCTGGCCGCTAATTGCGGCCAGTTGCAGTAA  1500
TATGACGCCGGATGACTTTTCATCCGGCGAGTTTCTTTAAACGCCAAACTCTTCGCGATA  1560
GGCCTTAACCGCCGCCAGATGTTCCGCCATTTCCGGCTTCTCTTCCAGG
```

Abb. 6.1 DNA-Sequenz des *dut*-Gens von *E. coli* (Lundberg et al. 1983. *EMBO J.* 2, 967–971). Die abgeleitete Aminosäuresequenz ist unterhalb der DNA-Sequenz dargestellt. Spezielle Bereiche, die von Interesse sind, sind fett gedruckt, unterstrichen, beschriftet und im Text erläutert

1. Die Nukleotidsequenz besteht aus 1609 bp und ist mit 1 bis 1609 gekennzeichnet. Die Sequenz entspricht einem Teil eines genomischen DNA-Fragments, das aus der genomischen Bibliothek von *E. coli* K-2 isoliert wurde. Dieses DNA-Fragment trägt die *dut*-Genregion sowie verlängerte Upstream- und Downstream-Sequenzen.

2. Die Sequenz wird üblicherweise in der Richtung $5' \to 3'$ des kodierenden Strangs geschrieben (dieselbe Sequenz wie die mRNA).
3. Die Nukleotidsequenz enthält mehrere identifizierbare Transkriptionselemente.

   (a) Promotor: die Region −35 (286–291, TTGAGC)
   (b) Pribnow-Box: die Region −10 (310–316, AATTATT)
   (c) Startstelle der Transkription (323)
   (d) Transkriptionsterminationsstelle (831–851, Stem-loop-Struktur)

   Während der Transkription erkennt die RNA-Polymerase die Promotor-region und beginnt die Transkription an Position 323. Diese Transkriptions-startstelle ist das Nukleotid +1. Die upstream gelegene Sequenz ist mit Minuszahlen versehen, daher die −10-Region und die −35-Region im Pro-motor.

   Die mRNA beginnt am Nukleotid +1 (zwischen der Pribnow-Box und der Ribosomenbindungsstelle, rbs) und erstreckt sich bis zur Stem-loop-Region. Es gibt auch eine zweite Stem-loop-Region zwischen den Positionen 866 und 893, mit unvollkommener Paarung an einem der Basenpaare. Diese zweite Stem-loop-Region ist GC-reich und hat eine Reihe von T, die ihr folgen, ein gemeinsames Merkmal vieler bakterieller Transkriptionsterminatoren.
4. Die Nukleotidsequenz enthält mehrere Translationselemente.

   (a) Ribosomenbindungsstelle (Shine-Dalgarno-Sequenz, 330–333 GTGA)
   (b) Startcodon für die Translation (343–345, ATG)
   (c) Stoppcodon für die Translation (796–798, TAA)
   (d) Die Shine-Dalgarno-Sequenz dient der Positionierung des Ribosoms für die Translation. Das ATG-Startcodon ist das +1-Nukleotid, wenn es sich auf den Übersetzungsprozess bezieht. Es gibt ein zweites ATG-Codon an Position 340, aber es wurde experimentell festgestellt, dass dies nicht das Startsignal für die Translation ist.

   Die Translation der mRNA beginnt am Startcodon ATG und reicht bis zum Codon CAG, das dem Stoppcodon unmittelbar vorausgeht. Diese Nukleotidsequenz ist der offene Leserahmen (ORF), der der strukturellen Gensequenz der dUTPase entspricht. Die resultierende Polypeptidkette besteht aus 150 Aminosäuren, die mit einem Methionin beginnen und mit einem Glutamin enden. Das dTUPase-Protein hat ein berechnetes Molekulargewicht von 16.006.
5. Es gibt einen zweiten offenen Leserahmen downstream des *dut*-Gens, der mit ATG an Position 905 beginnt und mit TAA an Position 1538 endet und für ein anderes unbekanntes Protein codiert. Diese ORF-Sequenz kann mit dem *dut*-Gen mitgeschrieben werden. Es ist üblich, dass prokaryotische Gene polycistronisch sind, d. h. mehr als ein Strukturgen unter der Kontrolle desselben Promotors haben.

6.2 Das menschliche *bgn*-Gen

Untersuchen wir nun die Nukleotidsequenz des menschlichen Bigly-kan-Gens, das ein Beispiel für die komplexere Architektur eukaryotischer Systeme ist. Biglykan ist ein kleines leucinreiches Proteoglykan, das ubiquitär in der perizellulären Matrix einer Vielzahl von Zellen vorkommt und eine wichtige Rolle im Bindegewebsstoffwechsel spielt. Das Protein enthält zwei angehängte Glykosaminoglykanketten und wird daher Biglykan genannt.

6.2.1 Ablesen der genomischen Sequenz

Wir beginnen mit der Ablesung der genomischen DNA-Sequenz des menschlichen *bgn*-Gens (Fisher, et al. 1991. *J. Biol. Chem.* 266, 14.371–14.377). Die Sequenz ist in Abb. 6.2 dargestellt.

1. Die Expression von Biglykan im physiologischen Zustand wird durch Transkriptionsfaktoren und andere Rückkopplungsmechanismen stark reguliert. Alle Sequenzen, die sich auf die regulatorischen Elemente beziehen, befinden sich in der flankierenden 5′-Region, in der sich die funktionelle Promotoraktivität befindet.

AP-1	Transkriptionsfaktor AP-1
AP-3	Transkriptionsfaktor AP-3
IL-6RE	Interleukin-6-Response-Element
TGF-β	Transforming growth factor β
TGF-βNE	TGF-negatives Element
TNF-α	Tumor-Nekrose-Faktor
GRE	Glukokortikoid-Response-Element

2. Dem Promotor des *bgn*-Gens fehlen sowohl die CAAT- als auch die TATA-Boxen, aber er ist reich an GC-Gehalt in zwei angereicherten Regionen, -1 bis -164 (73 %) und -204 bis -256 (87 %).
3. Das genomische Gen besteht aus acht Exons und sieben Introns. Die gesamte Nukleotidsequenz hat eine Länge von etwa 8 kb. Die Transkription beginnt mit dem Nukleotid +1, das alle Exons und Introns umfasst. Die Intronsequenzen werden dann durch RNA-Spleißen entfernt. Das Exon I befindet sich vollständig in der untranslatierten 5′-Sequenz. Die Translation beginnt mit dem ATG an Position 1344 im Exon II und erstreckt sich bis zu Exon VIII.
4. Das aus der cDNA-Bibliothek isolierte cDNA-Gen von Biglykan würde die Sequenz der nach dem Spleißen miteinander verbundenen Exons ergeben. Beachten Sie, dass einige Nukleotide an den Exon-Intron-Verbindungen während des Spleißvorgangs entfernt werden.

```
            IL6-RE                    IL6-RE     IL6-RE
GAGCTCCCCT GGGAGCATCC TCCCTGGCCT GGGACCTCCC AGACCCCACC
CCCCGGTTGA GTGATGGCAC TGCCAGGGGT TGAAGACCCT CAGCCCTCGA  -1119
CGTTGTCCTC TCTCCATTGG ATGCCGCCTC TCTCTAGCCA CCCCTCTCTC
CCTCTCTGCC CCTTCGAGCT TTTTCTCTCA ATATGCAATT TTCTCTTTTG  -1019
GTCTTCCGCA CTCTTGGCCC CCAGTTCTAT TGCAGATCTG TTTCTCACTC
CATCTAAACT CTTACCCCTG TGTCTCAGGA GCTGCTCTTG CTGAGGGAAG   -919
AAGGGGACAC TACGGGACAG GGGGGCAGTG TCGTACTAAG GACCTGGGCT
CTAGCCACTG GAGGAACTGG ACTCATTTGG GCCCTCAGGA AGCGGCTGAG   -819
  TGF-βNE
TCTTGGTGGG GTAACCCGGT TAGCCCCCGT AAGTGACCAG CACAGGGCTG
           AP-2
AGCCCAGAGG AAGTGGCCAC CCACAGAGTG GTTCTCATGT CCGAGGGGAC   -719
             GRE                          AP-1
CTGCAGGGAT TGAGCAAGAA GACTGACTCG CTGGATCCTT CGTCTCTGAA
TCAGTTCAGG GCAGGCAAGC TGGGGAGCCC CCTGCCCCGT CCTGCCACCA   -619
CCAGCCGGAT CGGGCCCTCT TTTTAAGGGA AGAAAGTCTG AAGTGGAAGG
                                      IL6-RE     AP-3
GAGGGCACAG GGCGCCAGGA GCCTACATGA AGTCCTTCCA GAAATCCACA   -519
ACAGCTACCT CTCTGATCCT GGAGAAACCA CCTCCTTGCT TAGGCCCAAG
CAGGTTCCTG GCAGGCTCAG GACCAAATTC CAGGGGCCAC TCATGGGCCT   -419
AGCAGCCCAA GGCCGCCTCC CCCTCGTCTT TCTTCCATCT CTCTTTCCTC
TGCCTGGCGA GATGCCAGCC AGCACCTCAG TGTCCCCATC TGGGCAGTGG   -319
   GRE
AAAGTTTGAC TCTCTGGGTC CTTGTTTGAG TGAGTGCGAG TGTGTCCGTT
            AP-2
CCTTTGCTGT CTGCCCCAGG CGGGGGAGGG GGGGGGAGGT GGTGGGGGCG   -219
 SP1
AGGGGGCGGG GGCTCAGCTA GTCCAGCCGT CTACAAGAAA ATTGCTCCCT
            IL6-RE                              SP1
TTGAAGCTGC CAGGGGGGCC GGGAAGCCTG CCCCCTCCTG CTCGCCCGCC   -119
 SP1
CTCTCCGCCC CACCAGCCCC CTCCCTCCTT TCCTCCCTCC CCGCCCTCTC
                                              SP1
CCCGCTGTCC CCTCCCCGTC GGCCCGCCTG CCCAGCCTTT AGCCTCCCGC    -19
            1+[exon I >
CCGCCGCCTC TGTCTCCCTC TCTCCACAAA CTGCCCAGGA GTGAGTAGCT     32
GCTTTCGGTC CGCCGGACAC ACCGGACAGA TAGACGTGCG GACGGCCCAC
CACCCCAGCC CGCCAACTAG TCAGCCTGCG CCTGGCGCCT CCCCTCTCCA    132
GGTAGGGCTG GCTTCAAGCT GCCTCCTCAG CAACCCAGAG ATGCCCCTGG
CTCTGCTGCC TCCGCTGTCC CAAGCCCTGG TCCTGCTGTC CCCAGTGCCG    232
CGAGGGTGTC CACAGATTTC CCCGGTGCTC TCTGTAGGCT GCTGATCCAC
GCCCCTTCAT CGCCACCCTG CGGCCCCCTT GGTCCCTGTC AGGCTTCTGC    332
TCGTCTCGCC GCCCTCCAGG CACCTTTCCC TCACCCCTTC CTCTCCCTTC
TGACCTTCGT CTGCTTCATC CACCTCTTGT CTCTCTGCCT CCCACTCGGG    432
GTCCGTCTTC TTGGCTACCA CCCTAGAGCG TGGCTGGGTG ACTGGTACCC
CAGCTTTGCC AATGGCCCTG TTTCATCATT GCAAGTCCCA GGCGCATGCT    532
CCACTCCCTC AGCCTCGCTC TGCCCAGGCG CCTCCTTGCT CCAGGCTTGG
CGCCTGGCCC GGGTTGGGTC GGATCGGGGA GGACCGCCCA GCGCCCACCG    632
```

Abb. 6.2 Genomische DNA-Sequenz des *bgn*-Gens (Fisher et al. 1991. *J. Biol. Chem.* 266, 14.371–14.377). Besondere Bereiche, die von Interesse sind, sind fett gedruckt, unterstrichen, beschriftet und werden im Text erläutert

```
AGCTC.............650bp................. AGAGGTGGGT GCTGGTGCTG ATGATCCCCT
          [exon II  >
CGCCTCTTCC CCCAGGTCCA TCCGCCATGT GGCCCCTGTG GCGCCTCGTG   1367
                               M   W  P  L  W   R  L  V
TCTCTGCTGG CCCTGAGCCA GGCCCTGCCC TTTGAGCAGA GAGGCTTCTG
 S  L  L   A  L  S  Q   A  L  P   F  E  Q   R  G  F  W
GGACTTCACC CTGGACGATG GGCCATTCAT GATGAACGAT GAGGAAGCTT   1467
 D  F  T   L  D  D    G  P  F  M   M  N  D   E  E  A
CGGGCGCTGA CACCTCGGGC GTCCTGGACC CGGACTCTGT CACACCCACC
 S  G  A  D   T  S  G   V  L  D   P  D  S  V    T  P  T
TACAGCGCCA TGTGTCCTTT CGGCTGCCAC TGCCACCTGC GGGTGGTTCA   1567
 Y  S  A   M  C  P  F   G  C  H   C  H  L    R  V  V  Q
GTGCTCCGAC CTGGGTTTGT CCCTGAGTGA TGGGGAGCGG GGCATGCAGG
 C  S  D   L
GAGGCTCAGG TGCAGCCTGA GAGCCCCTTC TGAAGGGGGC ACATGCTGGT   1667
GCTGTGGACG GTGGCGAGCA TGATGTAAGT GTAGGAGGGG TCCAGCCGTC
TGGCTGTGAG CTGTGCAGTT TGTGCCCACT TGTGGTGGCA TCCCCGTGTG   1767
CCCGTCAGTG TCCCTGTGTG TGTGTCCCCG GTCCTCCCTA CCAGTGGGGC
TAGTCGGCTG GATGGCTCCA AGTTCATGCT GGTGATGGTG GTGGGGCCCC   1867
          [exon III  >
TAGGTCTCGA GTTCATGCTG GTGGTGGGGG TGGGGCCCCT AGGTCTCAAG

TTCATGCTGG TGATGGGGGT GGGGCCCCTA GGTCTGAAGT CTGTGCCCAA   1967
                               G  L  K   S  V  P  K
AGAGATCTCC CCTGACACCA CGCTGCTGGA CCTGCAGAAC AACGACATCT
 E  L  S   P  D  T    T  L  L  D   L  Q  N   N  D  I
CCGAGCTCCG CAAGGATGAC TTCAAGGGTC TCCAGCACCT CTACGTAAGG   2067
 S  E  L  R   K  D  D   F  K  G  L   Q  H  L   Y
AGCTGGGAGG AACCAGGAGG CCTACAGCAG AGGGCAGGGG TCCGGGTGGG
TGCATGTGCG TGGACGTGTG GGGTATGAGA GGGGTTCGGG GACTCGTGGG   2167
ACTTCAGGGT GAAGCCTGGA GCCAGCCGTG ATGGGAGCTC CCGGGTTTGC
GGCTCACTCA TGTGGGTTTG AGCAACCACA GCTGCAGGAC CGGATCGCTC   2267
AGTTCGGCTC CCTTCGTGGC TGAAAACGTT TCATCACGTC CACTCCTCCC
AGCAACAGAG GAGAACGGAT TTCATTGTAG CCAGTGTGCG TGTGAGGAAA   2367
CTGAGGCTGG GAGCGGCAAG GCAGTGGTGG CACTGCTGGG GCTCAGGACC
GGGCCTGGGT GCTGCCTCCT GCCCTGCACT CTGCTCACAA GCATGGACTG   2467
ACCTCCTCGA GCGCCAGTGG GCTGGGGAGG CACAGGAAGG CAGGAGAGAG
GGGCGGGTGG GGTGGGGAGT CTGTGCCTTC ACCTCCTCCG CCCACCCTGC   2567
          [exon IV  >
TTCAGGCCCT CGTCCTGGTG AACAACAAGA TCTCCAAGAT CCATGAGAAG
          A  L   V  L  V  N  N  K   I  S  K  I   H  E  K
GCCTTCAGCC CACTGCGGAA CGTGCAGAAG CTCTACATCT CCAAGAACCA   2667
 A  F  S   P  L  R  N   V  Q  K   L  Y  I   S  K  N  H
CCTGGTGGAG ATCCCGCCCA ACCTACCCAG CTCCCTGGTG GAGCTCCGCA
 L  V  E   I  P  P    N  L  P  S   S  L  V   E  L  R
TCCACGACAA CCCGCATCCG CAAGGTGCCCA AGGGAGTGTT CAGTGGGCTC   2767
 I  H  D  N   R  I  R   K  V  P   K  G  V  F   S  G  L
```

Abb. 6.2 (Fortsetzung)

```
CGGAACATGA ACTGCATCGG TGAGCTGAGG GCCTCCCAGA ACATTCCAGA
 R  N  M   N  C  I
GCCTTGTCTC GAGGCATGGG GAAGGGAGAC CAAGGAATAC CTTTAGAGGC  2867
TCAGTTCAAG AAAGAGTATG GTGAGAACGG TCAAAAGAAA ATCCATGGAT
TTCTTGGCAA ATCCTCCATG CAGGCGATCA CCACGGCTAA AGAGAAGACT
GGCCAGAGGG GCCGGGTGGC TTCCGGAGCC CCATCTTCAT CTCTGGCACT  2967
CCTCCCTTTC CTCTTGCTGC CCCTGGAGCT AGCAGTCCTC GGGCTAGCAG  3067
TCCTGAACAG CTAGGAGTTT GCAATTAGCC CGGTAAATTA GCAGAACTGC
TTTCAGGAGA CGGGAGCAGC CGGCAGGTAG CAGGGCCCAC CACACTGGCC  3167
CGGAAGTGAC AGGACCCAGG GCTGTGCAGG GACCACCAGG CTCCCGGGCT
             [exon V  >
AATGAGGTCT CTCCCCTAGA GATGGGCGGG AACCCACTGG AGAACAGTGG  3267
                      M  G  G   N  P  L   E  N  S  G
CTTTGAACCT GGAGCCTTCG ATGGCCTGAA GCTCAACTAC CTGCGCATCT
 F  E  P   G  A  F  KD  G  L  K   L  N  Y   L  R  I
CAGAGGCCAA GCTGACTGGC ATGGCCAAAG GTAGGAAGCC CACTCTTCCT  3367
 S  E  A  K   L  T  G   I  P  K
GCSTGCCTGC CTGCCTCACC CCCAACAGCA CAGATGGCCA GGGTGGGGGC
TCTGGATGGG CCCGATCTAC TCAGGGAAAG GCTCAACAGT CCCCTCCCGC  3467
CACCTGGGGC AGAGCTAGGG CCCCTGCCCT CAGCACCTGC ATTCTCCCCT
             [exon VI  >
GTGCCCTCTT CTCCTGGCAG ACCTCCCTGA GACCCTGAAT GAACTCCACC  3567
                      L  P  E   T  L  N   E  L  H
TAGACCACAA CAAAATCCAG GCCATCGAAC TGGAGGACCT GCTTCGCTAC
 L  D  H  N   K  I  Q   A  I  E   L  E  D  L   L  R  Y
TCCAAGCTGT ACAGGTGAGG CCAGCAGGGC ACCGCCAAGG GTGATGCCAG  3667
 S  K  L   Y
AGTCCCTCAG TGCTGTGTGG CCCCTCGCGC CCAGCCCCCC ATCCTTACCT
                                  [exon VII  >
CCAGCCTTTG AGTCCGTGTC ATTCTCCCGC TCACAGGCTG GGCCTAGGCC  3767
                                       L   G  L  G
ACAACCAGAT CAGGATGATC GAGAACGGGA GCCTGAGCTT CCTGCCCACC
 H  N  Q  I   R  M  I   E  N  G   S  L  S  F   L  P  T
CTCCGGGAGC TCCACTTGGA CAACAACAAG TTGGCCAGGG TGCCCTCAGG  3867
 L  R  E   L  H  L  D   N  N  K   L  A  R   V  P  S  G
GCTCCCAGAC CTCAAGCTCC TCCAGGTGAG AGCTGGGCAT GCACAGCCAG
 L  P  D   L  K  L   L  Q

G.................1200bp.................. ACCTCACACC ACCAAACACA CCTCTACCCC  5148
AGCCCCGCCC CCACATGTCC TCAACCTGAC CCACCTGAGA CCCTCATCCT
TGTCCCTGGT CACATCCAGT GCCTTAATCC TGGCTGACAC CCACACAAAT  5248
AACACGCCCA TGCCTTGGTT TGCTCCTCCC AACAACGGGG AGCCTCTGGT
GTGGCCCTTG AAGTAGGTTG CAGAGGCAAC AGCAAAATGC CTCCTGGAGG  5348
CAGCGGGCTT GGCGTGGAGG GAGGGAGGCC TGTGACCCGG CCTCTCTGCC
  [exon VIII  >
TTCAGGTGGT CTATCTGCAC TCCAACAACA TCACCAAAGT GGGTGTCAAC  5448
     V  V   Y  L  H   S  N  N   I  T  K  V   G  V  N
GACTTCTGTC CCATGGGCTT CGGGGTGAAG CGGGCCTACT ACAACGGCAT
 D  F  C   P  M  G  F   G  V  K   R  A  Y   Y  N  G  I
```

Abb. 6.2   (Fortsetzung)

```
CAGCCTCTTC AACAACCCCG TGCCCTACTG GGAGGTGCAG CCGGCCACTT 5548
   S  L  F    N  N  P    V  P  Y  W    E  V  Q    P  A  T
TCCGCTGCGT CACTGACCGC CTGGCCATCC AGTTTGGCAA CTACAAAAAG
   F  R  C  V    T  D  R    L  A  I    Q  F  G  N    Y  K  K
TAGAGGCAGC TGCAGCCACC GCGGGGCCTC AGTGGGGGTC TCTGGGGAAC 5648
ACAGCCAGAC ATCCTGATGG GGAGGCAGAG CCAGGAAGCT AAGCCAGGGC
CCAGCTGCGT CCAACCCAGC CCCCCACCTC AGGTCCCTGA CCCCAGCTCG 5748
ATGCCCCATC ACCGCCTCTC CCTGGCTCCC AAGGGTGCAG GTGGGCGCAA
GGCCCGGCCC CCATCACATG TTCCCTTGGC CTCAGAGCTG CCCCTGCTCT 5848
CCCACCACAG CCACCCAGAG GCACCCCATG AAGCTTTTTT CTCGTTCACT
CCCAAACCCA AGTGTCCAAA GCTCCAGTCC TAGGAGAACA GTCCCTGGGT 5948
CAGCAGCCAG GAGGCGGTCC ATAAGAATGG GGACAGTGGG CTCTGCCAGG
GCTGCCGCAC CTGTCCAGAA CAACATGTTC TGTTCCTCCT CCTCATGCAT 6048
TTCCAGCCTT G...............1300bp............... GGACAGCGGT CTCCCCAGCC
TGCCCTGCTC AGCCCTGCCC CCAAACCTGT ACTGTCCCGG AGGAGGTTGG 7429
GAGGTGGAGG CĊCAGCATCC CGCGCAGATG ACACCATCAA CCGCCAGAGT
CCCAGACACC GGTTTTCCTA GAAGCCCCTC ACCCCACTG GCCCACTGGT 7529
GGCTAGGTCT CCCCTTACTC TTCTGGTCCA GCGCAACCAG GGGCTGCTTC
TGAGGTCGGT GGCTGTCTTT CCATTAAAGA AACACCGTGC            7619
```

Abb. 6.2 (Fortsetzung)

6.2.2 Ablesen der cDNA-Sequenz

Wir wenden uns nun der Sequenz des *bgn*-cDNA-Gens zu, die in Abb. 6.3 dargestellt ist. Auch hier sind wichtige Merkmale hervorgehoben, beschriftet oder unterstrichen, um die Diskussion im Text zu erleichtern.

1. Beachten Sie zunächst, dass die Sequenz in der Legende als „*Homo sapiens* (human) biglycan mRNA" bezeichnet wird, die aus der GenBank-Datenbank (www.ncbi.nlm.nih.gov/entrez/ Accession number BC002416) stammt. Die Sequenz ist eigentlich als cDNA-Sequenz dargestellt. Es wird davon ausgegangen, dass die kodierende Sequenz der mRNA-Sequenz entspricht, mit Ausnahme des Basenaustauschs von U zu T.

2. Die mRNA enthält die ersten 172-Basenpaare-Sequenz als 5′-untranslatierte Region. Sie hat ein PolyA-Signal (Position 2357–2362) und einen PolyA-Schwanz (Position 2371–2401) am 3′-Ende. Obwohl nicht dargestellt, ist das 5′-Ende wie bei allen eukaryotischen mRNAs verkappt. Beachten Sie, dass sich downstream vom 3′-Ende der Gensequenz eine 1135 bp lange Erweiterung befindet (Position 1267–2401). Eine lange Trailer-Region wie diese ist typischerweise in eukaryotischer mRNA zu finden.

3. Die Translation beginnt mit dem ATG-Startcodon an Position 173 und endet mit dem TAG-Stopcodon an Position 1277. Das durch Translation erhaltene Protein beginnt mit Met1 und endet mit Lys368. Dieses übersetzte Protein ist ein Präprotein, das einer weiteren posttranslationalen Verarbeitung unterzogen wird.

4. Der N-Terminus des Proteins enthält ein Signalpeptid (das aus der Signalsequenz in der mRNA übersetzt wird) aus 16 Aminosäuren, das die Sekretion des Proteins ermöglicht (Transport durch eine Zellmembran). Das Signalpeptid wird entfernt, wenn das Protein sezerniert wird.

```
AGCCTCCCGC CCGCCGCCTC TGTCTCCCTC TCTCCACAAA CTGCCCAGGA
GTGAGTAGCT GCTTTCGGTC CGCCGGACAC ACCGGACAGA TAGACGTGCG   100
GACGGCCCAC CACCCCAGCC CGCCAACTAC TCAGCCTGCG CCTGGCGCCT
```

                    Startkodon
```
CCCCTCTCCA GGTCCATCCG CCATGTGGCC CCTGTGGCGC CTCGTGTCTC   200
                     M   W   P   L   W   P   L   V   S
                    (Signalpeptid)
```

```
TGCTGGCCCT GAGCCAGGCC CTGCCCTTTG AGCAGAGAGG CTTCTGGGAC
 L   L   A   L   S   Q   A   L   P   F   E   Q   R   G   F   W   D
                        Proprotein >
```

```
TTCACCCTGG ACGATGGGCC ATTCATGATG AACGATGAGG AAGCTTCGGG   300
 F   T   L   D   D   G   P   F   M   M   N   D   E   E   A   S   G
                                    Reifes protein >
```

```
CGCTGACACC TCGGGCGTCC TGGACCCGGA CTCTGTCACA CCCACCTACA
 A   D   T   S   G   V   L   D   P   D   S   V   T   P   T   Y
GCGCCATGTG TCCTTTCGGC TGGCACTGCC ACCTGCGGGT GGTTCAGTGC   400
 S   A   M   C   P   F   G   C   H   C   H   L   R   V   V   Q   C
TCCGACCTGG GTCTGAAGTC TGTGCCCAAA GAGATCTCCC CTGACACCAC
 S   D   L   G   L   K   S   V   P   K   E   I   S   P   D   T   T
GCTGCTGGAC CTGCAGAAGA ACGACATCTC CGAGCTCCGC AAGGATGACT   500
 L   L   D   L   Q   N   N   D   I   S   E   L   R   K   D   D
TCAAGGGTCT CCAGCACCTC TACGCCCTCG TCCTGGTGAA CAACAAGATC
 F   K   G   L   Q   H   L   Y   A   L   V   L   V   N   N   K   I
TCCAAGATCC ATGAGAAGGC CTTCAGCCCA CTGCGGAAGC TGCAGAAGCT   600
 S   K   L   H   E   K   A   F   S   P   E   R   K   L   Q   K   L
CTACATCTCC AAGAACCACC TGGTGGAGAT CCCGCCCAAC CTACCCAGCT
 Y   L   S   K   N   H   L   V   E   I   P   P   N   L   P   S
GCCTGGTGGA GCTCCGCATC CACGACAACC GCATCCGCAA GGTGCCCAAG   700
 S   L   V   E   L   R   I   H   D   N   R   I   R   K   V   P   K
GGAGTGTTCA GCGGGCTCCG GAACATGAAC TGCATCGAGA TGGGCGGGAA
 G   V   F   S   G   L   R   N   M   N   C   I   E   M   G   G   N
GCCACTGGAG AACAGTGGCT TTGAACCTGG AGCCTTCGAT GGCCTGAAGC   800
 P   L   E   N   S   G   F   E   P   G   A   F   D   G   L   K
TCAACTACCT GCGCATCTCA GAGGCCAAGC TGACTGGCAT CCCCAAAGAC
 L   N   Y   L   R   I   S   E   A   K   L   T   G   I   P   K   D
CTCCCTGAGA CCCTGAATGA ACTCCACCTA GACCACAACA AAATCCAGGC   900
 L   P   E   T   L   N   E   L   H   L   D   H   N   K   I   Q   A
CATCGAACTG GAGGACCTGC TTCGCTACTC CAAGCTGTAC AGGCTGGGCC
 I   E   L   E   D   L   L   R   Y   S   K   L   Y   R   L   G
TAGGCCACAA CCAGATCAGG ATGATCGAGA ACGGGAGCCT GAGCTTCCTG  1000
 L   G   H   N   Q   I   R   M   I   E   N   G   S   L   S   F   L
CCCACCCTCC GGGAGCTCCA CTTGGACAAC AACAAGTTGG CCAGGGTGCC
 P   T   L   R   E   L   H   L   D   N   N   K   L   A   R   V   P
CTCAGGGCTC CCAGACCTCA AGCTCCTCCA GGTAGTCTAT CTGCACTCCA  1100
 S   G   L   P   D   L   K   L   L   Q   V   V   Y   L   H   S
ACAACATCAC CAAAGTGGGT GTCAACGACT TCTGTCCCAT GGGCTTCGGG
 N   N   I   T   K   V   G   V   N   D   F   C   P   M   G   F   G
```

Abb. 6.3 Bgn-mRNA von *Homo sapiens* (Strausberg, R. L., et al. 2002. *Proc. Natl. Acad. Sci. USA* 99, 16.899–16.903; GenBank BC002416)

```
GTGAAGCGGG CCTACTACAA CGGCATCAGC CTCTTCAACA ACCCCGTGCC  1200
 V  K  R   A  Y  Y  N   G  I  S   L  F  N   N  P  V  P
CTACTGGGAG GTGCAGCCGG CCACTTTCCG CTGCGTCACT GACCGCCTGG
 Y  W  E   V  Q  P   A  T  F  R   C  V  T   D  R  L
CCATCCAGTT TGGCAACTAC AAAAAGTAGA GGCAGCTGCA GCCACCGCGG  1300
 A  I  Q  F   G  N  Y   K  K (Stoppcodon)
GGCCTCAGTG GGGGTCTCTG GGGAACACAG CCAGACATCC TGATGGGGAG
GCAGAGCCAG GAAGCTAAGC GAGGGCCCAG CTGCGTCCAA CCCAGCCCCC  1400
CACCTCGGGT CCCTGACCCC AGCTCGATGC CCCATGACCG CCTCTCCCTG
GCTCCCAAGG GTGCAGGTGG GCGCAAGGCC CGGCCCCCAT CACATGTTCC  1500
CTTGGCCTCA GAGCTGCCCC TGCTCTCCCA CCACAGCCAC CCAGAGGCAC
CCCATGAAGC TTTTTTCTCG TTCACTCCCA AACCCAAGTG TCCAAGGCTC  1600
CAGTCCTAGG AGAACAGTCC CTGGGTGAGC AGCCAGGAGG CGGTCCATAA
GAATGGGGAC AGTGGGCTCT GCCAGGGCTG CCGCACCTGT CCAGACACAC  1700
ATGTTCTGTT CCTCCTCCTC ATGCATTTCC AGCCTTTCAA CCCTCCCCGA
CTCTGCGGCT CCCCTCAGCC CCCTTGCAAG TTCATGGCCT GTCCCTCCCA  1800
GACCCCTGCT CCACTGGCCC TTCGACCAGT CCTCCCTTCT GTTCTCTCTT
TCCCCGTCCT TCCTCTCTCT CTCTCTCTCT CTCTCTCTCT CTTTCTGTGT  1900
GTGTGTGTGT GTGTGTGTGT GTGTGTGTGT GTGTGTGTGT CTTGTGCTTC
CTCAGACCTT TCTCGCTTCT GAGCTTGGTG GCCTGTTCCC TCCATCTCTC  2000
CGAACCTGGC TTCGCCTGTC CCTTTCACTC CACACCCTCT GGCCTTCTGC
CTTGAGCTGG GACTGGTTTC TGTCTGTCCG GCCTGCACCC AGCCCCTGCC  2100
CACAAAACCC CAGGGACAGC GGTCTCCCCA GCCTGCCCTG CTCAGGCCTT
GCCCCCAAAC CTGTACTGTC CCGGAGGAGG TTGGGAGGTG GAGGCCCAGC  2200
ATCCCGCGCA GATGACACCA TCAACCGCCA GAGTCCCAGA CACCGGTTTT
CCTAGAAGCC CCTCACCCCC ACTGGCCCAC TGGTGGCTAG GTCTCCCCTT  2300
ATCCTTCTGG TCCAGCGCAA GGAGGGGCTG CTTCTGAGGT CGGTGGCTGT
CTTTCCATTA AAGAAACACC GTGCAACGTG AAAAAAAAAA AAAAAAAAAA  2400
A   (PolyA-signal)                  (PolyA standort)
```

Abb. 6.3   (Fortsetzung)

5. Unmittelbar nach dem Signalpeptid folgt eine 21-Aminosäuren-Sequenz. Diese kurze Sequenz spielt eine Rolle bei der Faltung der Polypeptidkette in die richtige Struktur. Dieser Aminosäureabschnitt wird während der Sekretion gespalten. Diese Sequenz wird in diesem Fall als Prosequenz bezeichnet, weil das vorangehende Signalpeptid die Präsequenz ist.

6. Das nach der Abspaltung der Präprosequenz entstehende Protein ist das „reife" Protein (das funktionelle Protein), das Asp als N-terminale Aminosäure und Lys am C-Terminus mit insgesamt 331 Aminosäuren aufweist.

7. Das cDNA-Gen ist im Vergleich zum genomischen Gen einfacher zu lesen. Es stellt die mRNA nach dem Spleißen dar. Die genomische Sequenz enthält Introns, die nichtkodierenden Regionen, die für keine Aminosäuren kodieren.

8. Führt man eine Computeranalyse der Nukleotidsequenz für HindIII-Restriktionsstellen (A^AGCTT) durch, so stellt man fest, dass das Enzym an den Positionen 291 und 1557 schneidet, was 291-, 844- und 1266-Basenpaar-

Fragmente ergibt. Restriktionskarten sind häufig erwünscht, um die Manipulation und Konstruktion von Gensequenzen zu erleichtern (siehe Abschn. 7.1).

Muss man all diese Details über die genomischen und cDNA-Sequenzen eines Gens zum Zwecke des Klonierens kennen? Im Handel ist eine große Auswahl an Vektoren für Klonierungsanwendungen erhältlich. Diese Vektoren sind mit Promotor, Signalsequenz, multiplen Klonierungsstellen und anderen Kontrollelementen für verschiedene Zwecke der Genklonierung und -expression konstruiert (siehe Kap. 9 und 10). Bei der Klonierung ermöglicht das Wissen über die Organisation eines Gens ein Verständnis des Was, Warum und Wie, was für die Entwicklung effektiver und robuster Klonierungsstrategien konstruktiv ist.

Überprüfung

1. Führen Sie unter Bezugnahme auf die Sequenz des *dut*-Gens von *E. coli* (Abb. 6.1) alle Transkriptions- und Translationselemente getrennt auf und beschreiben Sie ihre Hauptfunktionen.
2. Wiederholen Sie den Vorgang mit den *bgn*-Gensequenzen (Abb. 6.2 und 6.3).
3. Welches Wirtssystem wäre für die Klonierung des *bgn*-Gens zur Expression am besten geeignet? *E. coli* oder Hefe?
4. Was ist eine Kozak-Sequenz? Was ist ihre Funktion? Können Sie die Sequenz in (A) dem *dut*-Gen von *E.Kcoli* und (B) dem *bgn*-Gen lokalisieren?
5. Vergleichen Sie die Sequenzen in Abb. 6.2 und 6.3. Markieren Sie die Abschnitte in der genomischen Sequenz, die mit der mRNA(cDNA)-Sequenz übereinstimmen.
6. Sind alle Exons der genomischen Sequenz in der mRNA enthalten? Warum oder warum nicht? Erläutern Sie Ihre Antwort.

Teil II

Techniken und Strategien des Genklonierens

KAPITEL 7

Bei der Klonierung verwendete Enzyme

Für die Manipulation der DNA werden eine Reihe von Enzymen eingesetzt. Diese Enzyme kommen natürlich in den Zellen vor und sind an Transkription, Translation, Replikation und anderen biologischen Prozessen beteiligt. Die von diesen Enzymen katalysierten Reaktionen sind zu einem wesentlichen Bestandteil des Genklonierens geworden. Beispiele für die Verwendung von Enzymen beim Klonieren sind das Schneiden und Verbinden von DNA, die Deletion oder Erweiterung von DNA, die Erzeugung neuer DNA-Fragmente und das Kopieren von DNA aus RNA. Diese Enzyme sind im Handel in hoch gereinigter Form erhältlich und eignen sich für Klonierungsarbeiten.

7.1 Restriktionsenzyme

Restriktionsenzyme sind Endonukleasen, die interne Phosphodiesterbindungen an bestimmten Erkennungssequenzen schneiden. Die Erkennungssequenzen werden als Restriktionsstellen in einem DNA-Molekül bezeichnet. Es gibt etwa 100 Restriktionsenzyme, die jeweils eine bestimmte Sequenz von 4, 5, 6 oder 7 Nukleotiden erkennen.

Restriktionsenzyme werden auch nach ihrer Wirkungsweise unterschieden. Einige Enzyme, wie z. B. *Hae*III, schneiden beide DNA-Stränge an der gleichen Stelle, wodurch DNA-Fragmente mit stumpfen Enden entstehen. Viele Enzyme hingegen schneiden die DNA-Stränge an der Restriktionsstelle an unterschiedlichen Positionen, wodurch DNA-Fragmente mit kohäsiven (klebrigen) Enden entstehen. HindIII, *Sau*I und *Pst*I gehören zu dieser Klasse von Restriktionsenzymen. Der *Hind*III-Schnitt ergibt ein kohäsives 5′-Ende, wobei das 5′-Ende nach außen ragt, während der *Pst*I-Schnitt ein kohäsives 3′-Ende ergibt, wobei das 3′-Ende nach außen ragt (Abb. 7.1). Es ist nicht ungewöhnlich, dass dieselbe Restriktionsstelle mehr als einmal in einem DNA-Molekül vorkommt. Daher führt der Verdau durch ein

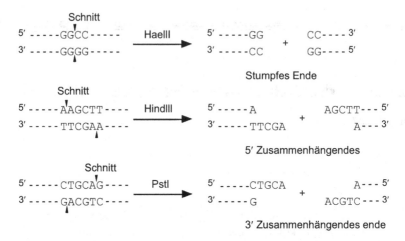

Abb. 7.1 Schneiden von DNA mit Restriktionsenzymen

Restriktionsenzym oft zu mehreren DNA-Fragmenten. Sobald die Sequenz eines DNA-Moleküls bekannt ist, ist es nützlich, eine vollständige Restriktionskarte zu erstellen, die alle möglichen Restriktionsstellen für eine Reihe gängiger Restriktionsenzyme zeigt. Dies kann bequem mithilfe von Computersoftware erfolgen. Die Kenntnis einer Restriktionskarte erleichtert die sinnvolle Auswahl von Restriktionsenzymen für die DNA-Manipulation und die Konstruktion rekombinanter DNA.

7.2 Ligase

Zwei DNA-Fragmente mit komplementären kohäsiven Enden können durch Basenpaarung aneinandergefügt werden. Die Lücke zwischen dem 3′-OH und dem 5′-P ist eine Kerbe („nick"), die durch die Bildung einer Phosphodiesterbindung mithilfe der Bakteriophagen-T4-DNA-Ligase in Gegenwart von ATP vervollständigt werden kann (Abb. 7.2). Das Enzym wirkt auch bei der Ligation von stumpfen Enden, allerdings mit geringerer Effizienz, da die Basenpaarung an den Enden fehlt (siehe auch Abschn. 9.1.1 über Topoisomerase).

Der kombinierte Einsatz von Restriktionsenzymen und DNA-Ligase ermöglicht das Schneiden von DNA an gewünschten Stellen und das Zusammenfügen von zwei oder mehr DNA-Fragmenten. Spezifische Restriktionsstellen können geschaffen werden, indem ein kurzes DNA-Segment mit vorgeformten kohäsiven Enden oder mit einer spezifischen Restriktionsstelle an das DNA-Molekül ligiert wird. Ersteres wird als Adaptor, letzteres als Linker bezeichnet (siehe auch Abschn. 10.6). Eine DNA mit stumpfen Enden, die mit Linkern oder Adaptern ligiert wird, erzeugt neue kohäsive Enden, die zu den Enden eines anderen DNA-Fragments komplementär sind. Bei der Verwendung

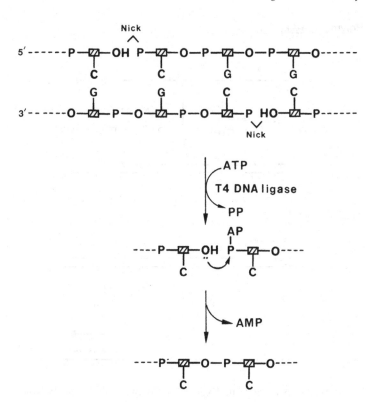

Abb. 7.2 Verknüpfung von DNA durch Ligase

von Linkern oder Adaptoren ist zu beachten, dass das Produkt einen Zusatz von Nukleotiden enthält, der bei der Konstruktion rekombinanter DNA berücksichtigt werden muss.

7.3 DNA-Polymerasen

DNA-Polymerasen sind eine Gruppe von Enzymen, die sehr häufig beim Klonieren von Genen verwendet werden. Sie umfassen DNA-abhängige DNA-Polymerasen (*E.-coli*-DNA-Polymerase I, T4- und T7-DNA-Polymerase, Taq-DNA-Polymerase) und RNA-abhängige Polymerasen (reverse Transkriptase).

7.3.1 *E.-coli*-DNA-Polymerase I

Die *E.-coli*-DNA-Polymerase I (Pol I) katalysiert die Ergänzung von Nukleotiden an das 3′-Ende eines DNA-Primers, der an eine ssDNA-Vorlage hybridisiert ist. In der Praxis dient der kurze Strang der dsDNA als DNA-Primer

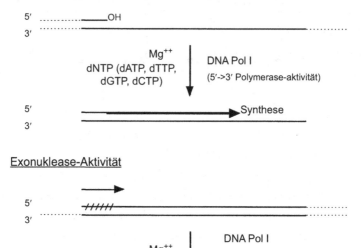

Polymerase-Aktivität

Exonuklease-Aktivität

Abb. 7.3 Polymeraseaktivität und Exonukleaseaktivität der *E.-coli*-Polymerase I

für den komplementären Strang, der die Vorlage darstellt (Abb. 7.3). Neben der gerade beschriebenen 5'->3'-Polymerase-Aktivität enthält das Enzym auch eine 5'->3'-Exonuklease-Aktivität und eine 3'->5'-Exonuklease-Aktivität.

Die Polymeraseaktivität der DNA-Polymerase I wird in der Polymerasekettenreaktion (PCR) zur selektiven In-vitro-Amplifikation bestimmter Bereiche eines DNA-Moleküls genutzt. Das in diesem Fall verwendete Enzym ist die aus *Thermus aquaticus* isolierte Taq-DNA-Polymerase I, die eine hohe Polymeraseaktivität aufweist, keine 3'->5'-Exonukleaseaktivität enthält und resistenter gegenüber thermischer Denaturierung ist als das *E.* coli-Enzym (siehe Abschn. 8.10).

Das Klenow-Fragment   Das Enzym Pol I kann gespalten werden, sodass ein großes Fragment, das sogenannte Klenow-Fragment, entsteht, das nur die DNA-Polymerase-Aktivität und eine geringe 3'->5'-Exonuklease-Aktivität enthält, dem aber die 5'->3'-Exonuklease-Aktivität fehlt. Das Klenow-Fragment ist das Enzym, das zur Markierung des 3'-Endes der DNA mit radioaktiven Nukleotiden verwendet wird. Es ist auch das Enzym, das für die Nick-Translation verwendet wird, um einheitlich radioaktive DNA zu erzeugen. Radioaktiv markierte DNA-

Sonden werden verwendet, um Regionen der gleichen Sequenz in einem DNA-Molekül durch Hybridisierung aufzuspüren (siehe Abschn. 8.6).

Bei der Nick-Translation wird das zu markierende DNA-Fragment zunächst durch die Wirkung der Pankreas-Desoxyribonuklease I (DNase I) zufällig eingekerbt. Am Nick baut die DNA-Polymerase-Aktivität Nukleotide in das exponierte 3′-Ende des Nick ein, während die 3′->5′-Exonuklease-Aktivität des Enzyms das 5′-Ende des Nick abbaut.

Der Begriff Translation bezieht sich auf die Bewegung des Nick entlang des DNA-Moleküls, während Polymerisation und Abbau voranschreiten. Wenn eines der in die Reaktion eingebauten Nukleotide (dNTP) mit ^{32}P markiert ist (z. B. [α-^{32}P]dNTP), wird das DNA-Molekül, das das markierte Nukleotid trägt, radioaktiv (Abb. 7.4). In der Praxis wird nur eines der vier dNTP

Nick Übersetzung

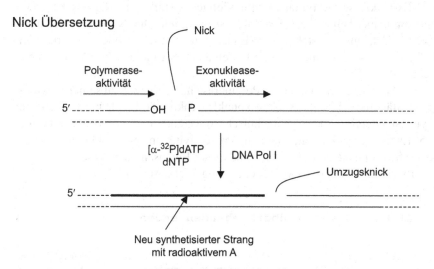

Ende Beschriftung

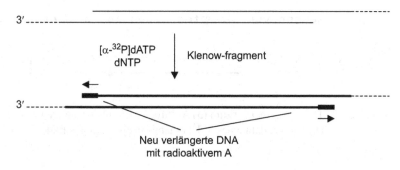

Abb. 7.4 Herstellung einer DNA-Sonde durch Nick-Translation und Endmarkierung

(dATP, dTTP, dGTP und dCTP) markiert, z. B. [α-^{32}P]dATP. Alternativ können auch nichtradioaktive Markierungen, z. B. Fluorescein-, Rhodamin- und Cumarin-dUTP, verwendet werden. In diesem Fall enthält die resultierende Sonde fluoreszierende Markierungen, die den Nachweis ermöglichen. Bei der Nick-Translation wird die bestehende Nukleotidsequenz erneuert, ohne dass eine Nettosynthese stattfindet, was zu einem vollständigen Ersatz der einheitlich markierten Sequenz führt.

7.3.2 Bakteriophage-T4- und -T7-Polymerase

E. coli, das von Bakteriophagen T4 oder T7 infiziert wurde, produziert DNA-Polymerasen, die als Bakteriophagen-T4- oder -T7-DNA-Polymerase bekannt sind. Die T4-Polymerase besitzt eine sehr aktive einzelsträngige 3'->5'-Exonuklease (Aktivität um ein Vielfaches stärker als die des Klenow-Fragments), aber keine 5'->3'-Exonuklease-Aktivität. Dieses Enzym wird häufig verwendet, um überstehende 5'-Enden mit markierten oder unmarkierten dNTP aufzufüllen oder um stumpfe Enden aus DNA mit 3'-Überhängen zu erzeugen (Abb. 7.5).

Das native Enzym der T7-Polymerase hat zusätzlich zu seiner Polymeraseaktivität eine sehr hohe 3'->5'-Exonukleaseaktivität. Das heute verwendete Enzym ist chemisch oder gentechnisch so verändert, dass es eine niedrige 3'->5'-Exonukleaseaktivität, eine hohe Prozessivität und eine schnelle Polymerasegeschwindigkeit aufweist. Aufgrund dieser Eigenschaften eignet es sich für die Verwendung bei der DNA-Sequenzierung (siehe Abschn. 8.9).

(A) Füllen von 5′ überstehenden enden

```
5′ ....A          5′-3′ polymerase-aktivität    5′ ....AAGCT
3′ ....TTGGA      ────────────────────────▶     3′ ....TTGGA
```

(B) Erzeugen von stumpfen enden aus 3′ Überhängen

```
5′ ....TTGGA      3′-5′ exonuklease-aktivität    5′ ....T
3′ ....A          ────────────────────────▶     3′ ....A
```

Abb. 7.5 T4-DNA-Polymerase zum **(a)** Auffüllen eines überstehenden 5′-Endes und **(b)** Umwandeln eines 3′-Überhangs in ein stumpfes Ende

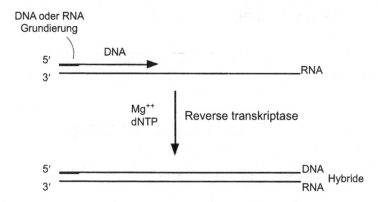

Abb. 7.6 Synthese von komplementärer DNA unter Verwendung einer RNA-Matrize

7.3.3 Reverse Transkriptase

Reverse Transkriptase ist eine RNA-abhängige DNA-Polymerase. Das Enzym verwendet RNA als Matrize, um einen komplementären DNA-Strang zu synthetisieren und ein RNA-DNA-Hybrid zu erzeugen. Die Enzymreaktion erfordert einen DNA- oder RNA-Primer mit einem 3′-OH (Abb. 7.6). Reverse Transkriptase wird für die Synthese des cDNA-Erststrangs bei der Erstellung von cDNA-Bibliotheken zur Genisolierung verwendet (siehe Abschn. 12.2).

7.4 Phosphatase und Kinase

Alkalische Phosphatase (aus *E. coli* oder Kälberdarm) entfernt Phosphatreste vom 5′-Terminus (Abb. 7.7). Das Enzym wird verwendet, um den Hintergrund bei Ligationsversuchen zu reduzieren, bei denen ein DNA-Fragment an einen Plasmidvektor ligiert wird. Die Dephosphorylierung wird bei der Klonierung häufig verwendet, um sicherzustellen, dass die Vektor-DNA während der Ligationsreaktionen nicht rezirkuliert (Selbstligation). Eine Selbstligierung der Vektor-DNA würde im Transformationsschritt den unerwünschten Effekt von „leeren Klonen" (Kolonien ohne Vektor) hervorrufen. Beachten Sie, dass in dieser Anwendung das Vektorfragment dephosphoryliert ist, die Insert-DNA jedoch ein 5′-Phosphat enthält, wodurch die Vektor-Insert-Ligation fortgesetzt werden kann. Die Bakteriophagen-T4-Polynukleotid-Kinase katalysiert die Übertragung des γ-Phosphats des ATP-Moleküls auf den 5′-Terminus eines DNA-Fragments. Die Kinase wird auch zur Radiomarkierung von DNA verwendet, insbesondere von kurzen DNA-Fragmenten. In diesem Fall über-

Alkalische Phosphatase

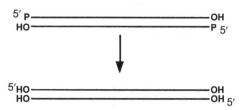

Bakteriophage T4 polynukleotid-kinase

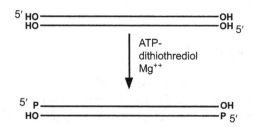

Abb. 7.7 Dephosphorylierung und Phosphorylierung von DNA

trägt das Enzym das radioaktive γ-Phosphat von [γ-^{32}P]dNTP auf das 5′-Ende des DNA-Fragments.

Überprüfung

1. Entwerfen Sie für das folgende DNA-Fragment einen Adapter, der ein kohäsives 5′-Ende ergibt.

5′--GCTG--3′
3′--CGAC--5′

2. Wie können Sie, bezogen auf das DNA-Fragment in Problem 1, einen Linker entwerfen, um eine *Hind*III-Restriktionsstelle an das DNA-Fragment anzufügen?
3. Wie ligiert man die folgenden zwei DNA-Fragmente mit kohäsiven Enden?

5′--GCTA   GCAG--3′
3′--CGAT   CGTC--5′

4. Schreiben Sie die Restriktionsfragmente auf und geben Sie an, ob es sich bei den Fragmenten um stumpfe Enden, 3′-kohäsive Enden oder 5′-kohäsive Enden handelt.

5. Welche zwei Methoden werden zur Markierung von DNA verwendet? Welche Enzyme werden bei der Markierung verwendet? Warum werden diese speziellen Enzyme verwendet?
6. Ist es möglich, die Polynukleotid-Kinase des Bakteriophagen T4 für die Endmarkierung von DNA-Fragmenten zu verwenden? Erläutern Sie Ihre Antwort.
7. Beschriften Sie das Aktivitätsniveau (hoch, niedrig oder gar nicht) für die folgenden Polymeraseenzyme.

Tätigkeit	Polymerase 5'->3'	Exonuklease 3'->5'
E.-coli-Polymerase I		
Bakteriophage-T4-Polymerase		
Bakteriophage-T7-Polymerase		
Taq-Polymerase		
RNA-Polymerase		

KAPITEL 8

TECHNIKEN DES KLONIERENS

Der theoretische und experimentelle Hintergrund der Klonierungstechniken ist eng mit den in Teil 1 beschriebenen biologischen Prozessen verknüpft. Für das Klonieren von Genen gibt es eine Vielzahl von Protokollen. Glücklicherweise sind die grundlegenden Techniken nicht schwer zu verstehen.

8.1 DNA-Isolierung

Die am häufigsten verwendete Technik beim Klonieren ist die Isolierung und Reinigung von Plasmid-DNA aus transformierten *E.-coli*-Kulturen. Dieses als Miniprep bezeichnete Verfahren erfordert nur Ein-Milliliter-Kulturen über Nacht und wird durch alkalische Lyse der kultivierten Zellen durchgeführt. Die alkalische Lösung aus NaOH/SDS bricht die Zellwand auf und setzt den Zellinhalt in Lösung frei. Danach erfolgt die Neutralisierung mit Kaliumacetat und die Ausfällung der DNA mit 95%igem Ethanol. Heutzutage ist dieses Verfahren standardisiert und durch den Einsatz von Mini-Prep-Säulen mit Membran- oder Harztechnologie vereinfacht worden. Im Handel ist eine große Auswahl an Kits erhältlich, die eine schnelle, einfache und kostengünstige Möglichkeit zur Isolierung von Plasmid-DNA, genomischer DNA und RNA aus Mikroben-, Pilz-, Pflanzen- und Säugetierzellen bietet.

8.2 Gelelektrophorese

Die Gelelektrophorese ist eine wichtige Technik für die Trennung von Makromolekülen. DNA-Moleküle unterschiedlicher Größe können durch Agarose-Gelelektrophorese aufgetrennt werden, während Proteine in der Regel durch Polyacrylamid-Gelelektrophorese (PAGE) getrennt werden.

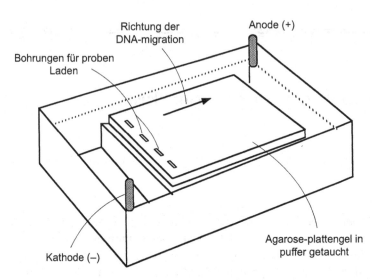

Abb. 8.1 Agarose-Gelelektrophorese-Apparat zur Auftrennung von DNA-Fragmenten

8.2.1 Agarose-Gelelektrophorese

Für die DNA-Auftrennung ist die Gelmatrix der Wahl Agarose, obwohl manchmal auch Acrylamid verwendet wird, insbesondere bei großen DNA-Fragmenten. Die DNA-Probe (z. B. ein Restriktionsverdau eines Minipreps) wird in Vertiefungen an einem Ende der Agarose-Gelplatte (die in Puffer getaucht ist) gegeben. Wenn ein elektrisches Feld angelegt wird, wandern die DNA-Fragmente im Verdau zur Anode ([+]-Elektrode; Abb. 8.1). Je kleiner das DNA-Fragment ist, desto schneller wandert es durch das Agarose-Gel, was auf den Effekt des Molekularsiebs zurückzuführen ist. Daher können DNA-Fragmente unterschiedlicher Länge (Größe) in diskreten Banden getrennt werden.

Die DNA-Banden werden durch Färbung mit Ethidiumbromid sichtbar gemacht und unter ultraviolettem Licht betrachtet. Es ist gängige Praxis, einen parallelen Lauf mit einem Größenmarker (einer Mischung aus mehreren DNA-Fragmenten bekannter Größe) durchzuführen. Die Größe einer einzelnen DNA-Bande kann durch Vergleich der Wanderungsdistanz mit derjenigen der bekannten Fragmente im Marker geschätzt werden (Abb. 8.2).

8.2.2 Polyacrylamid-Gelelektrophorese

In ähnlicher Weise können Proteine durch Gelelektrophorese getrennt werden. Als Gelmatrix wird Polyacrylamid verwendet, und das Färbereagenz ist Comassie-Blau. Für eine hohe Empfindlichkeit kann auch eine Silberfärbung verwendet werden. Die Proteinproben werden parallel zu einem Proteinmarker

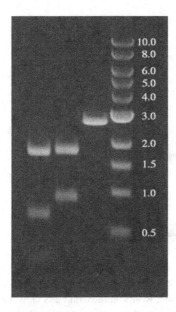

Abb. 8.2 Aufgelöste DNA-Banden im Agarose-Gel nach Elektrophorese und Ethidiumbromidfärbung. Das Gel wurde unter ultraviolettem Licht betrachtet. Spuren von links nach rechts: pUC19-Plasmid, geschnitten mit *RsaI*, *PvuI* bzw. *BamHI*, DNA-Marker

laufen gelassen, der aus einer Reihe von Standardproteinen mit bekannter Molekulargröße besteht. Die aufgelösten Proteinbanden werden auf ihre molekulare Größe hin analysiert, indem der Migrationsabstand mit demjenigen der bekannten Fragmente im Marker verglichen wird (Abb. 8.3).

PAGE ist besonders nützlich für die Analyse der Genexpression. Rekombinante Proteine, die von einem Klon produziert werden, können durch den Vergleich der elektrophoretischen Banden des Zellextrakts des Klons mit denen der Kontrolle (Transformanten ohne das Geninsert) identifiziert werden. Zellextrakte enthalten jedoch in der Regel viele Proteine, die bei Verwendung von Proteinfärbemitteln lediglich einen Schliereneffekt hervorrufen können, statt als diskrete Banden auf dem Gel zu erscheinen. Oft ist es wünschenswert, das Protein zumindest teilweise zu reinigen oder besser noch einen Western Blot für den Immunnachweis durchzuführen (siehe Abschn. 8.3 und 8.8).

8.3 Western Blot

Um die Expression eines rekombinanten Proteins zu bestätigen, werden zunächst die Proteine in einem Extrakt der Wirtszellkultur/des Wirtsgewebes durch PAGE aufgetrennt. Die aufgetrennten Proteinbanden im Gel

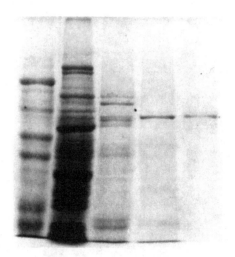

Abb. 8.3 Aufgelöste Proteinbanden im Polyacrylamid-Gel nach Elektrophorese und Coomassie-Blau-Färbung. Spuren von links nach rechts: Molekulargewichtsmarker mit Proteinen bekannter Größe; Rohproteinextrakt aus Gewebe; fortschreitende Aufreinigung des interessierenden Proteins

werden mit einer als Western Blot bezeichneten Technik auf eine Nitrocellulosemembran übertragen. Das Proteingel und die Membran werden zwischen Filterpapier eingebettet, in einen Tankpuffer getaucht und einem elektrischen Strom ausgesetzt. Die aus dem Gel wandernden Banden werden an die angrenzende Membran gebunden. Die Proteinbanden auf der Membran werden einem immunologischen Nachweis unterzogen (siehe Abschn. 8.8). Da der Antikörper antigenspezifisch ist, bindet er nur an das exprimierte rekombinante Protein unter den vielen Proteinen im Zellextrakt und wird als eine einzige Bande sichtbar gemacht. Die Bande, die positiv mit dem Antikörper reagiert, sollte auch mit der für dieses Protein vorhergesagten Molekülgröße übereinstimmen.

8.4 Southern-Transfer

Bei einer ähnlichen Technik für DNA können aufgelöste DNA-Banden in einem Agarosegel nach der Elektrophorese auf eine Membran (im Allgemeinen Nitrocellulose oder Nylon) durch eine Technik übertragen werden, die als Southern-Transfer (oder Southern Blot) bekannt ist (Abb. 8.4). In diesem Fall handelt es sich um einen einfachen Diffusionsprozess, bei dem ein Hochsalzpuffer durch das Gel und die Nitrocellulosemembran gezogen wird. Alternativ kann auch ein elektrisches Feld angelegt werden, um die Transferrate mit ähnlichen Ergebnissen zu erhöhen. Ein bestimmtes DNA-Fragment (eine Bande) auf der Membran kann durch Hybridisierung identifiziert werden (siehe Abschn. 8.6).

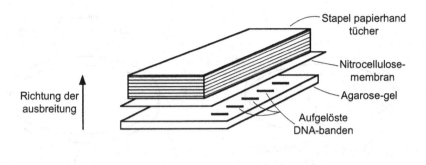

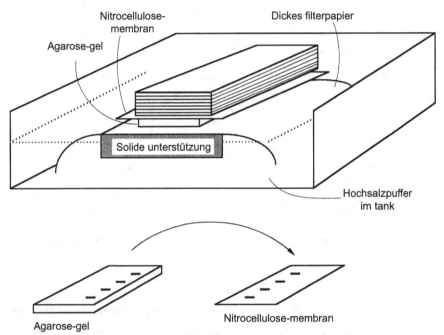

Abb. 8.4 Übertragung von DNA-Banden aus einem Agarose-Gel auf eine Nitrocellulosemembran

8.5 Kolonie-Blot

Der Kolonie-Blot ist eine Variante des Southern Blot. Anstatt mit aufgelösten DNA-Banden zu arbeiten, verwendet man einfach eine Nitrocellulosemembran, um Bakterienkolonien direkt zu übertragen (funktioniert auch bei Bakteriophagen), wobei man ein Replikat der auf einer Petrischale gewachsenen Kolonien erhält. Die an der Membran haftenden Kolonien werden einer Alkalihydrolyse und einer Detergenzienbehandlung unterzogen, um die DNA aus den Bakterienzellen freizusetzen, die dann an die Membran binden (Abb. 8.5).

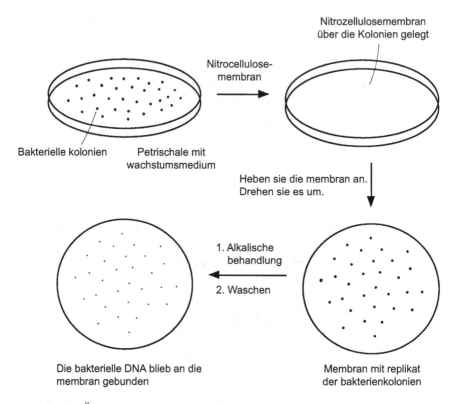

Abb. 8.5 Übertragung von DNA aus Bakterienkolonien auf eine Nitrocellulose-membran

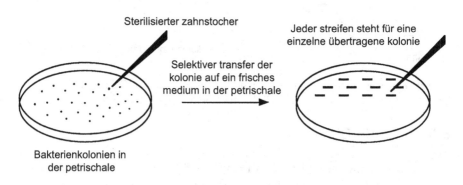

Abb. 8.6 Eine Variante des Kolonie-Blots

Es ist auch üblich, die Kolonien selektiv zu entnehmen und sie auf einer neuen Platte anzuordnen. Dann wird eine Nitrocellulosemembran auf die Platte gelegt, gefolgt von einer kurzen Inkubation. Die Membran wird dann abgehoben und zur Zelllyse mit Alkali behandelt (Abb. 8.6).

8.6 Hybridisierung

Der Hauptzweck der Durchführung eines DNA-Blots ist in den meisten Fällen die DNA-DNA-Hybridisierung mit einer markierten DNA-Sonde. Die Hybridisierung ist ein DNA-Denaturierung-Renaturierung-Prozess. Die DNA auf der Nitrocellulosemembran wird zunächst denaturiert, und die ssDNA bindet dann an die radioaktiv markierte Sonde (ebenfalls denaturiert), wenn sie komplementär sind. Die DNA-Sonde wird mit ^{32}P durch Nick-Translation oder Endmarkierung markiert (siehe Abschn. 7.3.1). Häufig werden auch nichtradioaktive Sonden verwendet (siehe Abschn. 8.12).

Nach der Hybridisierung wird die Membran mit einem Röntgenfilm belichtet und der Film anschließend entwickelt. Auf dem Film erscheinen nur Banden, die mit der Sonde hybridisiert sind. Die Position der Vergleichsbande und damit die Identität der Bande kann im Originalgel nachvollzogen werden (Abb. 8.7 und 8.8).

Das Verfahren der Hybridisierung setzt voraus, dass zumindest ein kurzer Teil (etwa 18 bp) der Sequenz bekannt ist, damit ein synthetisches Oligonukleotid für die Sonde hergestellt werden kann. Ist die Aminosäuresequenz des Genprodukts bekannt, kann daraus die DNA-Sequenz für die Synthese der Oligonukleotide abgeleitet werden.

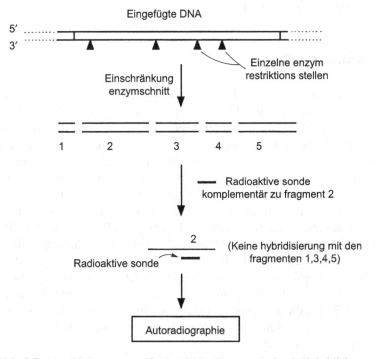

Abb. 8.7 Identifizierung spezifischer DNA-Fragmente durch Hybridisierung

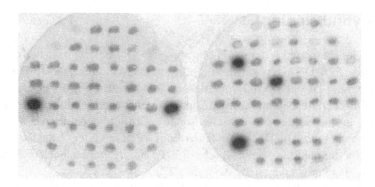

Abb. 8.8 Ein Autoradiogramm nach Kolonie-Blot und Hybridisierung. Kolonien mit DNA-Fragmenten, die mit der DNA-Sonde hybridisiert haben, zeigen stark verstärkte Signale im Vergleich zum hellen Hintergrund

Die Hybridisierung ist eine der Techniken, die die Identifizierung und Isolierung eines Klons, der die gewünschte DNA enthält, aus einer großen Population von Klonen in einer Transformation ermöglicht. Hunderte von Klonen können in einem einzigen Experiment mit hohem Durchsatz nach einem Zielklon durchsucht werden. Diese Technik wird zur Isolierung von Klonen verwendet, die das betreffende Gen aus cDNA- oder Genombibliotheken enthalten (siehe Abschn. 12.1 und 12.2).

8.7   Kolonie-PCR

In einigen Fällen ist die Kolonie-PCR zu einer attraktiven Alternative für ein schnelles Screening auf Plasmid-Inserts (z. B. das gewünschte Gen) direkt aus Bakterienkolonien geworden (siehe Abschn. 8.10 für PCR-Techniken). Im Allgemeinen besteht das Protokoll aus drei Schritten. Züchten Sie zunächst die Transformationsreaktionsmischung auf einer Nährstoffagarplatte. Übertragen Sie einzelne Kolonien mit einer kleinen 20-μl-Pipettenspitze auf eine frische Platte, um ein Replikat (als Masterstock) zu erzeugen. Anschließend wird die Pipettenspitze sofort in ein Reaktionsgefäß getaucht, um eine kleine Menge der Kolonie in die Reaktionsmischung (die PCR-Puffer, $MgCl_2$, dNTPs, Primer und DNA-Polymerase enthält) zu überführen. Führen Sie die PCR-Reaktion in einem Thermocycler durch. Die Zellen werden lysiert und die Plasmid-DNA wird während des ersten Erhitzungsschritts freigesetzt. Die PCR-Produkte werden durch Agarose-Gelelektroporese bestimmt. Bei der Kolonie-PCR entfällt die Notwendigkeit, einzelne Kolonien zu kultivieren und die Plasmid-DNA für den Enzymverdau zu reinigen, wie es bei der herkömmlichen Analyse erforderlich ist.

PCR-Primer können so konzipiert werden, dass sie auf die Insertionssequenz abzielen, um festzustellen, ob das Plasmidkonstrukt (das in einer Kolonie getragen wird) die DNA von Interesse enthält. Wenn die Primer so konzipiert sind, dass sie auf die das Insert flankierende Vektor-DNA abzielen, kann die korrekte Größe des Inserts bestimmt werden. Mit einem Paar aus einem insertspezifischen und einem vektorspezifischen Primer kann die Orientierung des Inserts bestimmt werden. Es gibt bestimmte Einschränkungen: (1) diese Technik ist nur bei *E.*-coli-Kolonien (Transformanten) wirksam; (2) das Plasmid sollte eine hohe Kopienzahl aufweisen (siehe Abschn. 9.1.1).

8.8 Immunologische Verfahren

Häufig möchte man nach der Klonierung eines Gens von Interesse dessen Expression überprüfen. Eine gängige Methode ist der Nachweis des Genprodukts mit immunologischen Techniken. Diese Methode setzt voraus, dass (1) das Gen richtig konstruiert ist und für die Expression eingefügt wird, da es sich um das nachzuweisende Protein handelt, und (2) das Protein aus seiner natürlichen Quelle isoliert und gereinigt wird, was dann zur Bildung von Antikörpern verwendet wird. Alternativ dazu können Antikörper gegen ein Peptidepitop gebildet werden, das aus der Primärsequenz des Proteins entwickelt wurde. Das Verfahren kann erheblich vereinfacht werden, wenn das Gen in Fusion mit einem His-Tag (oder anderen geeigneten Tags) im Vektor konstruiert wird (siehe Abschn. 9.1.1). In diesem Fall können handelsübliche Anti-His-Antikörper verwendet werden.

Die Antikörper binden an das Zielprotein auf der Membran (aus dem Western Blot) durch die Bildung eines Antikörper-Antigen-Komplexes. Im Fall von Anti-His-Antikörpern bindet der Antikörper an die His-Markierung, die Teil des Fusionsproteins ist. Das Zielprotein wird als Antigen bezeichnet, und der Antikörper, der sich an das spezifische Antigen bindet, wird als primärer Antikörper bezeichnet. Anschließend wird ein sekundärer Antikörper verwendet, der an den ersten Antikörper bindet. Dieser sekundäre Antikörper ist mit einem Enzym markiert, das in Gegenwart eines geeigneten Substrats ein chemisches Signal auslöst, das zu einer Farbentwicklung führt. Diese Technik wird als ELISA („enzyme-linked immunosorbent assay") bezeichnet (Abb. 8.9 und 8.10). Für eine hohe Empfindlichkeit können chemilumineszierende Substrate verwendet werden (siehe Abschn. 8.12). Der Sekundärantikörper kann auch markiert werden, z. B. mit ^{125}I, und der Nachweis erfolgt durch Autoradiographie.

His-Tag-Proteine, die auf SDS-PAGE-Gelen aufgetrennt werden, können auch mit einem Fluoreszenzfarbstoff angefärbt werden, der mit einem NTA-Komplex (Nickel/Nitrilotriessigsäure) konjugiert ist. Das Nickel bindet an

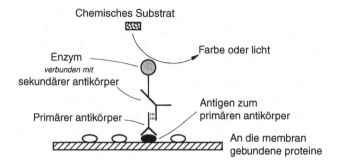

Abb. 8.9 Identifizierung spezifischer Proteine durch immunologische Techniken

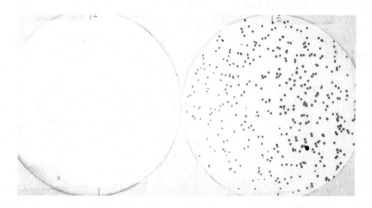

Abb. 8.10 Immunologisches Screening der λDNA-Bibliothek. Linke Membran: Ein putativer Klon wurde identifiziert. Rechte Membran: Der Klon wurde für ein zweites Screening vermehrt, um das Ergebnis zu bestätigen

die Polyhistidin-Markierung und trägt den Fluoreszenzfarbstoff mit sich, der mit einem UV-Transilluminator nachgewiesen werden kann.

8.9 DNA-Sequenzierung

Nach der Isolierung eines Gens wird eine vollständige DNA-Sequenz des DNA-Moleküls benötigt, wenn nur wenige Informationen über das Gen vorliegen. In Fällen, in denen die Aminosäuresequenz des Genprodukts bekannt ist, sollten die Endsegmente des isolierten Gens dennoch analysiert werden. Schließlich ist es notwendig zu bestätigen, dass das isolierte Gen die erwartete Sequenz aufweist. Außerdem muss der 5′-Endabschnitt sequenziert werden, um die korrekte Konstruktion und die korrekte Einfügung des Zielgens in einen gewünschten Expressionsvektor zu gewährleisten.

Die DNA wird als denaturierte DNA sequenziert. Die Didesoxykettenab-
bruchmethode von Sanger ist das am weitesten verbreitete Sequenzierungsver-
fahren. Die Methode beginnt mit der Synthese eines komplementären Strangs der
ssDNA unter Verwendung des Enzyms *E.-coli*-Polymerase I Klenow-Fragment
(oder häufiger modifizierte T7-DNA-Polymerase) und einer Mischung aus dNTP
(dATP, dTTP, dGTP, dCTP). Außerdem wird ein DNA-Primer benötigt, damit das
Enzym wirken kann. Bei der Synthese werden die Nukleotide (dNTP) in einer zur
zu sequenzierenden DNA komplementären Reihenfolge hinzugefügt. Wenn jedoch 2′,3′-Didesoxyribonukleosidtriphosphat (ddNTP = ddATP, ddTTP, ddGTP
und ddCTP), dem die freie OH-Gruppe an der 3′-Kohlenstoffposition fehlt, in der
Reaktionsmischung vorhanden ist, bricht die Polymerisation ab, wenn zu irgend-
einem Zeitpunkt während der Synthese ein ddNTP aufgenommen wird (Abb. 8.11).

Bei der DNA-Synthese erfolgt die Polymerisation der DNA-Stränge
mit unterschiedlicher Geschwindigkeit. Dadurch entsteht ein heterogenes Gemisch von DNA-Strängen unterschiedlicher Länge, das für alle möglichen Sequenzen repräsentativ ist. Je nachdem, welches ddNTP verwendet wird, ist das
Terminationsnukleotid entweder A oder T oder G oder C. Tatsächlich werden

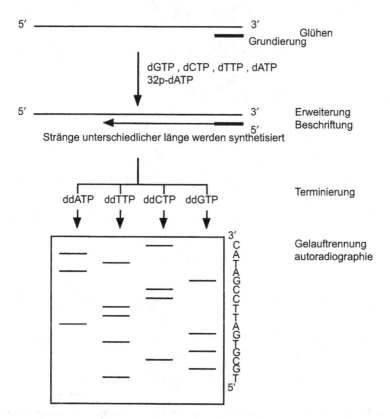

Abb. 8.11 DNA-Sequenzierung mit der Sanger-Didesoxy-Methode

alle vier Reaktionen getrennt durchgeführt, sodass vier Gruppen von Sequenzen entstehen, eine Gruppe mit allen Endungen in ddATP, eine Gruppe mit allen Endungen in ddTTP, eine Gruppe mit Endungen in ddGTP und eine Gruppe mit Endungen in ddCTP.

Die DNA-Segmente in jeder Gruppe werden durch Polyacrylamid-Gelelektrophorese getrennt. Die aufgelösten Banden müssen jedoch auch sichtbar gemacht oder nachgewiesen werden. Eine einfache Möglichkeit hierfür ist die Zugabe von radioaktiv markierten Nukleotiden, wie z. B. [α-^{33}P]dATP, in die Reaktionsmischung, sodass alle Fragmente radioaktiv markiert sind. Nun können die aufgelösten Banden durch Röntgenautoradiographie nachgewiesen werden (Abb. 8.12).

Die Banden werden von unten nach oben in einer Richtung von 5′ bis 3′ gelesen. Normalerweise sind die Banden unten zu schwach und die Banden oben

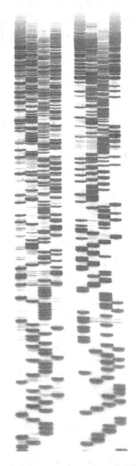

Abb. 8.12 Aufgelöste Banden im Sequenziergel nach Elektrophorese und Autoradiographie. Bahnen von links nach rechts = GATC GATC

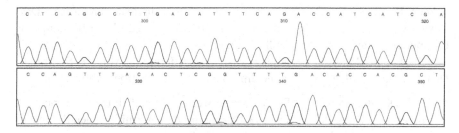

Abb. 8.13 Chromatogramm der Autosequenzierung. Im Original-Chromatogramm sind die Peaklinien durch unterschiedliche Farben gekennzeichnet: grün für A, rot für T, schwarz für G und blau für C

zu stark komprimiert, um gelesen zu werden. Es gibt nur eine begrenzte Anzahl von Banden (etwa 200 Basen), die mit Sicherheit gelesen werden können. Um die vollständige Sequenz eines Gens zu bestimmen, muss das Verfahren mehrmals wiederholt werden, indem der Primer entlang der Sequenz bewegt wird.

Die oben beschriebene manuelle Sequenzierung ist inzwischen weitgehend durch eine automatische Sequenzierung ersetzt worden. Eine wesentliche Änderung des Protokolls ist die Verwendung von Fluoreszenzmarkern anstelle von Isotopen. Es werden vier Fluoreszenzfarbstoffe verwendet, einer für jedes ddNTP. Mit A terminierte Ketten werden mit einem Fluoreszenzfarbstoff markiert, mit T terminierte Ketten mit einem zweiten Farbstoff, mit G terminierte Ketten mit einem dritten Farbstoff und mit C terminierte Ketten mit einem vierten Farbstoff. Durch die Verwendung von vier verschiedenen Fluoreszenzmarkern ist es nun möglich, die vier Sequenzierungsreaktionen wie im manuellen Protokoll in einem einzigen Röhrchen durchzuführen und das Reaktionsgemisch auf eine elektrophoretische Gelsäule zu laden. Der Fluoreszenzdetektor tastet die getrennten Banden ab, unterscheidet zwischen den vier verschiedenen Fluoreszenzmarkern und übersetzt die Ergebnisse in ein lesbares Chromatogramm mit Peaks, die durch vier Farben unterschieden werden: grün für A, rot für T, schwarz für G und blau für C (Abb. 8.13). Die automatisierte Sequenzierung in der normalen Laborforschung kann in einem einzigen Durchgang bis zu 600 bp ablesen (siehe auch Abschn. 24.5 über Next-generation-Sequenzierung).

8.10 Polymerasekettenreaktion

Die Polymerasekettenreaktion (PCR) nutzt die Polymeraseaktivität des Enzyms DNA-Polymerase I, um ein ausgewähltes Segment eines DNA-Moleküls zu amplifizieren. Jedes Segment eines DNA-Moleküls kann ausgewählt werden, solange die kurzen Sequenzen in den 5′- und 3′-Flankenbereichen des Segments bekannt sind. Diese Informationen werden benötigt, um kurze Oligonukleotide zu synthetisieren, die als DNA-Primer in der Polymerasereaktion verwendet werden. Beachten Sie, dass die Primer nicht phosphoryliert werden müssen. Das Design von Primern zur Optimierung von PCR-Reaktionen kann bequem mit Computerprogrammen durchgeführt werden.

Die PCR besteht aus einer zyklischen Wiederholung von drei Schritten: Denaturierung, Anlagerung („annealing") und Polymerisation (Abb. 8.14).

1. DNA-Denaturierung. Die DNA-Stränge werden durch Erhitzen getrennt.
2. Primer-Annealing. Primer (etwa 18 Basen), die zu den flankierenden Regionen komplementär sind, werden dann beim Abkühlen der Reaktionsmischung an die ssDNA-Stränge angelagert.
3. Polymerase-Verlängerung. Die DNA-Polymerase synthetisiert neue DNA-Stränge, die am Primer beginnen und die übergeordneten ssDNA-Stränge als Vorlage verwenden.

Der Zyklus wird wiederholt. Jede neu synthetisierte DNA dient als Vorlage für den nächsten Zyklus. Folglich führt die PCR zu einer exponentiellen Vergrößerung des DNA-Segments. Am Ende der n Zyklen ist die Anzahl der DNA-Kopien = 2^n.

Das in der PCR verwendete Enzym ist die Taq-Polymerase I, die aus dem thermophilen Bakterium *Thermus aquaticus* isoliert wurde. Taq-Polymerase hat eine hohe Polymeraseaktivität, enthält keine $3'$-> $5'$-Exonukleaseaktivität und ist bei höheren Temperaturen als das *E. coli*-Enzym denaturierungsresistent. Die Thermostabilität des Enzyms ermöglicht es, dass es durch wiederholte Heiz- und Kühlzyklen in seiner Aktivität nicht beeinträchtigt wird. Inzwischen gibt es mehrere thermostabile DNA-Polymerasen, von denen einige durch rekombinante Techniken hergestellt werden.

Es ist wichtig zu wissen, dass die Polymerase-Reaktion in lebenden Zellen über einen Korrekturmechanismus verfügt, um Fehler zu korrigieren, die bei der Basenpaarung auftreten. Dieser Mechanismus ist bei der PCR, die in Reagenzgläsern durchgeführt wird, nicht vorhanden. Die Taq-Polymerase hat eine Fehlerrate von etwa 10^{-4} (Fehler pro eingebautem Basenpaar). Gentechnisch hergestellte Mutanten, die eine um ein Vielfaches niedrigere Fehlerrate als die Taq-DNA-Polymerase aufweisen, sind jetzt verfügbar, wenn eine hohe Wiedergabetreue gewünscht wird. Die aus *Pyrococcus furiosus* isolierte Pfu-Polymerase scheint mit etwa 10^{-6} die niedrigste Fehlerrate zu haben.

Die PCR kann in einigen Fällen die herkömmlichen Verfahren des Klonierens, der Kultivierung, des Restriktionsverdaus und der Aufreinigung ersetzen oder ergänzen, um ein Stück DNA in ausreichender Menge für die Manipulation zu erhalten. Das aus der PCR gewonnene Produkt ist ausreichend für die Identifizierung und Quantifizierung durch Gelelektrophorese. Es ist auch möglich, ein Gen aus einem „Heuhaufen" von DNA-Molekülen zu isolieren und zu amplifizieren, wobei das Produkt oft sogar für eine direkte Sequenzierung ausreicht. Die PCR hat zahlreiche Anwendungen in Bereichen wie der Krankheitsdiagnose (siehe Kap. 19), der DNA-Typisierung (siehe Kap. 21), der Umwelt- und Qualitätskontrolle gefunden.

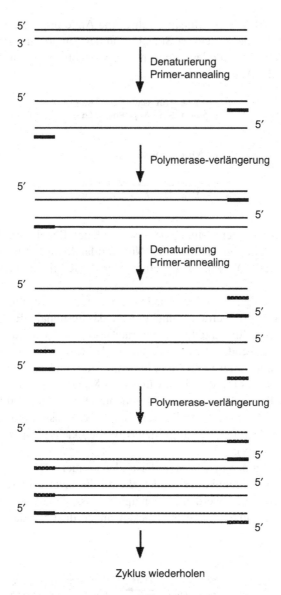

Abb. 8.14. Die Polymerasekettenreaktion besteht aus Zyklen von DNA-Denaturierung, Primeranlagerung und Polymerase-Reaktion

8.11 Ortsgerichtete Mutagenese

Das Hauptziel beim Protein-Engineering besteht darin, eine oder mehrere Aminosäuren eines Proteins zu verändern (hinzuzufügen, zu ersetzen oder zu löschen), um eine Änderung seiner Funktion zu bewirken. Dies kann durch Veränderung der entsprechenden Nukleotide des Gens, das für das Protein codiert, erreicht werden. Zum Beispiel führt eine Änderung von T zu A in der folgenden DNA-Sequenz zu einer Substitution der Aminosäure Phe durch Tyr. Ebenso führt die Deletion oder Addition von Nukleotiden in einer Sequenz zu einer Änderung der Aminosäuresequenz:

```
5'---TTA CAA GAC TTT GAA---
N ---Leu Gln Asp Phe Glu---
```

Nach ortsbezogener Mutagenese:

```
5'---TTA CAA GAC TAT GAA---
N ---Leu Gln Asp Tyr Glu---
```

Die ortsgerichtete Mutagenese wird in der Regel mithilfe der PCR durchgeführt, indem die gewünschte Nukleotidänderung (Substitution, Addition oder Deletion) einfach in einen der PCR-Primer eingebaut wird (Abb. 8.15).

Dieses Design hat jedoch Nachteile, da die Veränderung nur innerhalb der Primer eingeführt werden kann, die an das terminale Ende der DNA-Sequenz anlagern. Zur Erzeugung interner Mutationen wird die Overlap-Extension-PCR verwendet, die zwei flankierende Primer (1 und 2 in Abb. 8.16), die zu den Enden der Ziel-DNA komplementär sind, und zwei komplementäre interne Primer (A und D), die die gewünschten Mutationen enthalten, umfasst. In der ersten PCR-Runde werden die Fragmente 1B und 2A gebildet, die durch die überlappenden Enden hybridisieren, sodass die fusionierte DNA in der zweiten PCR-Extensionsrunde amplifiziert werden kann (Abb. 8.16; Ho et al. 1989, *Gene* 77, 51–59).

Um Mutationen in bereits in Plasmiden klonierte DNA-Sequenzen einzuführen, wird eine Technik verwendet, die an die inverse PCR-Methode angelehnt ist. Zwei Primer werden so konzipiert, dass sie auf den beiden DNA-Strängen des Plasmids Rücken an Rücken angeordnet werden (Abb. 8.17).

Substitution

```
5'-----TGGTTTACCTCT----        PCR        5'-----TGGTTTACCCCT----
            GGGGA Grundierung  ────►       3'-----ACCAAATGGGGT
      Mutation
```

Löschung

```
                  CC
5'-----TGGTTTAC A----        PCR        5'----TGGTTTACCA----
        ATGGA Grundierung  ────►            -----ACCAAATGGA
```

Abb. 8.15 Mit dem PCR-Primer eingeführte Substitution und Deletion

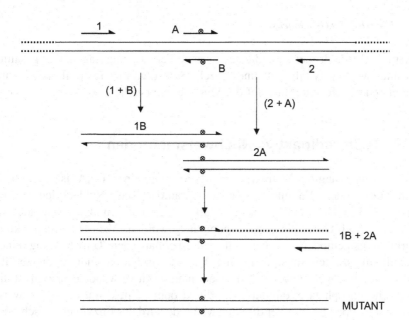

⊗ = ORT DER MUTAGENESE

Abb. 8.16 PCR-Mutagenese mit „overlap extension"

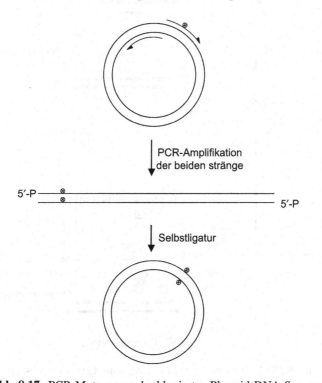

Abb. 8.17 PCR-Mutagenese der klonierten Plasmid-DNA-Sequenz

Einer oder beide Primer kann die gewünschte Veränderung tragen. Das gesamte Plasmid wird vervielfältigt und durch Selbstligation rezirkularisiert, anschließend transformiert und auf die Mutante untersucht.

8.12   Nichtradioaktive Nachweismethoden

Eine gängige Methode zur Markierung einer DNA ist die Nick-Translation oder Endmarkierung mit radioaktiven Nukleotiden (siehe Abschn. 7.3.1). Die nichtisotopische Markierung ist aufgrund zunehmender Sicherheits- und Umweltbedenken populär geworden. Viele nichtradioaktive Markierungsmethoden beruhen auf der enzymatischen Umwandlung eines chemilumineszenten Substrats in eine stabile Zwischenverbindung, die zerfällt und Licht aussendet (Abb. 8.18). Das am häufigsten verwendete Enzym ist die alkalische Phosphatase, die entweder direkt oder indirekt mit dem Nachweissystem gekoppelt ist. Bei der direkten Methode wird das Enzym chemisch oder enzymatisch mit der DNA-Sonde vernetzt. Bei der indirekten Methode wird die DNA-Sonde zunächst mit einem organischen Molekül wie z. B. Biotin konju-

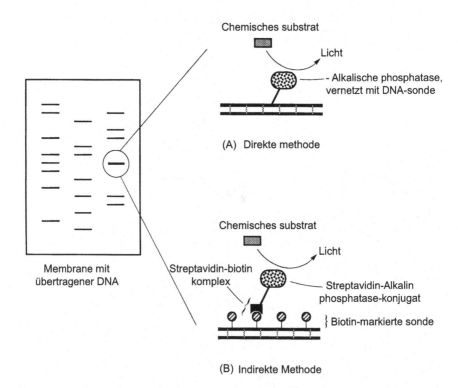

Abb. 8.18 Nichtradioaktive Markierung mit Chemilumineszenz

giert. Die so entstandene, mit Biotin markierte Sonde wird zur Hybridisierung verwendet. Die an die Ziel-DNA hybridisierte Sonde wird dann durch Bildung eines engen Komplexes mit einem Streptavidin-Enzymkonjugat nachgewiesen (Streptavidin ist ein Eiweißprotein mit einer sehr hohen Affinität für Biotin). Wenn ein chemilumineszentes Substrat hinzugefügt wird, wandelt das Enzym das Substrat in eine Zwischenverbindung um, die Licht emittiert, das von einem Bildprozessor erfasst werden kann. Chemilumineszenz wurde für den Nachweis bei Southern Blot, Kolonie-Blot, Northern Blot und vielen anderen Anwendungen eingesetzt.

Überprüfung

1. Welches einzigartige Merkmal der DNA- oder Proteinstruktur bewirkt, dass die Makromoleküle wandern, wenn ein elektrisches Feld an das Gel angelegt wird?
2. Ist das Konzept der Hybridisierung auf den Western Blot anwendbar? Erläutern Sie Ihre Antwort.
3. Für die Hybridisierung wird die an die Membran gebundene DNA zunächst denaturiert. Was bedeutet Denaturierung? Wie denaturiert man DNA auf einer Membran?
4. Die Markierung einer DNA-Sonde kann entweder durch Nick-Translation oder durch Endmarkierung erfolgen. Was sind die Unterschiede zwischen den beiden Verfahren? Welches Verfahren würden Sie bevorzugen, wenn die zu markierende DNA eine kurze Sequenz hat?
5. Welche spezifischen Informationen sind vor (A) der DNA-Hybridisierung und (B) dem immunologischen Nachweis erforderlich?
6. Was sind die Vorteile der Kolonie-PCR? Welches sind die Grenzen?
7. Lesen Sie die Sequenz aus Abb. 8.12. Geben Sie das 5′-Ende der Sequenz an.
8. Lesen Sie die Sequenz aus Abb. 8.13. Geben Sie das 5′-Ende an.
9. Warum ist es wichtig, dass die in der PCR verwendete DNA-Polymerase bei hohen Temperaturen stabil ist?
10. Messen Sie die Position jeder Bande des DNA-Markers in Bezug auf den Ursprung in Abb. 8.2. Tragen Sie die Abstände (x-Achse) gegen die bekannten Größen der einzelnen Fragmente auf einem dreistufigen semilogarithmischen Papier auf. Verbinden Sie die Punkte, um eine Kurve zu bilden. Messen Sie die Abstände der aufgelösten DNA-Fragmente in den drei linken Spuren und verwenden Sie die soeben erstellte Markerkurve, um die Größe der Fragmente zu schätzen.
11. Warum sind bei der PCR-Mutagenese von geklonten Plasmiden die Primer am 5′-Ende phosphoryliert? Ist dies für das Protokoll notwendig?
12. Beschreiben Sie eine Methode zur Erzeugung interner Mutationen durch PCR.

KAPITEL 9

Klonierungsvektoren für das Einbringen von Genen in Wirtszellen

Die Einführung einer fremden DNA in eine Wirtszelle erfordert in vielen Fällen die Verwendung eines Vektors. Vektoren sind DNA-Moleküle, die dazu dienen, eine DNA bzw. ein Gen in eine Wirtszelle (mikrobiell, pflanzlich, tierisch) zu übertragen und Kontrollelemente für Replikation und Expression bereitzustellen. Der zu verwendende Vektor wird durch die Art der Wirtszellen und die Ziele des Klonierungsexperiments bestimmt.

9.1 Vektoren für bakterielle Zellen

9.1.1 Plasmidvektoren

Eine große Auswahl an bakteriellen Vektoren (hauptsächlich *E. coli*) ist im Handel erhältlich. Bakterielle Vektoren gehören zu den am besten untersuchten Vektoren und bieten eine Fülle von Informationen für die Verwendung bei der Manipulation und Konstruktion. Die am häufigsten verwendeten Vektoren für bakterielle Zellen gehören zu einer Gruppe von Vektoren, die als Plasmidvektoren bezeichnet werden. Diese Vektoren haben ihren Ursprung in der extrachromosomalen zirkulären DNA, dem sogenannten Plasmid, das natürlicherweise in Bakterienzellen vorkommt. Die zum Klonieren verwendeten Plasmidvektoren sind in der Regel etwa 5 kb groß. Große DNA-Moleküle sind schwierig zu handhaben und werden oft abgebaut. Die Effizienz der Transformation nimmt mit zunehmender Größe des Plasmids ab. Für die Verwendung zum Klonieren enthält ein Plasmidvektor vorzugsweise eine Reihe von Strukturelementen (Abb. 9.1).

© Der/die Autor(en), exklusiv lizenziert an Springer Nature Switzerland AG 2023
D. W. S. Wong, *Das ABC des Genklonens*,
https://doi.org/10.1007/978-3-031-22190-3_9

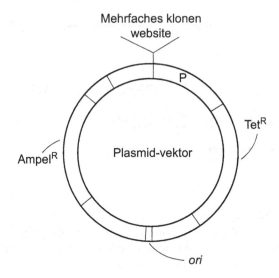

Abb. 9.1 Strukturelle Organisation eines Plasmidvektors

1. Replikationsursprung: Für die Replikation unter Verwendung des bakteriellen Wirtssystems.
2. Klonierungsstellen: Plasmidvektoren bestehen aus künstlich konstruierten Erkennungssequenzen für eine Reihe von Restriktionsenzymen. Diese Gruppe von Stellen, die als multiple Klonierungsstellen (MCS) bezeichnet werden, dienen dazu, das Einfügen einer fremden DNA zu erleichtern.
3. Selektierbare Marker: Dabei handelt es sich in der Regel um Antibiotika-resistenzgene, wie z. B. Ampicillinresistenz (Amp^R) und Tetracyclinresistenz (Tet^R). Der Zweck dieser Marker ist das Suchen nach transformierten Zellen. Nichttransformierte Zellen (die den Plasmidvektor nicht aufgenommen haben) überleben in einem Wachstumsmedium, das das Antibiotikum enthält, nicht.
4. Einige Plasmidvektoren enthalten auch eine Promotorregion, die der multiplen Klonierungsstelle vorgeschaltet ist. Diese Konstruktion ermöglicht die Transkription und Translation der eingefügten DNA. Natürlich muss darauf geachtet werden, dass die Insertion im richtigen Leseraster erfolgt (siehe Abschn. 4.6). Vektoren dieser Art werden Expressionsvektoren genannt (siehe Abschn. 10.2.1).
5. Ein optionales, aber beliebtes Merkmal, das häufig zu einem Vektor hinzugefügt wird, ist eine Polyhistidinsequenz (z. B. 5′-CACCACCACCACCACCAC, die für sechs Histidine codiert), sodass das exprimierte Protein ein kurzes Polyhistidin entweder am N- oder am C-Terminus trägt. Diese Markierung eines Proteins ermöglicht eine einfache Reinigung des fusionierten Proteins in einem Schritt über Nickelsäulen, da Polyhistidin an Nickel bindet. Es können auch andere Arten von Tags verwendet werden, aber der His-Tag ist bei Weitem der beliebteste.

Plasmide mit hoher und niedriger Kopie

Plasmide können je nach Anzahl der in einer Bakterienzelle vorkommenden Plasmidmoleküle in Plasmide mit hoher oder niedriger Kopienzahl eingeteilt werden. Niedrige Kopie bezieht sich auf ≤ 25 Plasmide pro Zelle. Hohe Kopien sind 100 Kopien und mehr pro Zelle. Ein Plasmid mit niedriger Kopienzahl liefert 0,2–1 µg DNA pro ml LB-Kultur. Ein Plasmid mit hoher Kopienzahl kann bis zu 3–5 µg liefern.

Plasmidvektoren mit hoher Kopienzahl sind die erste Wahl, wenn eine hohe Ausbeute an rekombinanter DNA erwünscht ist. Andererseits ist es möglicherweise nicht wünschenswert, Plasmidvektoren mit hoher Kopienzahl zu verwenden, wenn zu erwarten ist, dass das Genprodukt schädliche Auswirkungen auf die Wirtszellen hat. Die Kopienzahl hängt vom Replikationsursprung ab (der als Replikon bezeichneten DNA-Region, siehe Abschn. 4.8), der bestimmt, ob das Plasmid unter lockerer oder strenger Kontrolle steht. Die Kopienzahl hängt auch von der Größe des Plasmids und des zugehörigen Inserts ab. Das pUC-Plasmid und seine Derivate können sehr hohe Kopienzahlen erreichen, während das pBR322-Plasmid und die von ihm abgeleiteten Plasmide eine niedrige Kopienzahl pro Zelle beibehalten.

pUC-Plasmide als Beispiel

Die folgende Beschreibung der Plasmidvektoren der pUC-Serie veranschaulicht, wie ein Plasmidvektor funktionieren sollte. Die pUC-Serie enthält eine Reihe von Merkmalen, die in vielen Vektorsystemen zum Standard geworden sind (Abb. 9.2).

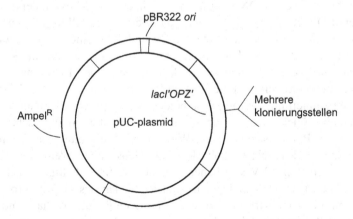

Abb. 9.2 Strukturelle Organisation eines pUC-Plasmidvektors

1. Das β-Lactamase-Gen (Ampicillinresistenz, Amp^R) und der Replikationsursprung aus dem pBR322-Plasmid (einer der frühen *E.*-coli-Klonierungsvektoren, aus dem viele neuere Vektoren hervorgegangen sind) bleiben als Teil des pUC-Plasmidvektors erhalten.

2. Das *lac*-Operon in pUC enthält ein verkürztes *lacZ*-Gen (β-Galaktosidase), das für den N-terminalen Abschnitt (Aminosäuren 11–41, α-Peptid genannt) des Enzyms codiert. Das verkürzte *lacZ*-Gen wird als *lacZ'* bezeichnet. Das *lacI*-Gen ist ebenfalls verkürzt und wird als *lacI'* bezeichnet. Daher wird das *lac*-Operon in pUC-Vektoren als *lacI'OPZ'* dargestellt (siehe Abschn. 5.1).

3. In die *lacZ'*-Region wird ein Cluster von Erkennungsstellen für eine Reihe von Restriktionsenzymen eingefügt. Diese Gruppe von Stellen bildet die multiple Klonierungsstelle („multiple cloning site", MCS).

Die pUC-Plasmide sind Expressionsvektoren, da das *lac*-Operon aktiv ist, wenn Isopropyl-β-D-thiogalactopyranosid (IPTG, ein Analogon von Laktose, ein Induktor des *lac*-Operons) im Wachstumsmedium zugeführt wird (siehe Abschn. 5.2.2). Da sich die Klonierungsstellen in der *lacZ'*-Region befinden, ist das exprimierte Produkt ein Fusionsprotein, das ein kurzes Segment des β-Galaktosidase-Enzyms trägt.

Das Ampicillinresistenz-Gen ist ein selektierbarer Marker. Bei einem Transformationsschritt nimmt nur ein Bruchteil der Bakterienzellen die Vektor-DNA auf. Die Effizienz ist unterschiedlich, liegt aber in der Regel im Bereich von 0,01 %. Nach der Transformation werden die Zellen auf ein ampicillinhaltiges Medium plattiert. Die Mehrzahl der *E.*-coli-Zellen sind Nichttransformanten, die aufgrund des fehlenden Ampicillinresistenz-Gens nicht überleben. Nur die Transformanten (die das Plasmid aufgenommen haben) sind ampicillinresistent (Abb. 9.3).

Die Verwendung des Gens Amp^R allein bei der Selektion unterscheidet jedoch nicht zwischen Zellen, die den pUC-Vektor aufnehmen, und solchen, die die rekombinante Vektor-DNA aufnehmen (d. h. den pUC-Vektor, der das Insert einer Fremd-DNA enthält). Beachten Sie, dass bei der Herstellung rekombinanter DNA die Ligation zwischen der Vektor-DNA und der Fremd-DNA nicht immer perfekt ist. Im folgenden Transformationsschritt werden sowohl der pUC-Vektor als auch die rekombinante Vektor-DNA in der Ligationsreaktionsmischung aufgenommen, und die Wirtszellen, die einen der beiden Typen enthalten, sind ampicillinresistent. Diese beiden Arten von Transformanten lassen sich durch eine Selektionsmethode mit α-Komplementierung unterscheiden.

In der Praxis ist der *E.*-coli-Wirt von pUC ein mutierter Stamm, bei dem die α-Peptid-Sequenzregion des *lacZ*-Gens fehlt. Wenn die *E.*-coli-Mutante, die einen pUC-Vektor beherbergt, auf ein IPTG-haltiges Wachstumsmedium plattiert wird, assoziiert das vom *lacZ'*-Gen des Vektors produzierte α-Peptid mit der vom Wirt produzierten verkürzten β-Galaktosidase und bildet ein funktionelles Enzym. Diese Assoziation wird als α-Komplementierung bezeichnet. Funktionelle β-Galaktosidase wandelt X-Gal (5-Brom-4-chlor-3-indolyl-β-D-Galaktosid) in ein blaues Produkt um. Daher werden mutierte *E. coli*, die einen pUC-Vektor enthalten, auf einem Medium, das IPTG und X-gal enthält, wachsen und blaue Kolonien bilden. Enthält der Wirt einen rekombinanten Vektor, so ist das Enzym nicht funktionsfähig, da die *lacZ'*-Region im pUC-Vektor durch die Einfügung einer Fremd-DNA unterbrochen ist. Daher sind die Kolonien weiß (Abb. 9.3).

Promotoren und RNA-Polymerasen

Der im pUC-System beschriebene *lac*-Promotor wird üblicherweise für die Konstruktion von Vektoren verwendet. Die Expression ist durch IPTG induzierbar und die Transformanten können anhand der Farbe der Kolonien überprüft werden. In den letzten Jahren werden auch die Bakteriophagen-promotoren T3, T7 und SP6 für die Konstruktion von bakteriellen Expressionsvektoren verwendet. Diese Promotoren werden nur von ihren jeweiligen RNA-Polymerasen spezifisch erkannt, nicht aber von den *E.-coli*-RNA-Polymerasen.

Beispielsweise wird in einem Expressionssystem, das den T7-Promotor verwendet, das interessierende Gen, das unter der Kontrolle dieses Promotors stromabwärts eingefügt wird, erst dann exprimiert, wenn eine Quelle für T7-RNA-Polymerase vorhanden ist. Der in diesem Fall verwendete *E.-coli*-Wirt enthält eine chromosomale Kopie des T7-RNA-Polymerase-Gens unter der Kontrolle eines durch IPTG induzierbaren *lac*-Promotors. Daher wird die Transformante das Gen exprimieren, wenn IPTG hinzugefügt wird, um die Produktion der T7-RNA-Polymerase zu induzieren, die wiederum den T7-Promotor im Vektor erkennt, um die Transkription zu starten (Abb. 9.4). Dieses System ermöglicht eine strengere Kontrolle der Expressionsinduktion als bei Verwendung des *lac*-Promotors.

Topoisomerase-basiertes Klonieren

Die Entwicklung des Topoisomerase-katalysierten Systems bietet eine Alternative zur Verwendung von Ligasen bei der Verbindung von DNA-Fragmenten. Die biologische Funktion der Topoisomerase besteht darin, die DNA während der Replikation zu spalten und neu zu verbinden. Es wurde festgestellt, dass die durch das Enzym des Vaccinia-Virus in *E. coli* vermittelte Rekombination sequenzspezifisch ist. Bindung und Spaltung erfolgen an einem pentameren Motiv 5'-(C oder T)CCTT in der Duplex-DNA. Das Enzym bildet einen Komplex zwischen einem Tyrosin-Rest und dem 3'-Phosphat des gespaltenen DNA-Strangs. Die Phospho-Tyr-Bindung wird dann vom 5'-OH des

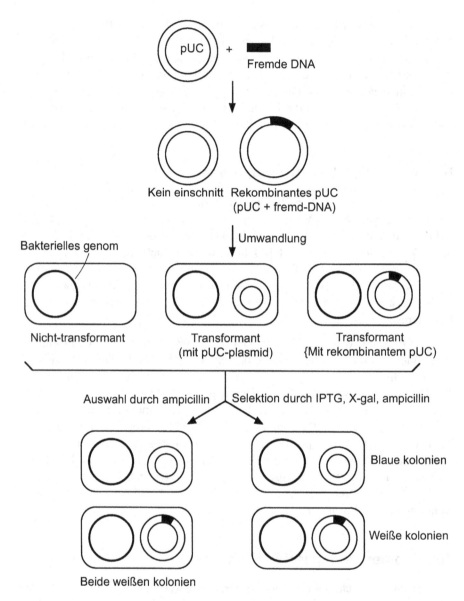

Abb. 9.3 Selektion von Transformanten unter Verwendung eines pUC-Plasmidvektors

ursprünglichen gespaltenen Strangs oder einer anderen Spender-DNA an-gegriffen, was zu einer erneuten Ligation und zur Freisetzung des Enzyms aus dem Komplex führt. Diese einzigartige Eigenschaft des Enzyms wurde genutzt, um eine Ein-Schritt-Strategie zu entwickeln. Der Vektor ist so konstruiert, dass er nach der Linearisierung CCCTT-Erkennungsstellen an beiden Enden der

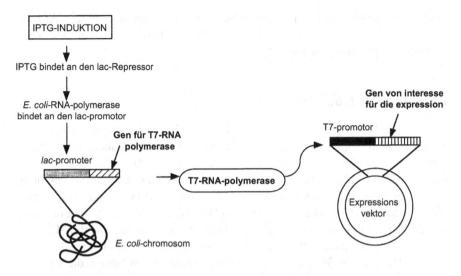

Abb. 9.4 *E.-coli*-Expressionsvektorsystem, gesteuert durch T7-RNA-Polymerase

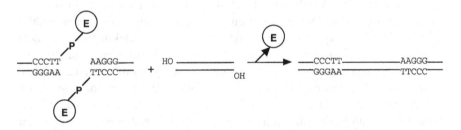

Abb. 9.5 Ligation mithilfe einer Topisomerase-katalysierten Reaktion

DNA enthält. Dies ermöglicht es dem Vektor, DNA-Sequenzen mit kompatiblen Enden zu ligieren (Abb. 9.5). Es können sowohl Sticky-end- als auch Blunt-end-Ligationen erreicht werden. Man kann auch die Spaltstellensequenz im Insert platzieren und die DNA in einen Vektor klonieren.

In-vitro-Transkription und -Translation

Die In-vitro-Transkription und -Translation ist ein minimalistischer Ansatz, bei dem die nicht benötigten zellulären Komponenten entfernt werden und die für die Transkription und Translation benötigten Komponenten im Reagenzglas verbleiben. Dadurch können möglicherweise langwierige Klonierungsschritte vermieden werden, und es werden Nanogramm bis Mikrogramm Proteine (bis zu 500 µg im präparativen Maßstab) gewonnen, die sich für biochemische Analysen eignen. Dieses Verfahren wird häufig als schnelle

Methode zum Screening von Proteinen aus der Expression einer großen Anzahl von Genen verwendet (eine ausführliche Beschreibung ist in Abschn. 11.8 „Zellfreie Expression" zu finden).

Vektoren für *Bacillus*

Die bisherige Diskussion konzentriert sich auf Plasmidvektoren für *E. coli* als Wirtsorganismus. *E. coli* ist ein gram-negatives Stäbchenbakterium. Eine andere wichtige Bakteriengruppe, der gram-positive *Bacillus subtitis*, wurde ebenfalls häufig für die Genexpression verwendet. Bacillus-Vektoren sind in der Regel integrativ, einige sind jedoch replikativ (wie bei *E. coli*). Integrative Vektoren ermöglichen es exogenen DNA-Fragmenten (z. B. einem Gen), sich durch homologe Rekombination mit hoher Effizienz in das Bacillus-Genom zu integrieren und anschließend mit dem Chromosom zu replizieren.

Die meisten Vektoren für *Bacillus* sind Shuttle-Vektoren, die sich sowohl in *E. coli* als auch in *Bacillus* vermehren können. Die Genkonstruktion und -manipulation wird zunächst in *E. coli* durchgeführt (das ein einfacheres System ist) und die rekombinante DNA wird dann zur Expression in *Bacillus subtilis* transformiert. Die *E.-coli*-Komponente der Shuttle-Vektoren enthält einen Replikationsursprung (wie ColE1 *ori*) und einen selektierbaren Marker (Antibiotika wie Ampicillinresistenz). Die *Bacillus*-Komponente enthält Promotoren, die von der *B.-subtilis*-σ-Faktor-RNA-Polymerase erkannt werden, wie z. B. den konstitutiven P_{veg} oder P_{43}-Promotor. Der Promotor kann durch Fusion mit dem *lac*-Operator steuerbar gemacht werden (wird also IPTG-induzierbar). Darüber hinaus enthält der Vektor im Allgemeinen die folgenden Merkmale:

1. *B.-subtilis*-Ribosomenbindungsstelle
2. Mehrere Klonierungsstellen
3. Shine-Dalgarno-Sequenz
4. Signalpeptidsequenz
5. Antibiotikaresistenz von *B. subtilis* (z. B. Chloramphenicol)
6. Eine Affinitätsmarkierung (z. B. Polyhistidin)
7. Zwei kurze, zur Sequenz eines Gens (z. B. *amyE*) im *B.-subtilis*-Genom homologe (integrative) Sequenzen werden an das 5'- und 3'-Ende des Konstrukts angefügt. Dies soll die Rekombination erleichtern.

9.1.2 Bakteriophagenvektoren

Der λ-Vektor und seine Derivate werden meist für die Konstruktion von cDNA- oder Genombibliotheken verwendet (siehe Abschn. 12.1 und 12.2).

Lebenszyklus des Bakteriophagen λ

Bakteriophagen (abgekürzt als Phagen) sind Viren, die Bakterienzellen infizieren. Ein Virus liegt als infektiöses Partikel, Virion genannt, in seiner extrazellulären Phase vor. Ein Phagen-λ-Partikel hat eine Kopf-Schwanz-Struktur, die aus einem DNA-Kern innerhalb einer Proteinhülle (Kapsid) besteht, die mit einer spiralförmigen Proteinstruktur (Schwanz) verbunden ist.

Phage λ ist ein gemäßigtes Virus, da sein Lebenszyklus aus zwei Wegen besteht: lytisch und lysogen (einige Phagen zeigen nur den lytischen Zyklus und werden als virulente Phagen bezeichnet). Bei der Infektion einer Bakterienzelle wird das λ-Partikel des Phagen an die Zellmembran adsorbiert, gefolgt von der Injektion der λ-DNA in die Wirtszelle. Auf dem lysogenen Weg wird die λ-DNA in das bakterielle Genom integriert. Die integrierte Form der λDNA wird als Prophage bezeichnet und die Wirtszelle ist nun ein Lysogen. Im lytischen Modus integriert sich die λDNA in die biosynthetische Funktion der Wirtszelle, um weitere λDNA und Proteine zu produzieren, die in Phagenpartikel verpackt werden. Um den Zyklus abzuschließen, werden die Wirtszellen aufgerissen und die Phagenpartikel freigesetzt (Abb. 9.6).

Phagen-λ-Vektoren

Phagenvektoren, die für rekombinante Arbeiten verwendet werden, sind so konzipiert, dass sie die DNA-Insertion, das Screening auf Rekombinanten und die Genexpression erleichtern. Die Abb. 9.7a zeigt die physikalische Karte der λDNA in der intrazellulären zirkulären Form und in der linearen Form. Ebenfalls dargestellt ist λgt11, ein Beispiel für einen Phagenvektor (Abb. 9.7b).

1. Der λ-Vektor enthält ein *lacZ*-Gen und eine einzigartige *Eco*RI-Restriktionsstelle am 5′-Ende des Gens. Nichtrekombinante Phagen, die auf einem mit X-gal versorgten Bakterienrasen wachsen, bilden eine blaue Plaque aufgrund der Hydrolyse von X-gal durch β-Galactosidase zu einem blauen Indolylderivat (siehe Abschn. 9.1.1). Die Einfügung eines DNA-Abschnitts oder eines Gens an der einzigartigen Restriktionsstelle unterbricht die *lacZ*-Gensequenz. Die produzierte β-Galactosidase ist inaktiv. Rekombinante Phagen werden durch die Bildung klarer Plaques erkannt, die sich von den blauen Plaques für Nichtrekombinanten unterscheiden lassen. Die klonierte DNA oder Gensequenz wird als Fusionsprotein mit β-Galaktosidase exprimiert. Dies bedeutet, dass sie auch mit Immunodetektionsmethoden untersucht werden kann.

2. Im λ-Vektor sind die mit der Integration zusammenhängenden Gene deletiert, sodass keine Induktion erforderlich ist, um vom lysogenen zum lytischen Modus zu wechseln. Eine Region, die den Terminator für die RNA-Synthese enthält, ist deletiert, um die Expression der an der Zelllyse beteiligten S- und R-Gene sicherzustellen.

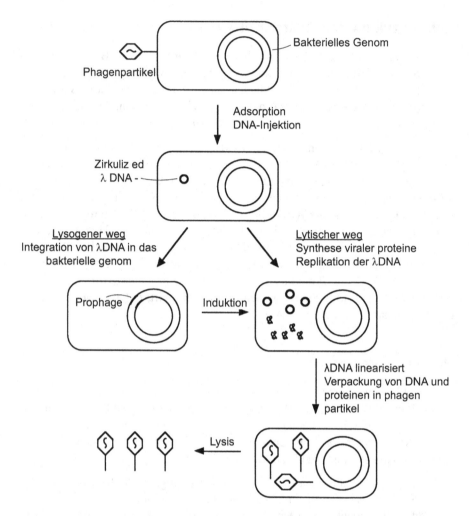

Abb. 9.6 Lebenszyklus des Bakteriophagen λ

3. Amber-Mutationen (Nonsense-Mutationen) werden in die für das lytische Wachstum erforderlichen Gene eingeführt. Die Mutationen unterdrücken die lytische Funktion des Phagen, sofern ein spezifischer *E.-coli*-Stamm als Wirt verwendet wird, der die Amber-Mutation rückgängig machen kann. Diese Änderung bietet einen Schutz vor biologischer Kontamination der Umwelt (bei der Amber-Mutation handelt es sich um eine Punktmutation, die ein Codon in ein Stoppcodon umwandelt. Infolgedessen wird das Gen als inaktives Protein exprimiert, dem das Carboxyl-Endsegment fehlt. Eine Umkehrung dieses Effekts der Mutation kann durch eine vom Wirtsstamm durchgeführte Suppression im Anticodon der tRNA erreicht werden).

(A) <u>Genetische Karte des Bakteriophagen λ</u>

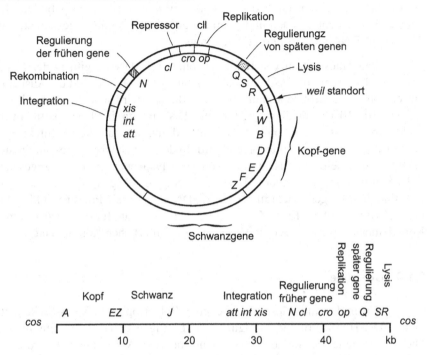

(B) <u>λgt11 Vektor</u>

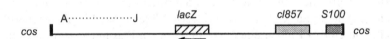

Abb. 9.7 Genetische Karte von Bakteriophagen λ und λgt11-Vektor

Die Gesamtlänge der rekombinanten DNA muss im Bereich von 75–105 % des normalen λDNA-Genoms (48,5 kb) liegen, damit sie beim Verpacken effizient in das Kapsid eingebaut werden kann. Die Größe von λgt11 beträgt 43,7 kb, sodass der Vektor bis zu 7,2 kb Insert-DNA aufnehmen kann.

Transfektion und In-vitro-Verpackung

Phagen-λDNA und rekombinante λDNA können in Wirtszellen eingeführt werden, indem sie mit einer dichten Kultur kompetenter (mit $CaCl_2$ behandelter) Zellen gemischt werden. Die Mischung wird in eine Petrischale mit geeignetem Wachstumsmedium gegossen. Die Bebrütung führt zu einem

Bakterienrasen, der mit klaren Flecken, den so genannten Plaques, übersät ist. Diese Plaques werden durch die lytische Wirkung des Phagen gebildet. Die Plaques werden entnommen und in einem geeigneten Medium gezüchtet, und die Phagen-DNA wird isoliert und gereinigt.

Die Transfektion von Bakterienzellen mit λDNA ergibt in der Regel etwa 10^5 Plaques pro µg DNA. Im Fall rekombinanter λDNA sinkt die Ausbeute um ein bis zwei Größenordnungen. Die Effizienz wird jedoch erheblich gesteigert (10^7–10^8), wenn die rekombinante λDNA in *vitro* in Phagenpartikel verpackt wird, sodass die rekombinante λDNA durch den natürlichen Infektionsprozess in die Wirtszelle eingebracht wird. In der Praxis wird die rekombinante λDNA einem Gemisch aus Lysaten von zwei lysogenen Stämmen zugesetzt. Jeder Stamm trägt eine andere Mutation im Kapsid (Phagenproteinhülle). Einzeln sind die Lysogene nicht in der Lage, λDNA und virale Proteine in Phagenpartikel zu verpacken. Eine Mischung der beiden Lysate führt jedoch zu einer Komplementierung aller für die Verpackung erforderlichen Komponenten.

9.1.3 Cosmide

Cosmide sind Plasmide, die eine Bakteriophagen-λ-cos-Stelle enthalten. Die Hybridstruktur ermöglicht das Einfügen großer DNA-Fragmente. Die λ-cos-Stelle ist für die Erkennung bei der Verpackung erforderlich (Abb. 9.8).

Im normalen Lebenszyklus werden die λDNA-Moleküle an den kohäsiven Enden (cos-Stelle) zu einem Konkatamer (lange Ketten von DNA-Molekülen) verbunden. In den folgenden Schritten wird das Konkatamer enzymatisch gespalten und jedes einzelne λDNA-Molekül wird in Phagenpartikel verpackt. Durch den Einbau einer cos-Stelle in ein Plasmid kann der resultierende Hybridvektor für die In-vitro-Verpackung verwendet werden. Die Größe der Fremd-DNA, die in das Cosmid eingefügt und in Phagenpartikel verpackt werden kann, ist auf 35–45 kb beschränkt, wenn man von einer Cosmidgröße von 5 kb ausgeht. Als allgemeine Regel gilt, dass die Gesamtlänge des Cosmids plus der DNA-Insertion 75–105 % der Größe der λDNA des Phagen betragen sollte, um eine effiziente Verpackung zu gewährleisten. Die Phagenpartikel werden dann zur Infektion von *E. coli* verwendet. Die rekombinante Cosmid-DNA wird in der *E.-coli*-Zelle zirkularisiert und repliziert sich wie ein Plasmid.

9.1.4 Phagemiden

Phagemide sind Vektoren, die Merkmale von Phagen und Plasmiden kombinieren. Diese Vektoren ermöglichen die Vermehrung von klonierter DNA wie herkömmliche Plasmide. Wenn die Zellen, die den Vektor enthalten, mit

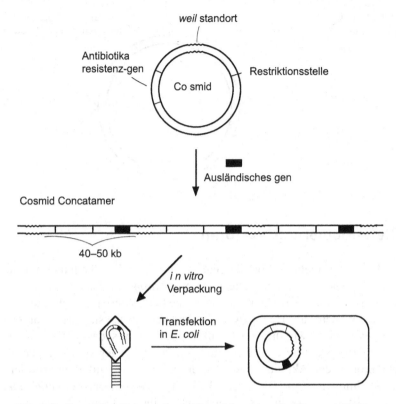

Abb. 9.8 Cosmid repliziert wie ein Plasmid und ist wie Phagen-λ-DNA verpackt

einem Helferphagen infiziert werden, ändert sich die Art der Replikation zu der eines Phagen, indem Kopien von ssDNA produziert werden.

1. Ein Phagemid enthält einen bakteriellen Plasmidreplikationsursprung (z. B. ColE1 *ori*) und einen selektierbaren Marker (z. B. ein Ampicillinresistenz-Gen), die die Vermehrung und Selektion in der Plasmidform ermöglichen (Abb. 9.9).
2. Ein Phagenursprung der Replikation ermöglicht die Produktion von ssDNA bei der Infektion mit einem Helferphagen. Das vom Helferphagen exprimierte Gen-II-Protein fördert die einzelsträngige Replikation des Klons. Die ssDNA wird zirkularisiert, verpackt und freigesetzt.
3. Eine mehrfache Klonierungsstelle, die in die *lacZ*-α-Peptidsequenz eingefügt wurde, sodass beim Screening auf inserthaltige Klone eine Blau-weiß-Farbselektion durchgeführt werden kann. Diese Konstruktion führt auch zur Expression des DNA-Inserts als β-Galactosidase-Fusionsprotein.

Abb. 9.9 Strukturelle Organisation eines Phagemiden

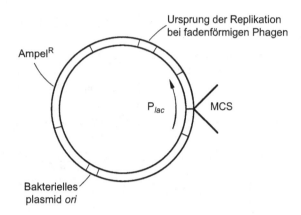

9.2 Hefe-Klonierungsvektoren

Hefe bietet mehrere Vorteile gegenüber bakteriellen Systemen für die Expression komplexer Proteine. Die Hefe *Saccharomyces* ist ein einzelliger Mikroorganismus und viele Manipulationen, die bei Bakterien üblich sind, lassen sich ohne Weiteres auf Hefe anwenden. Andererseits hat sie eine eukaryotische Zellorganisation, wie die von Pflanzen und Tieren, sodass sie häufig als geeignetes Wirtssystem für die Produktion von Proteinen gewählt wird, die für eine volle biologische Aktivität eine posttranslationale Modifikation erfordern könnten. Traditionell ist die Bier- oder Bäckerhefe, *Saccharomyces cerevisiae*, die Wahl der Biotechnologen. Inzwischen gibt es eine wachsende Zahl von Expressionssystemen mit anderen Hefen, z. B. *Pichia pastoris*, *Kluyveromyces lactis*, *Hansenula polymorpha*.

9.2.1 Der 2-micron-Circle

Hefeklonierungsvektoren wurden auf der Grundlage eines in der Hefe vorkommenden Plasmids, des sogenannten 2-micron-Circle, entwickelt. Der 2-micron-Circle hat eine Größe von 6318 bp und ist im Kern der meisten Saccharomyces-Stämme in 60–100 Kopien vorhanden.

1. Hefevektoren enthalten den Replikationsursprung aus dem 2-micron-Circle (Abb. 9.10). Alternativ kann auch die autonom replizierende Sequenz (ARS) aus der chromosomalen DNA der Hefe verwendet werden. Vektoren, die entweder den 2-micron-Circle-Replikationsursprung oder die ARS enthalten, sind in der Lage, sich nach der Transformation in der Hefe zu replizieren. Vektoren ohne den 2-micron-Circle-Replikationsursprung oder die ARS werden integrative Vektoren genannt, da die Vektor-DNA in das Hefechromosom integriert wird.

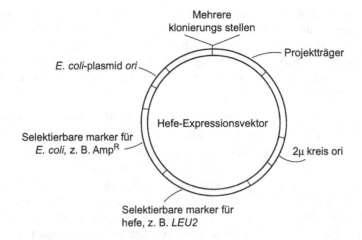

Abb. 9.10 Strukturelle Organisation eines Hefeexpressionsvektors

2. In der Regel wird ein selektierbarer Marker für das Screening von Transformanten verwendet. Beispiele für häufig verwendete Marker sind *LEU2* und *URA3*. Das *LEU2*-Gen codiert für β-Isopropylmalat-Dehydrogenase, ein Enzym, das an der Biosynthese von Leucin beteiligt ist. In einem Wirtssystem, in dem mutierte Hefe (der das *LEU2*-Gen fehlt) verwendet wird, wachsen Hefetransformanten, die den Vektor tragen, auf einem Medium mit Leucinmangel, während Nichttransformanten nicht überleben. Die Selektion basiert auf der Komplementierung des Mangels im Hefewirt durch das *LEU2*-Markergen des Vektors. Ein anderer Ansatz ist die Verwendung eines essenziellen Gens wie *URA3* als selektierbarer Marker. Mutierte Hefestämme (die als Wirt verwendet werden), denen das Gen fehlt, können kein Uridinmonophosphat synthetisieren und überleben auch in einem reichen Medium nicht. Nur Transformanten, die den Vektor (mit *URA3*) tragen, können wachsen.

Ein dominanter Marker wie *CUP1*, der Resistenz gegen Kupfer verleiht, kann ebenfalls verwendet werden. Der *CUP1*-Marker weist positive Selektionsmerkmale auf, sodass kein mutierter Hefestamm als Wirt benötigt wird. Diese Art von Markern ist nützlich, wenn man mit industriell wichtigen Hefestämmen arbeitet (z. B. Stämme, die für das Brauwesen verwendet werden), die nicht in geeigneter Weise mutiert werden können.

3. Für die Genexpression wird ein geeigneter Promotor benötigt. Es werden zwei Arten von Promotoren verwendet: (A) Für die konstitutive Expression: Das Gen wird während der Kultur der Hefezellen kontinuierlich exprimiert. (B) Für die regulierte Expression: Das Gen wird in Reaktion auf ein externes Signal exprimiert. Die konstitutive Expression wird zu einem Problem bei der Arbeit mit Genprodukten, die für Hefe giftig sind, und zwar aus mehreren Gründen: (A) Die Wachstumsrate der Hefekultur ist niedrig. (B) Es findet eine ungünstige Selektion

gegen Zellen statt, die das Genprodukt exprimieren. (C) Folglich ist die Ausbeute des Genprodukts gering. Mit regulierten Expressionsvektoren kann die Expression umgeschaltet werden, nachdem die Hefekultur eine hohe Zelldichte erreicht hat. Ein Beispiel für stark regulierte Promotoren ist der GAL1-Promotor, dessen Expression durch die Zugabe von Galaktose um das 2000-Fache gesteigert wird.

Viele Hefevektoren enthalten auch einen Replikationsursprung aus *E.-coli*-Plasmiden (z. B. pBR322 *Ori*, ColE1 *Ori*) und einen selektierbaren Marker, der den Vektor in einem bakteriellen Wirt arbeiten lässt. Diese Art von Vektoren, die sowohl in Hefe als auch in *E. coli* funktionieren, werden als Shuttle-Vektoren bezeichnet. Die Verwendung eines Shuttle-Vektors ermöglicht die DNA-Manipulation mit herkömmlichen Verfahren im bakteriellen System, und das endgültige Genkonstrukt wird dann zur Expression in Hefe eingebracht (siehe Abschn. 18.2.3 für eine Beschreibung einer anderen Art von Hefevektor, den künstlichen Hefechromosomen).

9.2.2 Die *Pichia-pastoris*-Expressionsvektoren

Pichia pastoris ist eine methylotrope Hefe, die in Ermangelung von Glukose Methanol als Kohlenstoffquelle nutzt. Der Alkoholoxidase *(AOX1)*-Promotor steuert die Expression der Alkoholoxidase, die den ersten Schritt des Alkoholstoffwechsels katalysiert. Der *AOX1*-Promotor ist ein starker Promotor, da 30 % der gesamten löslichen Proteine in methanolinduzierten *Pichia*-Zellen Alkoholoxidase sind. In der frühen Entwicklungsphase nutzten *Pichia*-Expressionsvektoren diesen Promotor, um eine hohe Expression des gewünschten Gens zu erreichen. Die in jüngerer Zeit entwickelten Vektoren verzichten auf die Methanolinduktion und verwenden den *GAP*-Promotor für das Glyceraldehyd-3-Phosphat-Dehydrogenase(GAPDH)-Gen, um eine hohe Expression zu erreichen. Die letztgenannte Gruppe von Vektoren weist die folgenden Merkmale auf:

1. *GAP*-Promotor
2. Mehrere Klonierungsstellen
3. His-Tag-Sequenz (am C- oder N-Terminus)
4. Zeocinresistenz-Gen, das ein selektierbarer Marker sowohl für *E. coli* als auch für *Pichia* ist (*Pichia*-Vektoren werden, wie andere Hefe- und *Bacillus*-Vektoren, in der Regel als Shuttle-Vektoren konstruiert)

Weitere Merkmale können sein: ATG-Codon für die Initiation und Sekretionssignalsequenz für die Sekretion. Das interessierende Gen wird im Leseraster in die MCS eingefügt. Zur Transformation wird das Gen-Vektor-Konstrukt linearisiert und dann durch Elektroporation in *Pichia* eingeführt. Die linearisierte DNA wird durch homologe Rekombination in das Genom der *Pichia*-Zelle integriert (siehe Abschn. 20.1 über Rekombination).

9.3 Vektoren für Pflanzenzellen

Das Ti-Plasmid (Tumor-induzierendes Plasmid) wird häufig verwendet, um DNA in Pflanzenzellen einzuschleusen. Das Ti-Plasmid wird aus *Agrobacterium tumefaciens* isoliert, einem Bodenbakterium, das Pflanzen infiziert und die Bildung von Kronengallen (Tumorgewebe) verursacht.

Bei der Infektion wird ein kleines (20 kb) Segment, die T-DNA im Ti-Plasmid, übertragen und in das Pflanzenchromosom integriert. Die Übertragung wird durch das *vir*-Gen (Virulenz-Gen) im Ti-Plasmid gesteuert (Abb. 9.11).

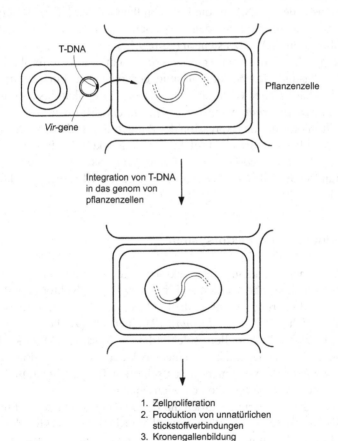

T-DNA

Pflanzenzelle

Vir-gene

Integration von T-DNA
in das genom von
pflanzenzellen

1. Zellproliferation
2. Produktion von unnatürlichen
   stickstoffverbindungen
3. Kronengallenbildung

Abb. 9.11 Infektion von Pflanzenzellen durch *Agrobacterium*

9.3.1 Binäres Vektorsystem

Ti-Plasmid in seiner natürlichen Form ist aus mindestens zwei Gründen nicht als Klonierungsvektor geeignet. (1) Mit Ti-Plasmid infizierte Pflanzenzellen verwandeln sich in Tumorzellen, die sich nicht zu Pflanzen regenerieren lassen. (2) Die Größe des Ti-Plasmids beträgt 150–200 kb, wodurch es extrem schwer zu manipulieren ist.

Zum Klonieren wird ein binäres Vektorsystem verwendet, das aus einem Helferplasmid und einem Spenderplasmid besteht. Das Helferplasmid ist ein „entschärftes" Ti-Plasmid, bei dem die gesamte T-DNA (die die tumorauslösenden Gene trägt) entfernt wurde. Ein Spenderplasmid ist ein kleines *E.-coli*-Plasmid, das eine verkürzte T-DNA trägt (25 bp Randsequenzen der intakten T-DNA-Region), die die Stellen für die Exzision enthält. Die Insertion eines Gens erfolgt an der verkürzten T-DNA-Region. Die beiden Plasmide funktionieren komplementär. Das Donorplasmid trägt das eingefügte Gen, das von den Grenzsequenzen der T-DNA für die Exzision flankiert wird. Das Helferplasmid liefert die Enzyme (codiert von den *vir*-Genen und anderen), um den Transfer der rekombinanten T-DNA zu steuern (Abb. 9.12).

In der Praxis trägt der *Agrobacterium*-Stamm das Helferplasmid (entschärftes Ti-Plasmid). Das Spenderplasmid, der sogenannte binäre Klonierungsvektor, ist ein bakterieller Vektor, bestehend aus (1) Replikationsursprüngen für *E. coli* und *Agrobacterium*, wie ColE1 *ori* in *E. coli*, Ri *ori* in *Agrobacterium*; (2) einem Promotor für die Expression des Zielgens, z. B. CaMV-35S-Promotor des Blumenkohlmosaikvirus; (3) selektierbaren Markern für Bakterien und für Pflanzen, z. B. dem *neo*-Gen, das Kanamycinresistenz verleiht; (4) einer T-DNA-Randsequenz des Ti-Plasmids und (5) einer Klonierungsstelle für die Insertion des gewünschten Gens (Abb. 9.13).

9.3.2 Kointegratives Vektorsystem

Bei einem kointegrativen Vektorsystem wird das Gen, das in das Pflanzengenom eingeführt werden soll, in einen Plasmidvektor eingefügt. Der intermediäre Klonierungsvektor enthält: (1) einen Replikationsursprung für *E. coli* (aber nicht für *Agrobacterium*); (2) einen pflanzlichen selektierbaren Marker; (3) einen bakteriellen selektierbaren Marker; (4) eine T-DNA-Randsequenz des Ti-Plasmids; (5) eine DNA-Sequenz des Ti-Plasmids, die homolog zu einem DNA-Segment im entschärften Ti-Plasmid ist, und (6) eine Klonierungsstelle für die Insertion der Gensequenz.

Nach der Klonierung werden die *E.-coli*-Transformanten auf ihre Antibiotikaresistenz hin selektiert. Der intermediäre Klonierungsvektor, der das Gen trägt, wird durch Paarung von *E. coli* auf *Agrobacterium* übertragen, das ein entschärftes Ti-Plasmid enthält. Im *Agrobacterium* wird die Gensequenz durch

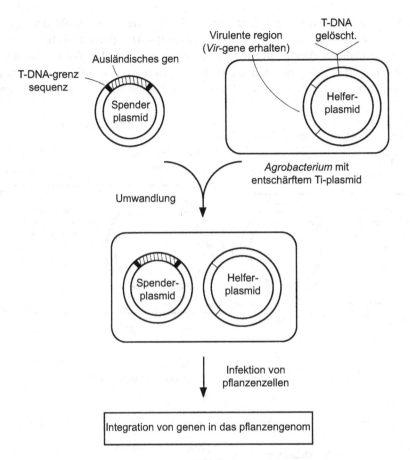

Abb. 9.12 Klonierungsstrategie unter Verwendung eines binären Vektorsystems

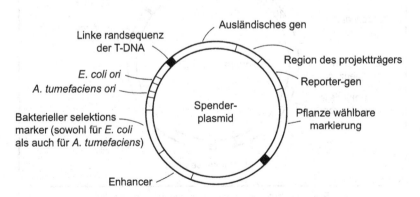

Abb. 9.13 Strukturelle Organisation eines Donorplasmids

Rekombination in das entschärfte Ti-Plasmid integriert, da sowohl der Vektor als auch das Ti-Plasmid eine homologe kurze Sequenz enthalten (Abb. 9.14). Da dem intermediären Vektor der Replikationsursprung für *Agrobacterium* fehlt, werden die nicht akkumulieren, die nicht integriert werden. Das rekombinante *Agrobacterium* wird durch den bakteriellen Selektionsmarker identifiziert und

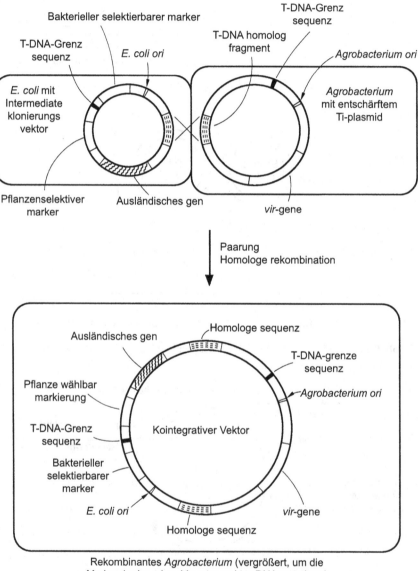

Rekombinantes *Agrobacterium* (vergrößert, um die Merkmale der rekombinanten vektor-DNA zu zeigen)

Abb. 9.14 Klonierungsstrategie unter Verwendung eines kointegrativen Vektors

zur Infektion von Pflanzenzellen verwendet. Dazu werden Keimblattexplantate mit dem rekombinanten *Agrobacterium* inokuliert. Der transformierte Explantat trägt den intermediären Vektor und damit den pflanzlichen Selektionsmarker für das Screening von Pflanzenzelltransformanten.

9.3.3 Genetische Marker

Für die Verwendung von binären oder integrativen Vektorsystemen werden zwei Arten von genetischen Markern benötigt (Tab. 9.1). Ein bakterieller selektierbarer Marker wird für die Selektion von *E.-coli*-Transformanten bei der Manipulation von Genkonstrukten benötigt. Ein zweiter Marker ist für die Selektion transformierter Pflanzenzellen erforderlich. Genetische Marker, die für Pflanzenzellen verwendet werden, können nach der Art ihrer Funktion in zwei Kategorien eingeteilt werden. (1) Dominante selektierbare Marker sind Gene, die für ein Produkt codieren, das es den Zellen, die das Gen tragen, ermöglicht, unter bestimmten Bedingungen zu wachsen, sodass die Transformanten selektiert werden können. (2) Screenbare Marker sind Gene, die für ein Produkt codieren, das schnell nachgewiesen werden kann.

Dominante selektierbare Markierungen

Die meisten dieser Marker verleihen eine Resistenz gegen Antibiotika. Pflanzenzellen oder Gewebe, die die selektierbaren Markergene enthalten und

Tab. 9.1 Ausgewählte Beispiele für genetische Marker

Gen	Protein	Resistenz
Dominante selektierbare Marker		**Resistenz**
neo	Neomycin-Phosphotransferase II (NPTII)	Kanamycin
dhfr	Dihydrofolat-Reduktase (DHFR)	Methotrexat
hpt	Hygromycin-Phosphotransferase (HPT)	Hygromycin
bar	Phosphinothricin-Acetyltransferase (PAT)	Bialaphos (Phosphinothricin)
als(mutiert)	Acetolactat-Synthase (ALS)	Sulfonylharnstoff
Screenbare Marker		**Detektion**
gus	β-Glucuronidase (GUS)	Kolorimetrisch
luc	Luziferase (LUC)	Lumineszent
cat	Chloramphenicol-Acetyltransferase (CAT)	Radioaktivität
lacZ	β-Galaktosidase	Kolorimetrisch, flurometrisch, chemilumineszent

exprimieren, überleben in Gegenwart der jeweiligen Antibiotika. So produzieren beispielsweise Pflanzenzellen, die das *neo*-Gen tragen, das Enzym Neomycin-Phosphotransferase (NPTII), das die Zellen gegen Kanamycin resistent macht. Andere Beispiele sind das *dhfr*-Gen, das für das Enzym Dihydrofolat-Reduktase (DHFR) codiert, das der Wirtszelle eine Methotrexatresistenz verleiht, und das *hpt*-Gen, das für die Hygromycin-Phosphotransferase (HPT) codiert, die eine Resistenz gegen Hygromycin bewirkt.

Zunehmend werden selektierbare Marker verwendet, die eine Resistenz der Wirtszellen gegen Herbizide verleihen. So codiert das bar-Gen für das Enzym Phosphinothricin-Acetyltransferase (PAT), das Resistenz gegen das Herbizid Bialaphos verleiht. Bialaphos ist ein Tripeptid, das aus Phosphinothricin (PPT) besteht (ein Analogon aus einer Glutaminsäure und zwei Alaninresten). PPT ist ein starker Inhibitor der Glutamat-Synthase, eines wichtigen Enzyms bei der Regulierung des Stickstoffmetabolismus in Pflanzen. Daher überleben in Gegenwart des Herbizids Bialaphos nur Zellen oder Pflanzen, die das *bar*-Gen enthalten. In ähnlicher Weise verleiht ein mutiertes Gen, das für Acetolactat-Synthase (ALS) codiert, Resistenz gegen Sulfonylharnstoffherbizide.

Screenbare Markierungen

In Pflanzenzellen kann die Transkriptionsaktivität variieren und mit subtilen Umweltveränderungen interagieren. Einige Promotoren haben eine lokalisierte Aktivität in verschiedenen Teilen der Pflanze. Manchmal ist es wünschenswert, die transkriptionsregulatorischen Funktionen von Promotoren und/oder Enhancern schnell zu testen, indem man einen genetischen Marker einbaut, der den histochemischen Nachweis der enzymatischen Aktivität in Pflanzengeweben ermöglicht. Diese Marker werden manchmal als Reportergene bezeichnet, da sie die biochemische Aktivität bestimmter genetischer Elemente in den Pflanzenzellen oder -geweben oder ganzen Pflanzen anzeigen. Im Gegensatz zu dominanten selektierbaren Markern erleichtern diese Marker nicht die Selektion der transformierten Zellen auf ihr Überleben unter bestimmten Bedingungen. Vielmehr dienen Reportergene dazu, transformierte Zellen zu markieren, um die transiente Genexpression zu untersuchen oder um transformierte und transgene Pflanzen zu etablieren.

Beispiele hierfür sind die *gus*-, *luc*- und *cat*-Gene. Das *gus*-Gen aus *E. coli* codiert für das Enzym β-Glucuronidase, das histochemische Substrate wie 5-Brom-4-chlor-3-indolyl-β-D-glucuronid zu einer blauen Farbverbindung abbaut. Eine Fusion des *gus*-Gens mit dem Promotor ermöglicht die räumliche Visualisierung der Genexpression und damit eine detaillierte Analyse der zellspezifischen Expression, die durch die Transkriptionsaktivitäten einzelner Promotoren gesteuert wird.

Das Luciferase(*luc*)-Gen des Glühwürmchens codiert ein Enzym, das in Gegenwart von Adenosintriphosphat (ATP), Sauerstoff und Luciferin (einem Substrat) eine lichterzeugende Reaktion katalysiert. Transgene Pflanzen oder transformierte Pflanzenzellen, die das *luc*-Gen tragen, können durch den einfachen Nachweis der Lumineszenz schnell selektiert werden. Es wird häufig als Reportergen für die Genexpression, für genetische Kreuzungen und Zellfunktionen verwendet.

Das bakterielle *cat*-Gen (das für Chloramphenicol-Acetyltransferase [CAT] codiert) und das *lacZ*-Gen (das für β-Galactosidase codiert) sind gängige Alternativen. Das CAT-Protein katalysiert die Acetylierung von Chloramphenicol, und die β-Galaktosidase spaltet die β-1,4-Verknüpfung in einem Glucansubstrat.

9.3.4 Pflanzenspezifische Promotoren

Die in Pflanzenzellen verwendeten Promotoren stammen entweder von Krankheitserregern oder von Pflanzen-Gen-Promotoren. Ein Beispiel für pflanzenspezifische Promotoren, die von Krankheitserregern stammen, ist der 35S-Promotor des Blumenkohl-Mosaik-Virus (CaMV). Die Transkription von Genen, die durch den CaMV35S-Promotor kontrolliert werden, gilt im Allgemeinen als konstitutiv (d. h. die Gene werden immer exprimiert) in verschiedenen Geweben von transgenen Pflanzen einer Vielzahl von Arten. Der 35S-Promotor trägt einen hocheffizienten Enhancer. Von Pflanzengenen abgeleitete Promotoren sind häufig gewebespezifisch und werden durch Umweltfaktoren wie Licht und Temperatur reguliert. Ein Beispiel für diese Art von Promotoren ist der *cab*-Promotor für das *cab*-Gen, das für das wichtigste Chlorophyll-a/b-bindende Protein codiert. Der *cab*-Promotor ist lichtinduzierbar.

9.4 Vektoren für Säugetierzellen

Gentechnisch veränderte tierische Zelllinien sind nützlich für die Herstellung menschlicher therapeutischer Proteine und bieten außerdem ein geeignetes System für die Untersuchung der Genregulation und -kontrolle in eukaryotischen Zellprozessen. Im Allgemeinen gibt es zwei Arten von Methoden für den DNA-Transfer in Säugetierzellen: (1) durch Virusinfektion oder (2) Transfektion mit Säugetierexpressionsvektoren.

Der virenvermittelte Transfer ist ein bequemes und effizientes Mittel, um eukaryotische Gene in Säugetierzellen einzuführen. Bei dieser Methode wird eine Reihe von Viren verwendet, z. B. das Simian-Virus 40 (SV40), das Bovine-Papilloma-Virus (BPV), das Epstein-Barr-Virus (EBV) und das Retrovirus. Auch das Baculovirus ist enthalten, obwohl in diesem System Insekten-zellen als Wirt verwendet werden. Es ist jedoch nicht notwendig, einen viralen Vektor zu verwenden, um fremde Gene in tierischen Zellen zu exprimieren, insbesondere wenn eine vorübergehende Expression (mehrere Tage bis Wo-chen) gewünscht wird. Säugetierexpressionsvektoren für diesen Zweck werden von Plasmid-DNA abgeleitet, die regulatorische Sequenzen von Viren trägt.

9.4.1 SV40-Virusvektoren

Das SV40-Virus ist eines der am besten untersuchten Papovaviren mit einer Genomgröße von etwa 5 kb. Es besteht aus zwei Promotoren, die frühe Gene (die für große T- und kleine T-Antigene codieren) und späte Gene (die für die viralen Kapsidproteine VP1, VP2 und VP3 codieren) regulieren. Das SV40-Virus enthält auch einen Replikationsursprung, der die autonome Replikation in Gegenwart des großen T-Antigens unterstützt.

Vektoren werden konstruiert, indem die SV40-Sequenz, die den Replikationsursprung und den späten Promotor enthält, in ein bakterielles Plas-mid (z. B. pBR322) kloniert wird. Die eingefügte Fremd-DNA ersetzt die vira-len späten Gene. Der Ersatz der rekombinanten SV40-DNA durch bakterielle Plasmid-DNA stellt ein effizientes Mittel zur DNA-Manipulation dar (Abb. 9.15).

Nach der ordnungsgemäßen Konstruktion der rekombinanten SV40-DNA wird die Plasmidsequenz herausgeschnitten. Das virale Segment der re-kombinanten SV40-DNA wird ligiert und für die Co-Transfektion von tieri-schen Zellen mit einem Helfervirus verwendet. Ein Helfervirus ist ein SV40-Virus mit defekten frühen Genen, das jedoch über funktionsfähige späte Gene verfügt, um die virale rekombinante DNA zu ergänzen (wobei die späten Gene durch die Fremd-DNA ersetzt werden). Wirtszellen, die mit einer re-kombinanten DNA und einem Helfervirus co-transfiziert sind, sind daher in der Lage, die virale DNA und alle viralen Proteine zu erzeugen, die für die Ver-packung in infektiöse Viruspartikel erforderlich sind.

Die Verwendung eines Helfervirus wird überflüssig, wenn die Wirts-zelle stattdessen die viralen Funktionen übernimmt. Eine solche Zelllinie, COS genannt, besteht aus CV-1-Nierenzellen der Westlichen Grünmeerkatze, die mit einer SV40-Virusmutante mit defektem Replikationsursprung transfiziert wur-den. Die Zelle enthält also SV40-Virus-DNA, die in ihre chromosomale DNA integriert ist und virale Funktionen ergänzen kann, aber nicht zur Replikation fähig ist. Mehrere Nachteile schränken die Verwendung von SV40-Virusvektoren ein: (1) Die Methode ist auf Anwendungen beschränkt, bei denen nur Meer-katzenzellen verwendet werden; (2) die Expression ist aufgrund der Zelllyse instabil; (3) während der Replikation kommt es zu einer Umstrukturierung der DNA.

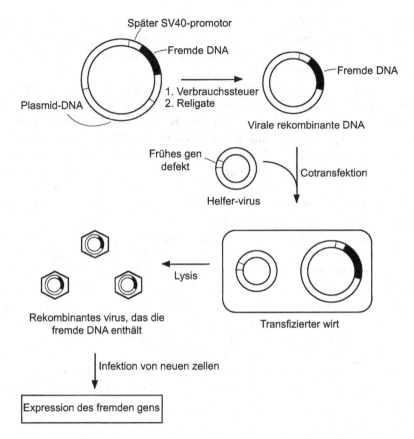

Abb. 9.15 Klonierungsstrategie unter Verwendung eines SV40-Virusvektors

9.4.2 Direkter DNA-Transfer

Für die transiente Expression von transfizierter DNA in Säugetierzellen gibt es Alternativen zur Virusinfektion. Die DNA kann direkt in Säugetierzellen (in vielen Fällen COS-Zellen) eingebracht werden, z. B. durch Co-Präzipitation mit Kalziumphosphat oder Elektroporation. Zu diesem Zweck ist eine Vielzahl von transienten Expressionsvektoren im Handel erhältlich. Expressionsvektoren für Säugetiere weisen in der Regel mehrere strukturelle Merkmale auf: (1) einen Replikationsursprung für eine effiziente Amplifikation in Säugetierzellen (z. B. SV40 Ori für COS-Zellen, siehe Abschn. 9.4.1); (2) ein eukaryotischer (in der Regel viraler) Promotor für die Transkriptionsregulierung des fremden Gens, das exprimiert werden soll; (3) ein selektierbarer Marker und/oder ein Reportergen (einschließlich eines geeigneten Promotors) für die Selektion des transfizierten Wirts; (4) eine Enhancer-Sequenz, die die Transkription vom eukaryotischen Promotor verstärkt; (5) eine MCS für die Insertion des interessierenden Gens; (6) eine Transkriptionsterminationssequenz und eine Poly(A)-Sequenz; (7) schließlich einen bakteriellen Replikationsursprung und ein Markergen (z. B. Antibiotikaresistenz) für die Selektion von Transformanten in bakteriellen Zellen (Tab. 9.2).

Viele Promotoren, die in Vektoren für die transiente Expression verwendet werden, sind virale Promotoren, die entweder konstitutiv oder induzierbar sein können. SV40, RSV und CMV sind Beispiele für konstitutive Promotoren für die Transkription auf hohem Niveau. Der MMTV-LTR-Promotor hingegen ist durch Glukokortikoide induzierbar, Steroidhormone, die an Rezeptoren in den Zellen binden. Der entstehende Hormon-Rezeptor-Komplex bindet an spezifische DNA-Stellen, was zur Aktivierung der Transkription führt. Induzierbare Promotoren sind nützlich, wenn das von dem klonierten Gen exprimierte Protein für die Wirtszelle toxisch ist.

Die Transfektion von DNA mit Säugetierexpressionsvektoren ist in erster Linie vorübergehend, aber etwa eine von 10^4 Zellen enthält die fremde DNA in einer stabilen integrierten Form. Die Verwendung dominanter selektierbarer Marker ermöglicht das Screening auf stabile DNA-Transfektion und die Erzeugung stabiler Zelllinien. Bei den selektierbaren Markern handelt es sich in der Regel um Antibiotikaresistenzgene, wie z. B. das *neo*-Gen, das bei Bakterien eine Resistenz gegen Neomycin und bei Säugetierzellen gegen G418 verleiht. Das *hyg*-Gen, das für Hygromycin-Phosphotransferase codiert, verleiht eine Resistenz gegen Hygromycin. Das *pac*-Gen aus *Streptomyces alboniger* codiert das Enzym Puromycin-Acetyltransferase (PAC), das die N-Acetylierung von Puromycin katalysiert, wodurch das Antibiotikum inaktiv in der Nachahmung von Aminoacyl-tRNA wird.

Tab. 9.2 Ausgewählte Beispiele für gemeinsame Merkmale von Expressionsvektoren für Säugetierzellen

Promotoren (eukaryotisches System)
MMTV-LTR-Promotor (Maus-Mammatumor-Virus)
SV40-früher/später-Promotor
CMV (humanes Cytomegalovirus) unmittelbarer früher Genpromotor
KT-Promotor (Herpes-Simplex-Virus-Thymidin-Kinase)
RSV(Rous-Sarkom-Virus)-Promotor
Adenovirus-Hauptpromotor
Selektierbare Markierungen
neo Aminoglucosid-Phosphotransferase
pac Puromycin-Acetyltransferase
hyg Hygromycin-Phosphotransferase
Screenbare Marker
cat Chloramphenicol-Acetytransferase
luc Luciferase
lacZ β-Galaktosidase

Neben den oben genannten dominanten selektierbaren Markern wurden in begrenztem Umfang auch andere Marker verwendet. Dazu gehören die Hypoxanthin-Guanin-Phosphoribosyltransferase (HPRT), die Thymidin-Kinase (TK) und die Dihydrofolat-Reduktase (DHFR), die alle eine spezifische Enzymaktivität als Marker verwenden. Für die Verwendung dieser Art von Markern sind Zelllinien erforderlich, denen es an den entsprechenden Enzymen mangelt.

9.4.3 Insekten-Baculovirus

Baculovirus-Expressionssysteme finden zunehmend Anwendung für die Produktion eukaryotischer biologisch aktiver Proteine. Das System ähnelt den Säugetierzellen insofern, als es eine posttranslationale Verarbeitung aufweist: Faltung, Disulfidbildung, Glykosylierung, Phosphorylierung und Spaltung von Signalpeptiden (siehe Abschn. 3.4). Für das System wird das Baculovirus „*Autographa californica* multiple nuclear polyhedrosis virus" (AcMNPV) verwendet, das viele Arten von *Lepidoteran*-Insekten infiziert. Die in den meisten Laborexperimenten verwendeten Insektenzellen stammen aus kultivierten Ovarialzellen von *Spodoptera frugiperda*.

Lebenszyklus von AcMNPV

Es gibt zwei virale Formen: (1) extrazelluläre Viruspartikel, (2) Viruspartikel, die in eine proteinartige Okklusion eingebettet sind. Die virale Okklusion wird als Polyeder bezeichnet. Die Proteine, die die Okklusion bilden, werden vom Viruspartikel in der infizierten Insektenzelle produziert und als Polyhedrin-Proteine bezeichnet. Der Lebenszyklus beginnt mit der Aufnahme von mit Polyhedron kontaminierter Nahrung durch ein anfälliges Insekt. Das Polyhedron, das in den Darm des Insekts gelangt, löst sich auf und setzt das Viruspartikel frei, das die Zellen im Darm infiziert. Im Zellkern der Wirtszelle angekommen, repliziert sich das Viruspartikel und synthetisiert virale Proteine mithilfe des biologischen Systems der Wirtszelle. Die virale DNA und die Proteine setzen sich zu neuen Viren zusammen, die durch Knospung aus der Zelle freigesetzt werden und in der Lage sind, andere Zellen zu infizieren. In der späteren Phase der Infektion wandeln sich die Viruspartikel in Verstopfungen um. Die Zelle sammelt immer mehr Polyhedrone an und wird schließlich lysiert, wobei eine große Anzahl von Polyhedronen in die unmittelbare Umgebung freigesetzt wird.

Extrazelluläre Viruspartikel sind für die Infektion von Zelle zu Zelle verantwortlich, während Polyhedrone für die horizontale Übertragung des Virus unter Insekten zuständig sind. Mit anderen Worten: Das Gen für das Polyhedron-Protein ist für die Produktion von Viruspartikeln in der Zelle nicht essenziell, sondern nur im späteren Stadium für die Produktion von Polyhedron funktional.

Baculovirus-Transfervektor

In der Praxis ist das AcMNPV-Genom zu groß (135 kb), um damit zu arbeiten. Für die Klonierung wird ein Baculovirus-Transfervektor konstruiert. Der Transfervektor enthält: (1) ein 7-Kilobasen-Fragment von AcMNPV, das das Polyhedron-Gen trägt; (2) eine MCS stromabwärts des Genpromotors; (3) einen Plasmidreplikationsursprung und ein Antibiotikaresistenz-Gen zur Vermehrung in *E. coli* (Abb. 9.16).

Das betreffende Gen wird in die MCS eingefügt. Sowohl die rekombinante Transfervektor-DNA als auch die (linearisierte) virale DNA werden zur Infektion von Insektenzellen verwendet. Innerhalb der Zelle wird die eingefügte Gensequenz durch homologe Rekombination auf die virale AcMNPV-DNA übertragen, wodurch die rekombinante Baculovirus-DNA entsteht. Da die Insertion eines fremden Gens in die MCS stromabwärts des Polyhehdron-Genpromotors zur Inaktivierung des Polyhedron-Gens führt, sind Zellen, die das rekombinante Baculovirus tragen, okklusionsnegativ, was sie visuell von Zellen mit okklusionspositivem Wildtypvirus unterscheidet (Abb. 9.17).

Die Häufigkeit der Rekombination bei dieser Technik liegt unter 1 %, und okklusionsnegative Plaques werden häufig durch den hohen Anteil an Wildtypplaques (okklusionspositiven Plaques) überlagert. Es wurde eine wirksamere Strategie entwickelt, die auf der Verwendung der elterlichen Virus-DNA basiert, die eine tödliche Deletion enthält (Abb. 9.18).

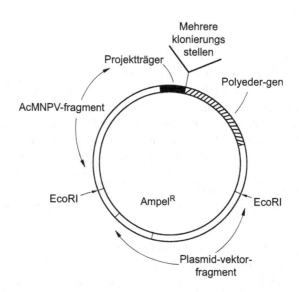

Abb. 9.16 Strukturelle Organisation eines Baculovirus-Transfervektors

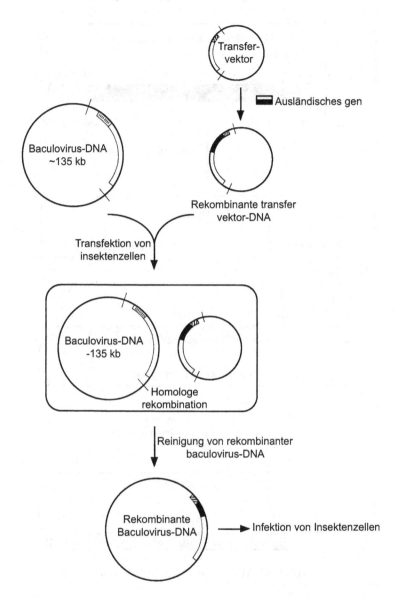

Abb. 9.17 Klonierungsstrategie unter Verwendung eines Baculovirus-Transfervektors

1. Zunächst wird das AcMNPV-Genom so modifiziert, dass es eine verkürzte *lacZ*-Gensequenz stromaufwärts des Polyhedron-Gens enthält. Außerdem wird es mit zwei Bsu36I-Restriktionsstellen konstruiert, die den Polyhedron-Locus freilegen – eine am 5'-Ende des Polyhedron-Gens und eine innerhalb von ORF1629 (der für ein Kapsidprotein codiert, das für die virale Lebensfähigkeit wesentlich ist). Durch Verdauung dieser modifizierten DNA mit *Bsu36I* wird die DNA

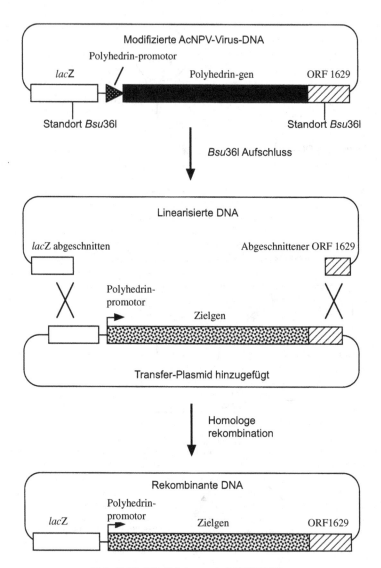

Abb. 9.18 Modifizierter AcMNPV-Vektor

linearisiert, wobei das Polyhedron-Gen und ein Teil der ORF1629-Sequenz frei-gesetzt werden. Da das ORF1629-Gen gestört ist, können Insektenzellen, die mit dieser linearisierten DNA infiziert sind, keine lebensfähigen Viren produzieren.

2. Es wird ein Transfervektor mit Sequenzen des intakten *lac*Z-Gens und ORF1629 konstruiert, die das Zielgen flankieren, das unter der Kontrolle des Polyhedron-Genpromotors steht. Wenn die linearisierte Baculovirus-DNA und der Transfervektor zur Transfektion von Insektenzellen verwendet werden, findet eine doppelte Rekombination statt, die zu einer zirkulären viralen DNA mit der

Regeneration des *lacZ*-Gens und ORF1629 führt. Bei diesem System bilden die rekombinanten Viren in Gegenwart von X-gal blaue Plaques und die Rekombinationshäufigkeit kann über 90 % betragen.

9.4.4 Retrovirus

Retroviren enthalten RNA als genetisches Material in einem Proteinkern, der von einer äußeren Hülle umgeben ist. Das virale RNA-Genom enthält an den 5′- und 3′-Enden lange terminale Repeats (LTR), die die Transkriptionsinitiierung bzw. -terminierung tragen. Zwischen den 5′- und 3′-LTR-Regionen befinden sich drei codierende Regionen für virale Proteine (*gag* für virale Kernproteine, *pol* für das Enzym Reverse Transkriptase und *env* für die Hülle) sowie eine psi(ψ)-Region, die Signale für die Steuerung des Zusammenbaus der RNA zur Bildung von Viruspartikeln trägt (Abb. 9.19).

Während des Infektionsprozesses wird die in die Wirtszelle freigesetzte virale RNA in DNA umgeschrieben, die anschließend in das Genom der Wirtszelle integriert wird (Abb. 9.20). Die integrierte virale DNA, das sogenannte Provirus, enthält alle Sequenzen für die Synthese von viraler RNA und viralen Proteinen. Die integrierte virale DNA wird zusammen mit dem zellulären Biosyntheseprozess transkribiert. Die transkribierte virale RNA dient auch als mRNA für die Synthese der viralen Proteine. Die virale RNA und die Proteine werden in einem als Verpackung bezeichneten Prozess zusammengefügt, um neue Retroviren zu erzeugen.

Retrovirusvektor und Verpackungszelle

Retroviren können nicht direkt als Vektoren verwendet werden, da sie infektiös sind. Sichere Retrovirusvektoren werden mithilfe eines Systems konstruiert, das aus zwei Komponenten besteht: (1) einem Retrovirusvektor und (2) Verpackungszellen.

Ein Retrovirusvektor ist ein rekombinantes Plasmid, das eine Sequenz des viralen Genoms trägt (Abb. 9.21). Bei der Konstruktion eines viralen Vektors werden die meisten viralen Strukturgene deletiert, die LTR und

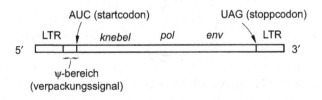

Abb. 9.19 Retrovirales RNA-Genom

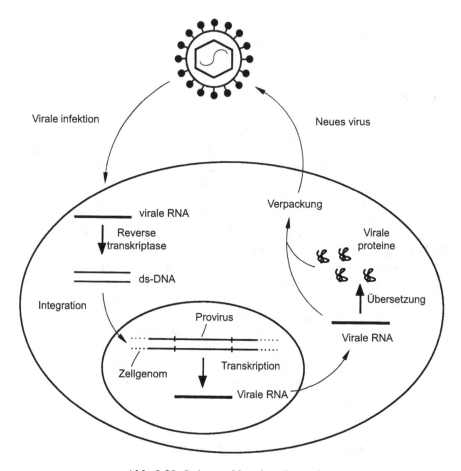

Abb. 9.20 Lebenszyklus eines Retrovirus

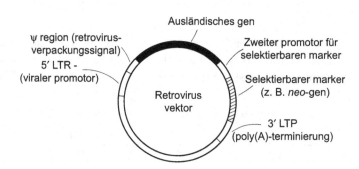

Abb. 9.21 Struktureller Aufbau eines Retrovirusvektors

Verpackungszelle

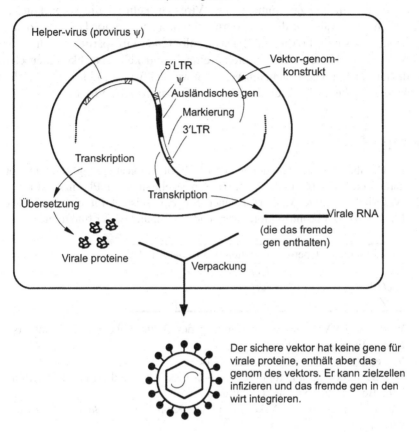

Abb. 9.22 Herstellung eines sicheren Retrovirusvektors

die psi(ψ)-Region bleiben jedoch erhalten. Die virale Sequenz wird mit selektiven Markern, wie dem *neo*-Gen (Karamycinresistenz) oder dem *hyg*-Gen (Hygromycinresistenz), konstruiert. Für die Expression des eingefügten Gens wird in der Regel der starke LTR-Promotor des Retrovirus verwendet. Andere Promotoren wie der frühe Promotor des Simian-Virus 40 (SV40) können ebenfalls verwendet werden. Ein zweiter Promotor wird verwendet, um die Expression von selektiven Markern zu steuern. Für die Insertion von Fremd-DNA wird eine einzigartige Restriktionsstelle konstruiert

Der Vektor, der das eingefügte Gen enthält, wird durch Transfektion in Verpackungszellen eingeführt. Die Verpackungszellen stammen von murinen oder aviären Fibroblastenlinien, die integrierte Provirus-DNA enthalten, bei der die ψ-Region deletiert ist. Während der normalen Zelltranskription und -translation liefert die integrierte Provirus-DNA die Proteine (codiert durch *gag*, *pol* und *env*), die für den Zusammenbau zu Viruspartikeln für die Verpackung erforderlich sind, während die integrierte rekombinante Vektor-DNA die zu verpackende RNA liefert (Abb. 9.22). Das resultierende Viruspartikel ist ein sicherer Vektor, der keine viralen Proteine enthält und keine Nachkommenschaft produzieren kann. Diese sicheren Vektoren werden für die Infektion von Zellen verwendet (siehe auch Abschn. 19.3 über adenoassoziierte Viren).

Überprüfung

1. Beschreiben Sie die Funktionen von (A) Replikationsursprung, (B) Antibiotikaresistenz-Gen, (C) multipler Klonierungsstelle in einem Plasmidvektor.
2. Was sind selektive Marker? Nennen Sie ein Beispiel für einen selektiven Marker, der in Plasmidvektoren verwendet wird, und wie er funktioniert.
3.

Funktion im *lac*-Operon	Funktion im pUC-Plasmid
lacI	*lacI'*
lacOP	*lacOP*
lacZ	*lacZ'*

4. Was sind die Vorteile der Verwendung des Bakteriophagen-T7-Promotors in *E.-coli*-Expressionsvektoren?
5. Wie ersetzt die Topisomerase die Ligase?
6. Welche Merkmale sind für die In-vitro-Transkription und -Translation erforderlich? Beschreiben Sie ihre Funktionen.
7. Warum werden Shuttle-Vektoren für das Klonieren von *Bacillus und Pichia* verwendet?
8. Beschreiben Sie den lytischen und den lysogenen Zyklus der Phagen.
9. Was sind die Modifikationen der Phagenλ-DNA bei der Konstruktion eines Phagenvektors?
10. Was sind die einzigartigen Merkmale und Eigenschaften eines Cosmids, die es als Klonierungsvektor wünschenswert machen?
11. Warum kann ein Phagemid sowohl als Phage als auch als Plasmid fungieren? Was sind die Voraussetzungen für die Doppelfunktionen? Warum wird in diesem System ein Hilfsphage benötigt?
12. Beschreiben Sie die Funktionen von (A) *ARS*, (B) *LEU2*, (C) *CUPI* und (D) *URA3* in Hefeklonierungsvektoren.
13. Nennen Sie die Strukturmerkmale von (A) binären Klonierungsvektoren und (B) co-integrativen Vektoren. Was sind die Gemeinsamkeiten und Unterschiede?
14. Was ist der Hauptunterschied zwischen dominanten selektiven Markern und screenbaren Markern? Geben Sie Beispiele für jeden Markertyp an und nennen Sie die Gene, die Proteine (Enzyme) und die Art der Resistenz- oder Nachweisverfahren.

15. Stellen Sie Unterschiede fest, wenn Sie die in Vektoren für Pflanzen- und Säugetiersysteme verwendeten genetischen Marker vergleichen?

16. Warum enthalten Baculovirus-Transfervektoren die Polyhedron-Gensequenz? Beschreiben Sie die Vorteile der Verwendung von Baculovirus-Expressionssystemen beim Klonieren.

17. Beschreiben Sie die wichtigsten Phasen im Lebenszyklus eines Retrovirus.

18. Erläutern Sie den Zweck der folgenden Schritte, die bei der Konstruktion eines Retrovirusvektors durchgeführt werden.

    (A) Deletion der viralen Strukturgene

    (B) Beibehaltung der LTR- und Ψ-Regionen

    (C) Einfügen einer screenbaren Markierung

    (D) Einfügen von Promotoren

19. Was ist ein sicherer Retrovirusvektor? Was sind die wichtigsten Schritte bei der Herstellung eines sicheren Vektors?

KAPITEL 10

GEN-VEKTOR-KONSTRUKTION

Im vorangegangenen Kapitel haben wir verschiedene Arten von Klonierungsvektoren besprochen, bei denen es sich um molekulare Werkzeuge zum Einschleusen fremder Gene in eine Vielzahl von Wirtszellen handelt. Die Wahl des richtigen Vektors zur Einführung des gewünschten Gens ist ein wichtiger Schritt beim Klonieren. Angenommen, wir beabsichtigen, ein bestimmtes Gen in *E. coli* zu exprimieren, so wird im Folgenden das Prozessschema zur Erzeugung eines Gen-Vektor-Konstrukts (rekombinante DNA) beschrieben, das für die *E.-coli*-Transformation bereit ist.

10.1 Klonierung oder Expression

Klonierungsvektoren sind nützlich für die Erzeugung von Kopien der DNA oder des Gen-Inserts in der transformierten Wirtszelle durch Replikation, um eine große Menge der Gen-DNA für die Manipulation zu erhalten (z. B. Restriktionsanalyse, Ligation, Hybridisierung usw.). Expressionsvektoren sind Klonierungsvektoren, die mit verschiedenen Merkmalen ausgestattet sind, um die Expression (d. h. die Transkription und Translation) des Gens von Interesse zu ermöglichen. Das Ziel der Verwendung eines Expressionsvektors ist es, das Genprodukt, das Protein von Interesse, zu erhalten.

10.2 Die grundlegenden Komponenten

Beide Vektortypen enthalten (1) eine multiple Klonierungsstelle (MCS) mit einer Reihe von Restriktionsstellen (Endonuklease-Schnittstellen), um die Insertion (z. B. Ligation) des Gens zu erleichtern; (2) einen oder mehrere selektierbare Marker für die Identifizierung der Transformanten. Nur die Zellen, die den Genvektor aufnehmen, können überleben, da der Marker Gene enthält,

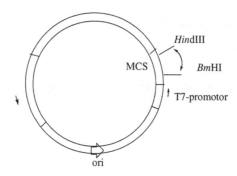

Abb. 10.1 Vereinfachtes Diagramm eines Klonierungsvektors

die für ein Enzym zur Inaktivierung eines bestimmten Antibiotikums im Kultur-medium kodieren. Der in *E. coli* häufig verwendete selektive Marker ist das Ampicillin-Resistenzgen (Amp^R), das für das β-Lactamase-Enzym kodiert. Auch Kanamycin- und Tetracyclin-Resistenzgene werden häufig verwendet. (3) Vektoren enthalten einen Replikationsursprung, der den Replikationsprozess einleitet, wie z. B. ColE1 *ori*, pSC101 *ori* usw. für Bakterien (siehe Abschn. 9.1).

10.2.1 Expressionsvektoren

Für Expressionsvektoren sind zusätzliche Merkmale erforderlich, da-runter einige wesentliche Transkriptions- und Translationselemente, die im Fol-genden der Einfachheit halber mit Schwerpunkt auf Prokaryoten dargestellt werden (Abb. 10.1; siehe auch Abschn. 5.5 über „Das Kontrollsystem in euka-ryotischen Zellen").

1. Transkription: ein Promotor (bestehend aus der −35- und der −10-Box) für die Initiierung der Transkription (Abschn. 5.2.1); ein Transkriptionster-minator, der aus invertierten Wiederholungen von vielen GC-Paaren besteht; eine regulatorische Sequenz, die entweder einen Repressor oder einen Induktor bindet, um entweder die konstitutive oder die regulierte Kontrolle zu steuern (Abschn. 5.2.2).
2. Translation: eine ribosomale Bindungsstelle mit einer Shine-Dalgano-Sequenz, die für die Rekrutierung der Ribosomenbindung zur Initiierung der Translation verantwortlich ist; ein Startcodon zur Positionierung der Translation; eine Translationsterminationsstelle (Abschn. 5.3.1).
3. Elemente zur Veränderung: Sehr oft ist es wünschenswert, ein Sequenzelement hinzuzufügen, um das Genprodukt zu modifizieren. Das häufigste Merk-mal ist die His-Markierung (His-Tag). Durch Hinzufügen der Sequenz CCACCACCACCACCA am 3′(oder 5′)-Ende des Gens werden beispiels-weise sechs Histidinreste an das Genprodukt angefügt. Die His-Markierung würde die Reinigung durch Affinitätschromatographie erheblich erleichtern.

Durch den His-Tag lässt sich das Genprodukt auch leicht durch Antikörper nachweisen. Es werden auch andere Arten von Tags verwendet, wie z. B. der fluoreszierende Tag „green fluorescent protein" (GFP), um die zelluläre Lokalisierung des Genprodukts während der Expression sichtbar zu machen. Die Signalsequenz pelB (Pektatlyase B) wird häufig verwendet, um das Genprodukt im Periplasma der Zelle zu lokalisieren.

10.3 Lesen einer Vektorkarte

Die folgende Abbildung zeigt eine Karte eines *E.-coli*-Vektors, auf der die wichtigsten Merkmale markiert sind. Es sei darauf hingewiesen, dass im Handel zahlreiche Klonierungsvektoren für Bakterien-, Hefe-, Pflanzen- und Säugetierzellen erhältlich sind, die alle mit detaillierten Karten und Sequenzen geliefert werden. Es ist wichtig, sich vor dem Versuch, das gewünschte Gen zu klonieren, mit dem jeweiligen Vektor vertraut zu machen und zu verstehen, welche Anforderungen er erfüllt.

In Abb. 10.1 sind die folgenden Informationen vermerkt. Der Vektor besteht aus dem T7-Promotor (es handelt sich also um einen Expressionsvektor für Bakterien), einer MCS (von *Bam*HI bis *Hin*dIII von 5′ bis 3′ in diesem Fall), einem Ampicillin-Resistenzgen (Selektionsmarker für die Verwendung des Antibiotikums im Wachstumsmedium) und einem Replikationsursprung (für die Initiierung der Replikation).

Der nächste Schritt besteht darin, die tatsächliche Sequenz der Klonierungs-/Expressionsregion des Vektors zu erhalten (Vektorsequenzen sind bei den Anbietern leicht erhältlich). Die Abb. 10.2 zeigt eine hypothetische Sequenz eines Vektors, die den T7-Promotor, rbs, das Startcodon (ATG, das für Met ko-

```
                           T7-promotor      +1
AGATCTCGATCCCGCGAAATTAATACGACTCACTATAGGGAACCTCTAGG


         rbs              +1      BamHI   EcoRI    SacI    XhoI
AACTTTAGGAGGACAGCTATGAATTCGGATCCGAATTCGAGCTCCCTCGAG
               MetAsnSerAspProAsnSerSerSerLeuGlu

HindIII                6xHis tag
AAGCTTCTTCACCACCACCACCACCACTGAAATACAAGCTACTTGTTCTTT
LysLeuLeuHisHisHisHisHisHisstop

                      T7-transkriptionsterminator
TGCACTGCTGACTTGGCTAGCATAACCCCTTGGGGCCTCTAAACGGGTCTT


GAGGGGTTTTTG
```

Abb. 10.2 Beispiel für eine Vektor-Klonierungs-/Expressionsregion

diert), fünf Restriktionsstellen, 6xHis, das Stoppcodon (TGA) und den T7-Terminator umfasst. Das interessierende Gen soll durch Restriktionsklonierung in die MCS eingefügt werden, um das Gen-Vektor-Konstrukt herzustellen.

10.4　Die Klonierungs-/Expressionsregion

1. Betrachten wir zunächst die fünf Restriktionsstellen in Bezug auf die Position des Startcodons. Die Abb. 10.3 zeigt die von jedem der fünf Restriktionsenzyme erzeugten Fragmente mit den entsprechenden Sequenzen rund um den Schnitt. Alle fünf Restriktionen führen zu kohäsiven Enden (siehe auch Abschn. 7.1).
2. Angenommen, das Gen von Interesse soll an der *Bam*HI-Stelle eingefügt werden. Das bedeutet, dass die 5'- und 3'-Enden des Gens komplementär zu den *Bam*HI-verdauten Enden des Vektors sein sollten. Der Einfachheit halber ist in Abb. 10.4 nur das 5'-Ende des hypothetischen Gens dargestellt.
3. Die folgende Frage lautet: Wie kann man ein *Bam*HI-verdautes Ende am 5'-Ende des Gens erzeugen? Wenn das betreffende Gen durch PCR einer genomischen DNA gewonnen wird, kann man die Primersequenzen so manipulieren, dass eine *Bam*HI-Sequenz hinzugefügt wird. In Abb. 10.5 ist der Primer 30 Basen lang, 18 der Nukleotide binden an das 5'-Ende der Gensequenz, und 12 Nukleotide sind nicht bindend, enthalten aber die *Bam*HI-Erkennungssequenz (GGATCC). Die PCR-Amplifikation ergibt ein Produkt mit einer *Bam*HI-Stelle am 5'-Ende des Gens und die Restriktion

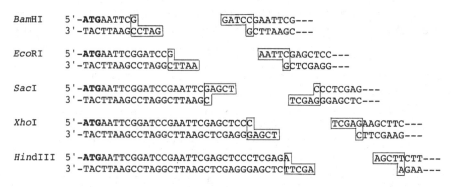

```
BamHI     5'-ATGAATTCG            GATCCGAATTCG---
          3'-TACTTAAGCCTAG        GCTTAAGC---

EcoRI     5'-ATGAATTCGGATCCG       AATTCGAGCTCC---
          3'-TACTTAAGCCTAGGCTTAA   GCTCGAGG---

SacI      5'-ATGAATTCGGATCCGAATTCGAGCT    CCCTCGAG---
          3'-TACTTAAGCCTAGGCTTAAGC       TCGAGGGAGCTC---

XhoI      5'-ATGAATTCGGATCCGAATTCGAGCTCC       TCGAGAAGCTTC---
          3'-TACTTAAGCCTAGGCTTAAGCTCGAGGGAGCT  CTTCGAAG---

HindIII   5'-ATGAATTCGGATCCGAATTCGAGCTCCCTCGAGA    AGCTTCTT---
          3'-TACTTAAGCCTAGGCTTAAGCTCGAGGGAGCTCTTCGA AGAA---
```

Abb. 10.3 Verdauung an den fünf Restriktionsstellen

```
5'-ATGAATTCGGATCCGAAGCACTTATCATGACCATGACACTTGCATTGGTCACC---
3'-TACTTAAGCCTAGGCTTCGTGAATAGTACTGGTACTGTGAACGTAACCAGTCC---
   ◄──────────────► Gensequenz mit BamHI-verdautem ende (dargestellt am 5'-ende)
   Vektorielle sequenz
```

Abb. 10.4 In die *Bam*HI-Stelle des Vektors eingefügtes Gen (dargestellt ist nur das 5'-Ende)

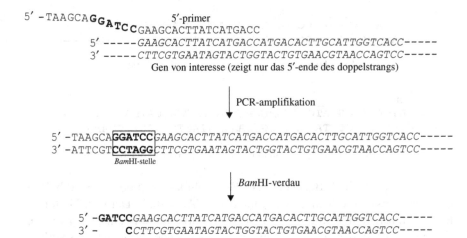

Abb. 10.5 PCR-Amplifikation des Gens durch Hinzufügen von *Bam*HI-Restriktionsstellen (dargestellt ist nur das 5′-Ende)

des Enzyms erzeugt das *Bam*HI-verdaute Ende. Die gleiche Logik und Strategie gilt für das 3′-Ende des Gens nach dem gleichen Schema (Wenn Sie das Gen mit einem benutzerdefinierten Gensynthese-Service herstellen, müssen Sie die beiden Enden mit *Bam*HI-Restriktionsstellen angeben. Das synthetisierte Gen wird mit den *Bam*HI-Restriktionssequenzen an den Enden geliefert.).

4. Das Gen mit den mit *Bam*HI-verdauten Enden wird dann mithilfe von DNA-Ligase an den mit *Bam*HI-verdauten Vektor ligiert. Das Ergebnis ist ein rekombinantes Gen-Vektor-Konstrukt.

5. Beachten Sie, dass das Gen in diesem Beispiel potenziell in beiden Richtungen an den Vektor gebunden werden kann. Allerdings wird das Gen nur in einer Orientierung korrekt für die Expression positioniert. Es ist üblich, den Restriktionsschnitt mit einem einzigen Enzym zu vermeiden. Beispielsweise würde ein doppelter Verdau mit *Bam*HI (am 5′-Ende) und *Hin*dIII (am 3′-Ende) im Beispiel die Ligation in eine Richtung erzwingen.

10.5 Das Gen muss zur Expression mit dem Vektor im Leseraster ligieren

Es ist wichtig zu prüfen, ob die Ligation ein Gen-Vektor-Konstrukt erzeugt, bei dem das Gen im Leseraster mit dem Met-Startcodon (ATG stromaufwärts der Restriktionsstellen) in der Klonierungs-/Expressionsregion des Vektors liegt. Wenn das Gen nicht im richtigen Leseraster ligiert wird, würde das Gen zu einem Proteinprodukt mit einer völlig anderen Aminosäuresequenz exprimiert werden (siehe Abschn. 4.6 „Das Leseraster").

```
Met  ___ ___ ___ Lys
5'-ATGAATTCGGATCCGAAGCACTTATCATGACCATGACACTT----
3'-TACTTAAGCCTAGGCTTCGTGAATAGTACTGGTACTGTGAA----
```

Abb. 10.6 Die Sequenz an der Ligationsstelle

```
Met  ___ ___ ___ Glu
5'-ATGAATTCGGATCCTGAAGCACTTATCATGACCATGACACTT----
3'-TACTTAAGCCTAGGATTCGTGAATAGTACTGGTACTGTGAAA----
```

Abb. 10.7 Die Sequenz an der Ligationsstelle nach der Korrektur

Nehmen wir als Beispiel das PCR-Amplifikationsprodukt aus Abb. 10.5 und ligieren es an die *Bam*HI-Stelle im Vektor (Abb. 10.2). Der Gen-Vektor an der Ligationsregion würde die in Abb. 10.6 dargestellte Sequenz aufweisen. Liest man die Codons von ATG entlang der kodierenden Sequenz ab, so erhält man AAG (für Lysin) als erstes Codon für das Gen und nicht das GAA-Codon (für Glu), wie es eigentlich zu erwarten wäre. In diesem Fall ist das gesamte Leseraster verschoben und das Gen würde zu einem Protein mit einer ganz anderen Aminosäuresequenz exprimiert werden.

Eine einfache Korrektur besteht darin, dem Primer zwischen der *Bam*HI-Restriktionssequenz und dem Gen ein zusätzliches Nukleotid (in diesem Beispiel T) hinzuzufügen. Der Gen-Vektor an der Ligationsregion würde dann wie in Abb. 10.7 aussehen. Das erste Codon des Gens ist GAA, das für Glu kodiert. Die Gensequenz befindet sich nun im Leseraster mit dem ATG-Startcodon im Vektor.

Es sollte auch darauf hingewiesen werden, dass dieser Aspekt der Manipulation manchmal vermieden werden könnte. Heutzutage stellen viele Anbieter Vektoren in Serie her, die für die Expression des Gens in einem der drei Rahmen verwendet werden können. Ein an den Vektornamen angehängter Buchstabe a, b oder c gibt in der Regel den Erkennungsrahmen an. Es ist immer eine gute Praxis, die richtige Vektorserie sorgfältig zu studieren und auszuwählen, damit das gewünschte Gen direkt in den Rahmen eingefügt werden kann. Ein wenig Planung würde in den späteren Schritten viel Zeit und Mühe ersparen.

10.6 Linker und Adapter für die Einführung von Restriktionsstellen

Restriktionsstellen können mithilfe von Linkern und Adaptoren eingeführt werden. Linker sind kurze Abschnitte von dsDNA, die Erkennungssequenzen für Restriktionsstellen tragen. Linker werden an das stumpfe Ende der DNA ligiert, gefolgt von einem Verdau, um kohäsive Enden zu erzeugen (Abb. 10.8; siehe auch Abschn. 7.2). Die Einschränkung bei der Verwendung von Linkern besteht darin, dass die DNA die im Linker verwendete Restriktionsstelle nicht enthalten darf. Adapter sind Linker mit einem vorgeformten kohäsiven Ende.

[*Hin*dIII-linker]

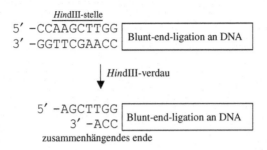

[*Eco*RI/*Bam*HI-adapter]

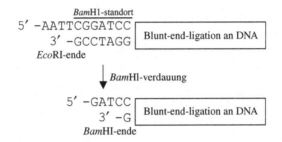

Abb. 10.8 Beispiele von DNA-Linkern und Adaptern

Überprüfung

1. Welche Elemente für das Klonieren sind Klonierungsvektoren und Expressionsvektoren gemeinsam?
2. Welches sind die Elemente, die nur in Expressionsvektoren vorkommen? Was sind ihre Funktionen? Weshalb sind sie für die Expression erforderlich?
3. Warum muss die Gen-Insertion im Leseraster des Startcodons sein, um exprimiert zu werden?
4. Angenommen, das Gen (in Abb. 10.4) wird mit dem *Hin*dIII-Linker (Abb. 10.8) ligiert, um die kohäsive Restriktionsstelle zu schaffen. Würde das Gen (wenn es an die *Hin*dIII-Stelle des Vektors ligiert wird) mit dem Startcodon im Vektor in Abb. 10.2 im Leserahmen sein?
5. Wenn es nicht im Leserahmen war, könnten wir den Linker so ändern, dass das Gen im Leserahmen ist?
6. Wiederholen Sie die Aufgaben 4 und 5, wobei Sie den *Hin*dIII-Linker durch einen *Eco*RI/*Bam*HI-Adapter ersetzen.

KAPITEL 11

TRANSFORMATION

Nach dem Einfügen einer fremden DNA in einen Vektor besteht der nächste Schritt darin, das Konstrukt in eine geeignete Wirtszelle einzubringen. Der Prozess der Einführung von DNA in lebende Zellen wird als Transformation bezeichnet. Die Wahl der Methoden hängt von der Art der verwendeten Wirtssysteme sowie von den Zielen des Klonierens ab. Einige der Transformationsverfahren wurden bereits bei der Erörterung der Vektoren kurz erwähnt. In diesem Kapitel wird dieser wichtige Prozess ausführlicher behandelt.

11.1 Behandlung mit Kalziumsalz

Eine fremde DNA kann leicht in Bakterienzellen eingebracht werden, wenn die Zellen mit $CaCl_2$ oder einer Kombination mit anderen Salzen vorbehandelt wurden. Die behandelten Zellen werden als kompetente Zellen bezeichnet, die in der Lage sind, die DNA ohne Weiteres aufzunehmen. Bei anderen Zelltypen erfordert die Transformation im Allgemeinen zusätzliche Behandlungen. Hefe-, Pilz- und Pflanzenzellen enthalten Zellwände und müssen in einigen Fällen verdaut werden, um Protoplasten (Zelle ohne Zellwand) zu erzeugen, bevor die DNA aufgenommen werden kann.

Eine gängige Methode zum Einbringen einer fremden DNA in Säugetierzellen ist die Kopräzipitation der DNA mit Kalziumphosphat (Mischen der gereinigten DNA mit Puffern, die Kalziumchlorid und Natriumphosphat enthalten). Die Mischung wird den Zellen im Kulturmedium präsentiert. Die einzelne DNA integriert sich in der Regel als Mehrfachkopie in das Genom der Zelle (siehe Abschn. 19.1 und 20.1). Im Handel ist eine große Auswahl an kompetenten Zellen erhältlich, die eine breite Palette von Transformationseffizienzen und Genotypen aufweisen.

11.2   Elektroporation

Um die Effizienz der DNA-Aufnahme zu erhöhen, wird häufig die Elektroporation eingesetzt. Das Verfahren wird in Hefe-, Pilz- und Pflanzenzellen eingesetzt, seltener in bakteriellen Systemen und tierischen Zellen. Bei diesem Verfahren werden die Zellen einem kurzen elektrischen Impuls ausgesetzt, der eine örtlich begrenzte, vorübergehende Desorganisation und einen Zusammenbruch der Zellmembran bewirkt, wodurch diese für die Diffusion von DNA-Molekülen durchlässig wird. Die Vektor-DNA (mit oder ohne Fremd-DNA) kann dann von den Zellen aufgenommen werden.

11.3   Agrobacterium-Infektion

Die Verwendung von Ti-Plasmid-Vektoren für Pflanzenzellen wurde in Abschn. 9.3 ausführlich beschrieben. In der Praxis wird die Transformation erreicht, indem das *Agrobacterium* (das entweder einen kointegrativen oder einen binären Vektor trägt) mit verwundeten Zellen versorgt wird. (1) Bei der Inokulation von Explantaten werden geschnittene Pflanzengewebe (Blätter, Stängel, Knollen usw.) mit dem Bakterium bebrütet und auf einem Medium für die Kallusbildung kultiviert. Sprossen und Wurzeln werden dann durch Subkultivierung des Kallus in einem geeigneten Medium zum Wachstum angeregt. (2) Bei der Co-Kultivierung von Protoplasten werden isolierte Protoplasten mit teilweise regenerierten Zellen mit dem Bakterium inkubiert. Anschließend werden die Zellen kultiviert und zu Kallus, Sprossen und Wurzeln subkultiviert. (3) Bei der Inokulation von Keimlingen werden die imprägnierten Samen mit dem Bakterium inokuliert. Transformanten können zu Beginn des Kalluswachstums, in späteren Stadien sowie in transgenen Pflanzen selektiert werden. Die Inokulation von Explantaten ist das am häufigsten verwendete Verfahren. Die Co-Kultivierung von Protoplasten und die Inokulation von Keimlingen sind in der Regel nur auf bestimmte Arten beschränkt.

11.4   Der biolistische Prozess

Der direkte Transfer von DNA in Pflanzenzellen (auch in andere Zelltypen) kann mithilfe des biolistischen Verfahrens erfolgen. Dabei handelt es sich um eine direkte physikalische Methode zur Transformation von Zellen *in situ*. Bei diesem Verfahren wird eine dünne DNA-Schicht auf die Oberfläche von 0,5 bis 1,5 μm großen Wolfram- oder Gold-Mikrokügelchen aufgebracht. Die DNA-beschichteten Kügelchen werden dann in eine sogenannte Genkanone geladen und mit einer Sprengstoff-, Elektro- oder Druckladung abgefeuert.

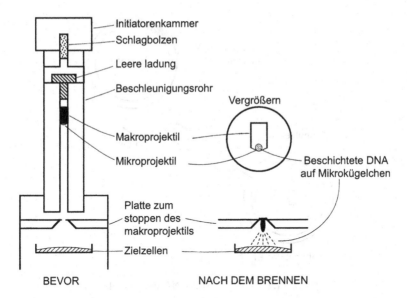

Abb. 11.1 Genkanone zum Einschießen von beschichteten DNA-Kügelchen in Pflanzenzellen

Die DNA-beschichteten Kügelchen werden auf das Pflanzengewebe geschossen, dringen in die Zellen ein und werden nach dem Zufallsprinzip in die chromosomale DNA der Zellen integriert (Abb. 11.1). Im Fall von Pflanzen werden die Zellen mithilfe von Gewebekulturtechniken zu Pflänzchen regeneriert und zu vollständigen Pflanzen herangezogen. Obwohl diese Methode ursprünglich für Pflanzenzellen entwickelt wurde, kann sie auch bei tierischen Zellen, Geweben und Organellen, Hefe, Bakterien und anderen Mikroben angewandt werden.

11.5 Virale Transfektion

Dies wurde bereits im Zusammenhang mit der Konstruktion von Retrovirus-Vektoren für tierische Zellen und Bakteriophagen λ für bakterielle Zellen diskutiert (siehe Abschn. 9.1.2 und 9.4.4).

11.6 Mikroinjektion

Transformierte Pflanzenzellen können sich zu transgenen Pflanzen regenerieren, die die klonierte DNA tragen. Tierische Zellen können jedoch nicht zu transgenen Tieren regeneriert werden. Zur Herstellung transgener Tiere wird die DNA mit einer Mikropipette in die Pronuklei der befruchteten Eizelle in-

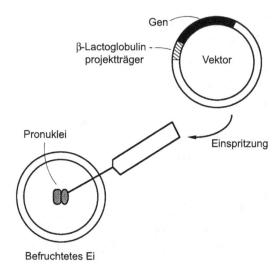

Abb. 11.2 Injektion von DNA in Pronuklei

jiziert (Abb. 11.2). Für die Expression muss das betreffende Gen mit einer Promotorregion und anderen Kontrollelementen versehen werden, um die gewebsspezifische Produktion des Proteins zu steuern. Die transformierte Zygote wird in eine Leihmutter eingepflanzt, um transgene Nachkommen zu gebären (siehe Abschn. 23.2). Die Injektion von Pronuklei hat insofern ihre Grenzen, als dass die Effizienz gering ist und das injizierte DNA-Konstrukt zufällig in das Genom integriert wird, was zu einer unbeabsichtigten Transgenexpression führt.

11.7 Kerntransfer

Bei der Technologie des Kerntransfers wird einer unbefruchteten Eizelle (Oozyte), die einem Tier kurz nach dem Eisprung entnommen wurde, mit einer speziellen Nadel unter einem Hochleistungsmikroskop der Zellkern entfernt wird. Die so entstandene Zelle, die nun kein genetisches Material mehr enthält, wird mit einer Spenderzelle verschmolzen, die ihren vollständigen Zellkern trägt. Die fusionierte Zelle entwickelt sich wie ein normaler Embryo und wird in die Gebärmutter einer Leihmutter eingepflanzt, um Nachkommen zu erzeugen (Abb. 11.3). Anstatt eine ganze Spenderzelle zur Verschmelzung mit der Empfängerzelle zu verwenden, kann der Zellkern der Spenderzelle entfernt und die DNA direkt in die Empfängerzelle injiziert werden (siehe Abschn. 23.2).

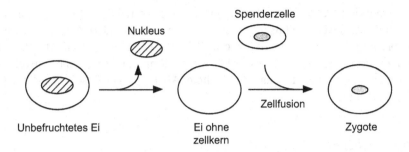

Abb. 11.3 Der Prozess des Kerntransfers

11.8 Zellfreie Expression

Die Genexpression kann in zellfreien Systemen durchgeführt werden, wodurch langwierige Transformations- und Kultivierungsschritte entfallen. (Siehe auch „In-vitro-Transkription und -Translation" in Abschn. 9.1.1.) Bei Prokaryoten finden Transkription und Translation gleichzeitig in der Zelle statt. Beim In-vitro-System sind die beiden Prozesse also im selben Röhrchen gekoppelt. Bei Eukaryoten laufen die beiden Prozesse nacheinander ab, getrennt im subzellulären Raum. Die In-vitro-Synthese ist gekoppelt, erfolgt aber in zwei Schritten in getrennten Röhren.

Zellfreie Expressionssysteme bestehen aus rohen Zellextrakten (Lysaten) aus Kaninchen-Retikulozyten, Weizenkeimen oder *E. coli*. Der rohe Zellextrakt enthält alle wesentlichen Komponenten wie Ribosomen, tRNAs, Aminoacyl-tRNA-Synthetasen und alle anderen erforderlichen makromolekularen Komponenten und Faktoren. Dieser Extrakt wird mit Aminosäuren, Energiequellen (ATP, Kreatinphosphat usw.) und Kofaktoren ergänzt, um eine vollständige In-vitro-Synthese zu ermöglichen.

Die DNA-Matrize muss eine Promotorregion enthalten, an die die RNA-Polymerase (T7, T3 oder SP6) bindet und die mRNA-Synthese einleitet. Die Vorlage sollte auch eine ribosomale Bindungsstellensequenz enthalten: Shine-Dalgarno-Sequenz (für Prokaryoten) oder Kozak-Sequenz (für Eukaryoten) für die Übersetzung der mRNA. Capping und Tailing sind ebenfalls erforderlich, um die Transkription und Translation bei eukaryotischen Genen zu verbessern (siehe Abschn. 5.5.3). Die DNA-Vorlage kann als Plasmidkonstrukt oder PCR-Produkt bereitgestellt werden. Die In-vitro-Synthese ist ein praktisches Instrument für die schnelle Identifizierung und das Screening von Genprodukten, die Lokalisierung von Mutationen und die schnelle Validierung des Expressionskonstrukts. Dieses Verfahren ist auch nützlich, wenn das Genprodukt für die Wirtszelle toxisch ist.

Die Strategie kann durch zusätzliche Modifikationen verfeinert werden. (1) Das Genprodukt kann durch Einbau von Biotin-Lysin-tRNA in die Reaktion markiert werden. Die Markierung des übersetzten Enzyms würde bei der anschließenden Analyse falsch-positive Ergebnisse verhindern und eine bessere Interpretation der Enzymaktivität ermöglichen. (2) Das translatierte Protein kann mit Polyhistidin markiert werden, um die Reinigung und den Nachweis zu erleichtern, falls dies für nachgeschaltete Analysen gewünscht wird (siehe Abschn. 9.1.1).

Überprüfung

1. Bei welcher(n) Transformationsmethode(n) wird (A) die DNA auf mechanischem Weg in die Zellen eingeführt, (B) auf biologischem Weg, (C) auf chemischem Weg?
2. Welche drei Methoden der Agrobacterium-Transformation werden für Pflanzenzellen verwendet?
3. Die Transformation von Pflanzen- und Säugetierzellen führt häufig zu einer zufälligen Insertion von DNA in das Zellgenom. Was sind die Nachteile dieser zufälligen Einfügung?
4. Beschreiben Sie die Abfolge der Schritte bei der Durchführung des Kerntransfers.
5. Welche Komponenten sind für die zellfreie (A) Transkription und (B) Translation für prokaryotische und eukaryotische Systeme erforderlich? Welches sind die Vorteile und die Grenzen?

KAPITEL 12

ISOLIERUNG VON GENEN FÜR DIE KLONIERUNG

Das Klonieren von Genen erfordert in einem ersten Schritt die Isolierung eines bestimmten Gens, das für das gewünschte Protein kodiert. Das Auffinden und Auswählen eines einzelnen Gens unter Tausenden von Genen in einem Genom ist keine einfache Aufgabe.

12.1   Die genomische Bibliothek

Bei Prokaryonten erfolgt die Identifizierung eines bestimmten Gens in der Regel durch den Aufbau einer genomischen Bibliothek (Abb. 12.1). Die gesamte genomische DNA wird isoliert, gereinigt und mit einem Restriktionsenzym verdaut. Die kurzen DNA-Fragmente werden dann in einen geeigneten Vektor kloniert, z. B. in Vektoren vom Typ Bakteriophage λ oder Phagemide. Die daraus resultierenden rekombinanten λ-DNAs werden durch In-vitro-Verpackung zu Phagenpartikeln zusammengesetzt, wobei alle erforderlichen Phagenproteine von λ-Phagenmutanten bereitgestellt werden, die sich nicht replizieren können (siehe Abschn. 9.1.2). Jetzt haben wir eine Bibliothek der gesamten genomischen DNA in kurzen Fragmenten (normalerweise durchschnittlich 15 kb), die in die λ-Vektoren kloniert und in lebensfähige Phagenpartikel verpackt sind. Es sei darauf hingewiesen, dass in einigen Fällen Plasmide für den Aufbau von genomischen Bibliotheken verwendet werden, obwohl die Größe der Bibliothek im Allgemeinen kleiner ist.

Die Phagenpartikel werden verwendet, um *E.-coli*-Zellen zu infizieren. Die Phagentransfektion führt zu klaren Plaques auf einem Bakterienrasen. Jede Plaque entspricht einer einzelnen Phageninfektion. Der nächste Schritt ist das Screening der Plaques auf den/die Klon(e), der/die das gewünschte Gen enthält/enthalten. Eine häufig verwendete Technik ist die DNA-Hybridisierung (siehe Abschn. 8.6). Eine radioaktiv markierte kurze DNA-Sonde, die komplementär zur Gensequenz ist, wird verwendet, um den jeweiligen rekombinanten Klon zu

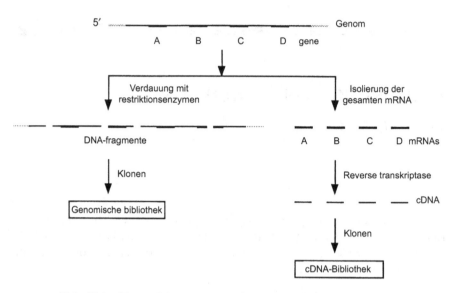

Abb. 12.1. Konstruktion von genomischen und cDNA-Bibliotheken

identifizieren. Diese Technik setzt natürlich eine gewisse Vorkenntnis eines kurzen Abschnitts der Gensequenz voraus, um die Oligonukleotidmarkierungen zu erstellen. Die Sequenz (in der Regel 18–22 Basen) kann aus (1) Sequenzen vergleichbarer Arten, (2) der bekannten Sequenz des vom Gen kodierten Proteins oder (3) der N-terminalen oder Peptidsequenzierung des Proteins abgeleitet werden.

Eine Alternative ist die immunologische Methode, die auf dem Nachweis des Translationsprodukts des Gens beruht. Diese Screening-Methode setzt voraus, dass es sich bei dem verwendeten λ-Vektor um einen Expressionsvektor handelt, wie z. B. λgt11 oder ähnliche Vektortypen (siehe Abschn. 9.1.2 und 13.2), dass die Insertion des Gens im Leserahmen erfolgt und dass Antikörper gegen das Protein zur Verfügung stehen.

Eine dritte Methode, die für das Screening von Bibliotheken verwendet wird, ist die Amplifikation des Gens von Interesse mittels PCR. Dies erfordert eine gewisse Kenntnis der kurzen Sequenzen am 5′- und 3′-Ende, um Primer für die Reaktion zu synthetisieren. Bei der PCR kann die genomische DNA oder cDNA direkt verwendet werden, ohne dass Klone hergestellt werden müssen.

12.2   Die cDNA-Bibliothek

Der Aufbau einer Genombibliothek zur Genisolierung ist bei Prokaryoten möglich. Bei Pilzen, Pflanzen und Tieren ist die Identifizierung eines Gens aus einer Genombibliothek aus mindestens zwei Gründen nicht wünschens-

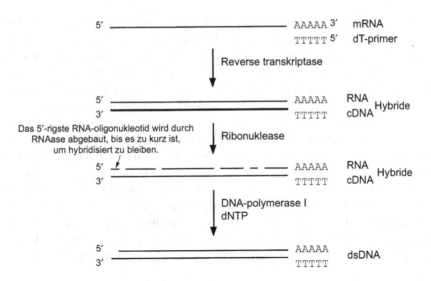

Abb. 12.2. Reverse Transkription von RNA in komplementäre DNA

wert: (1) Der große Umfang des Genoms von Pflanzen und Tieren erfordert das Screening einer astronomischen Anzahl von Klonen nach dem gewünschten Gen; (2) Eukaryotengene enthalten Introns, nichtkodierende Regionen, die bei der späteren Expression Komplikationen verursachen. Durch die Verwendung einer cDNA-Bibliothek können diese Probleme umgangen werden.

Der Aufbau einer cDNA-Bibliothek beginnt mit der Isolierung von Gesamt-RNA aus einem bestimmten Zelltyp, der das gewünschte Protein produziert, der Isolierung von mRNAs aus der Gesamt-RNA und der anschließenden Umwandlung der mRNA-Moleküle in komplementäre DNA-Stränge (cDNA; Abb. 12.2).

Bei der Isolierung von mRNA macht man sich die Tatsache zunutze, dass eukaryotische mRNA am 3'-Ende einen Poly(A)-Schwanz trägt (siehe Abschn. 5.5.3), der mit auf einer Säulenmatrix immobilisierten Poly(T)-Oligonukleotiden hybridisieren kann. Wenn der Gesamt-RNA-Extrakt auf eine solche Affinitätssäule aufgebracht wird, wird die mRNA zurückgehalten, während der Großteil des zellulären Materials durchgelassen wird. Die isolierte mRNA-Probe wird dann mit reverser Transkriptase behandelt, um komplementäre DNA-Stränge (cDNA) unter Verwendung der mRNAs als Vorlagen zu synthetisieren, wobei RNA-cDNA-Hybride entstehen. Die RNA-Stränge in den Hybriden werden mit Ribonuklease eingekerbt und von der DNA-Polymerase I nick-translatiert, um den RNA-Strang durch einen neuen (zweiten) cDNA-Strang zu ersetzen, wodurch dsDNA-Moleküle entstehen.

Die resultierenden cDNAs werden in einen geeigneten Vektor (z. B. Plasmide oder Phagenvektoren) eingefügt und in *E. coli* eingeführt. Die so erstellte cDNA-Bibliothek wird mittels DNA-Hybridisierung oder immunologischer Nachweismethode, wie für genomische Bibliotheken beschrieben, auf die Klone untersucht, die das gewünschte Gen tragen. Das Gen von Interesse kann auch durch PCR-Amplifikation isoliert werden. Der identifizierte Klon bzw. die identifizierten Klone werden dann kultiviert und die rekombinante DNA wird gereinigt, wobei die cDNA-Mischung direkt ohne Klonierung verwendet wird. Die Gensequenz wird aus dem Vektor herausgeschnitten. Anschließend wird die vollständige Nukleotidsequenz bestimmt. Die isolierte Gensequenz muss aus mindestens zwei Gründen bestimmt werden: (1) um zu bestätigen, dass es sich bei der identifizierten Sequenz um das interessierende Gen handelt; (2) für die korrekte Konstruktion der regulatorischen Region und die In-frame-Ligation zur Genexpression. Es kann sein, dass ein Gen in voller Länge nicht im ersten Versuch identifiziert wird. Das isolierte Gen kann verkürzt sein (es fehlen z. B. Abschnitte am 5′-Ende). In solchen Fällen kann das partielle Gen als Sonde verwendet werden, um nach cDNA-Klonen längerer Länge zu „fischen".

12.3 Auswahl der richtigen Zelltypen für die mRNA-Isolierung

Die Wahl des richtigen Zelltyps für die Isolierung von mRNA ist ein wichtiger Aspekt bei der Erstellung einer cDNA-Bibliothek. Alle Zellen in einem Organismus enthalten die gleiche Genomzusammensetzung, aber verschiedene Zelltypen exprimieren unterschiedliche Sätze von Genen. Die Entwicklung und die auf einen bestimmten Zelltyp spezialisierte(n) Funktion(en) erfordern nur die Expression einer bestimmten Anzahl von Genen, wobei die Mehrheit der Gene im Genom stumm (nicht funktionsfähig) ist. Die Isolierung des β-Lactoglobulin-Gens (ein Milchprotein) von Rindern erfordert beispielsweise die Verwendung von Rindermilchgewebe für die mRNA-Isolierung. Ebenso ist menschliches Pankreasgewebe die Quelle der mRNA für die Isolierung des menschlichen Insulin-Gens.

Indem der richtige Zelltyp für die mRNA-Isolierung ausgewählt wird, werden nur die aktiven Gene in die endgültige Bibliothek aufgenommen. Die Anzahl der zu durchsuchenden Klone wird erheblich reduziert. Durch reverse Transkription der isolierten mRNAs werden die Intron-Sequenzen eliminiert, die sonst zu Komplikationen bei der späteren Expression führen würden.

Überprüfung

1. Warum ist es notwendig, eine cDNA-Bibliothek für die Isolierung von eukaryotischen Genen zu erstellen? Was sind die Vorteile gegenüber einer genomischen Bibliothek?

2. Warum werden Genombibliotheken für die Isolierung von Genen in Bakterien verwendet? Warum werden cDNA-Bibliotheken nicht für Prokaryoten verwendet?

3. Bei der Erstellung von cDNA-Bibliotheken ist es wichtig, mRNA aus einem bestimmten Zelltyp zu isolieren, der das gewünschte Protein produziert. Erläutern Sie die Gründe dafür.

4. Warum ist es notwendig, die Sequenz der cDNA nach ihrer Isolierung zu bestimmen?

5. Führen Sie die Enzyme auf, die bei der Erstellung von cDNA-Bibliotheken verwendet werden, und beschreiben Sie ihre funktionelle Rolle bei diesem Verfahren.

Teil III

Auswirkungen des Genklonierens: Anwendungen in der Landwirtschaft

KAPITEL 13

VERBESSERUNG DER QUALITÄT VON TOMATEN DURCH ANTISENSE-RNA

Die Reifung von Früchten ist mit biochemischen und physiologischen Veränderungen verbunden, die Qualitätsmerkmale wie Farbe, Geschmack und Textur des Produkts beeinflussen. Die Aufweichung des Fruchtgewebes während der Reifung ist das Ergebnis der Auflösung der Zellwand durch eine Gruppe von Enzymen. Eines der wichtigsten Enzyme ist die Polygalacturonase (PG), die Pektin abbaut, ein Polymer aus Galakturonsäuren und Teil der strukturellen Unterstützung der Zellwand.

Die Textur von Tomatenfrüchten ist ein wichtiger Qualitätsaspekt, der sowohl für den Frischmarkt als auch für die kommerzielle Verarbeitung von Bedeutung ist. Die auf den Märkten verkauften Tomaten werden im grünen Zustand vom Feld gepflückt, bei niedrigen Temperaturen gelagert und mit Ethylen begast, um die Färbung und Reifung der Früchte auszulösen. Mithilfe der rekombinanten DNA-Technologie können Tomaten entwickelt werden, die langsam weich werden und bis zur Reife am Stock bleiben können, wobei sich Farbe und Geschmack voll entfalten. Durch die höhere Festigkeit können die Tomaten mit minimaler Beschädigung gehandhabt und versandt werden. Die Tomaten haben auch verbesserte rheologische Eigenschaften (z. B. Viskosität), wodurch sie sich für verschiedene Verarbeitungsanwendungen eignen. Diese gentechnisch veränderten Tomaten werden durch Hemmung der Expression des PG-Gens mittels Antisense-RNA kontrolliert. Die Grundidee dieser Technik besteht darin, ein RNA-Molekül in die Pflanze einzubringen, das komplementär zur mRNA des PG-Gens ist.

13.1 Antisense-RNA

Bei der normalen Genfunktion wird das Gen in mRNA umgeschrieben, die in das Enzym PG übersetzt wird. Wenn man ein Stück RNA mit einer Sequenz einführt, die komplementär zu der der mRNA von PG ist, kann dieses Stück RNA an die mRNA binden und so die Translation der mRNA und folglich die Produktion des Enzyms verhindern. Das RNA-Molekül, das komplementär zur mRNA ist, wird als Antisense-RNA bezeichnet, und die mRNA ist die Sense-RNA (Abb. 13.1).

In der Praxis wird das Gen (in diesem Fall das PG-Gen) häufig in umgekehrter Orientierung (Rücken an Rücken zur regulatorischen Region) in den Vektor eingefügt, sodass der kodierende Strang die Vorlage für die Transkription wird. Das mRNA-Transkript wird zur Antisense-RNA und bildet eine Basenpaarung mit der Sense-RNA (Abb. 13.2). Da die Expression des PG-Gens blockiert ist, verliert die Pflanze ihre Fähigkeit, Polygalacturonase zu produzieren.

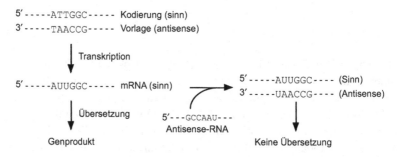

Abb. 13.1 Hemmende Wirkung von Antisense-RNA

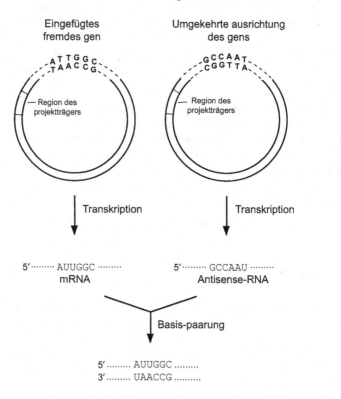

Abb. 13.2 Einfügung eines Gens in umgekehrter Orientierung zur Herstellung von Antisense-RNA

13.2 Eine Strategie für das Engineering von Tomaten mit Antisense-RNA

Im Folgenden wird eine der Klonierungsstrategien beschrieben, die zur Erzeugung von Tomaten mit reduzierter PG-Aktivität durch Antisense-RNA verwendet wurde (Sheehy et al. 1987. *Mol. Gen. Genet.* 208, 30–36; Sheehy et al. 1988. *Proc. Natl. Acad. Sci.* USA 85, 8805–8809).

1. Isolierung der cDNA eines Tomaten-PG-Gens. Die Gesamt-RNA wurde aus reifem Tomatenfruchtgewebe extrahiert und die mRNA mit einer Poly(T)-Affinitätssäule gereinigt. Eukaryotische mRNAs enthalten am 3'-Ende eine Poly(A)-Sequenz, die an die Poly(T)-Gelmatrix in der Säule binden kann. Die erhaltene poly(A)-RNA wurde durch Reverse Transkriptase (die die Synthese von DNA aus einer RNA-Vorlage katalysiert) in ss-cDNA umgewandelt (siehe Abschn. 7.3.3 und 12.2). Die Zweitstrangsynthese ergab die ds-cDNA (Abb. 13.3).

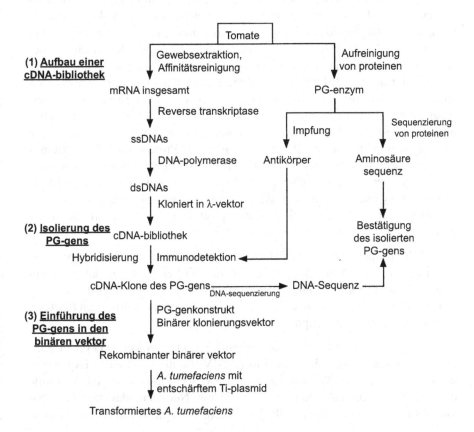

Abb. 13.3 Strategie für das Engineering von Tomaten durch Antisense-RNA

Die cDNA-Enden wurden mithilfe des Polymerase-I-Klenow-Fragments abgestumpft, gefolgt von einer Ligation mit *Eco*RI-Linkern (siehe Abschn. 7.1 und 10.6). Dieser Schritt diente dazu, *Eco*RI-kohäsive Enden für die cDNAs zu schaffen, damit sie in die einzigartige *Eco*RI-Stelle in λ-Vektoren eingefügt werden konnten. Die cDNAs (mit *Eco*RI-kohäsiven Enden) wurden in die einzige *Eco*RI-Stelle der λgt10- und λgt11-Vektoren kloniert und anschließend *in vitro* verpackt (siehe Abschn. 9.1.2). Die Infektion von *E.*-coli-Zellen mit den erzeugten Viruspartikeln ergab Plaques, die durch Hybridisierung (für λgt10, das kein Expressionsvektor ist) oder immunologischen Nachweis (für λgt11, das ein Expressionsvektor ist) gescreent wurden (siehe Abschn. 8.6 und 8.8). Der Screening-Schritt unter Verwendung immunologischer Nachweismethoden setzt voraus, dass das PG-Enzym aus dem Tomatengewebe (durch herkömmliche Proteinreinigungsverfahren) für die Herstellung von Antikörpern gereinigt wird. Die beim Screening der λgt11-Bibliothek identifizierten Transformanten (immunpositive Klone) wurden als Quelle für DNA-Sonden zum Screening der λgt10-Bibliothek durch Hybridisierung verwendet.

Die identifizierten cDNAs aus den beiden Bibliotheken wurden dann sequenziert (siehe Abschn. 8.9 und 12.2). Gleichzeitig wurde das gereinigte PG-Enzym einer Peptidkartierung und Aminosäuresequenzierung unterzogen. Die aus der cDNA vorhergesagte Aminosäuresequenz war identisch mit der Aminosäuresequenz des Proteins. Diese Ergebnisse bestätigen somit, dass es sich bei der aus der Bibliothek isolierten cDNA tatsächlich um ein PG-Gen handelt. Darüber hinaus wurde die Charakterisierung der Enzymstruktur ermöglicht. Die Nukleotidsequenz sagt voraus, dass das Enzym 373 Aminosäurereste mit einem berechneten Molekulargewicht von 40.279 und vier potenzielle Glykosylierungsstellen enthält. Das gereinigte reife Protein war am N-Terminus 71 Aminosäuren kürzer und am C-Terminus 13 Aminosäuren kürzer als das aus der Nukleotidsequenz abgeleitete Protein. Daher wurde das Protein als Proenzym synthetisiert, wobei das 71-Aminosäuren-Signalpeptid und die 13 Aminosäuren am C-Terminus durch posttranslationale Modifikation abgespalten wurden (siehe Abschn. 3.4 und 6.2).

2. Einführung der cDNA des PG-Gens in einen binären Klonierungsvektor. Eine 1,6 kb cDNA, die das gesamte offene PG-Leseraster enthält, wurde in umgekehrter Orientierung in einen Plasmidvektor downstream des CaMV35S-Promotors eingefügt. Die rückwärts gerichtete Insertion führte zu einer Antisense-Transkription des PG-Gens.

Der in der Studie verwendete binäre Vektor enthielt: (1) einen 35S-Promotor des Blumenkohlmosaikvirus (CaMV) für die konstitutive Expression des PG-Gens; (2) eine 3′-Terminationsregion des Ti-Plasmids für die Kontrolle des Transkriptionsterminationssignals; (3) ein Neo-Gen, das für die Neomycin-Phosphotransferase II (NPTII) kodiert, die eine Kanamycin-Resistenz

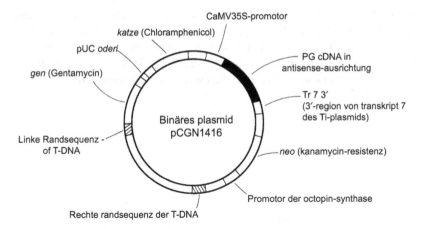

Abb. 13.4 Binärer Klonierungsvektor für die Antisense-Konstruktion des PG-Gens

verleiht (dies ist ein dominanter selektierbarer Marker, der zum Screening von transformierten Zellen/transgenen Pflanzen dient; siehe Abschn. 9.3.3); (4) die linken und rechten Randsequenzen der T-DNA; (5) ein pUC-Plasmid-*ori* zur Replikation in einem bakteriellen System (Abb. 13.4; siehe Abschn. 9.3.1).

3. Einführung des rekombinanten Vektors in Tomatenzellen

Der rekombinante binäre Vektor wurde in *Agrobacterium tumefaciens* eingeführt, das entschärfte T-Plasmide enthält. Die Transformanten wurden mit dem Neo-Genmarker selektiert und zur Infektion von Tomaten-Kotyledonenabschnitten durch Co-Kultivierung verwendet. Die mit Kanamycin selektierten transformierten Pflanzenzellen wurden zu Pflanzen regeneriert und auf NPTII-Aktivität in Blattgeweben untersucht (siehe Abschn. 11.3).

Überprüfung

1. Gegeben ist die folgende DNA-Sequenz,
   5′ ---ACGTGCCTCG---3′ Kodierender strang
   3′ ---TGCACGGAGC---5′
   (a) Welcher Strang ist der Sense-Strang? Welcher der Antisense-Strang?
   (b) Wie lautet die Sequenz der mRNA nach der Transkription?
   (c) Wie lautet die Sequenz der Antisense-RNA?
2. Im Beispiel für das Engineering von Tomaten mit Antisense-RNA wurden λgt10- und λgt11-Vektoren für den Aufbau der Bibliothek verwendet. Was sind die Unterschiede zwischen diesen beiden Vektoren? Können Sie andere Vektoren vorschlagen, die ebenfalls für den Aufbau von Bibliotheken verwendet werden können?

3. Zur Einführung des Gens in das Tomatengewebe wurde ein binäres Vektorsystem verwendet. Was wäre ein alternatives System? Geben Sie eine Beschreibung und zeigen Sie, wie das andere System in diesem Fall eingesetzt werden könnte.

4. Was sind die einzigartigen Funktionen des CaMV35S-Promotors, die ihn für das Klonieren des PG-Gens in Pflanzenzellen so wünschenswert machen?

KAPITEL 14

TRANSGENE NUTZPFLANZEN MIT INSEKTIZIDWIRKUNG

Die Besorgnis der Öffentlichkeit über die Umwelt- und Gesundheitsauswirkungen chemischer Pestizide hat die Suche nach Alternativen verstärkt. Eine attraktive Option ist die Verwendung von Biopestiziden aus Mikroorganismen. Die Rolle von Biopestiziden im Pflanzenschutz ist nicht neu. Das erste Produkt dieser Art, das auf der insektiziden Wirkung von *Bacillus thuringiensis* basiert, wird bereits seit Jahrzehnten kommerziell eingesetzt. Mit dem Aufkommen der rekombinanten DNA-Technologie haben Wissenschaftler transgene Kulturpflanzen mit insektizider Wirkung hergestellt.

14.1 *Bacillus-thuringiensis*-Toxine

Bacillus thuringiensis (*Bt*) ist ein sporenbildendes Bakterium, das für eine Reihe von Insektenschädlingen tödlich ist. Die meisten Bt-Stämme wirken gegen Insektenarten aus den Ordnungen Lepidoptera (Baumwollkapselwurm, Tomatenfruchtwurm), Diptera (Stechmücken, Kriebelmücken) und Coleoptera (z. B. Kartoffelkäfer). Die insektizide Wirkung liegt in einem kristallinen Protein, dem sogenannten δ-Endotoxin in der Zelle. Das Protein mit einem Molekulargewicht von 13 bis 14 kD wird zusammen mit den Sporen freigesetzt, wenn die Bakterienzelle lysiert wird. Wenn es von einem Insekt aufgenommen wird, wird das kristalline Protein unter den alkalischen Bedingungen des Mitteldarms des Insekts gelöst und anschließend in ein aktives N-terminales Segmentpeptid gespalten (proteolysiert). Dieses toxische Peptid bindet an die Oberfläche der Zellen, die den Darm auskleiden, und dringt in die Zellmembran ein. Die Wirtszelle wird perforiert und reißt aufgrund des erhöhten Innendrucks.

δ-Endotoxine werden nach ihrer Aktivität in CryI (aktiv gegen Lepidoptera), CryII (aktiv gegen Lepidoptera und Diptera), CryIII (aktiv gegen Coleoptera), CryIV (aktiv gegen Diptera) und CryV (aktiv gegen Lepidoptera und Coleoptera) unterteilt. Jede Hauptklasse wird nach der Sequenzhomologie weiter unterteilt. Die CryI-Proteine werden in sechs Gruppen eingeteilt: 1A(a), 1A(b), 1A(c), 1B, 1C, 1D usw. Die meisten Arbeiten zu transgenen Nutzpflanzen konzentrierten sich auf Tabak-, Baumwoll- und Tomatenpflanzen, die mit CryI-Genen transformiert wurden und eine Aktivität gegen Lepidopteren aufweisen. Das folgende Beispiel beschreibt eine der Strategien, die für die Konstruktion und die Erzeugung von insektenresistenten Baumwollpflanzen verwendet wurden.

14.2   Klonierung des *cry*-Gens in die Baumwollpflanze

Bei der Züchtung insektenresistenter Baumwollpflanzen wurden zwei Modifikationen verwendet, um die Expression des *cry*-Gens zu verbessern (Pertak et al. 1990. *Bio/Technology* 8, 939–943).

14.2.1   Modifizierung des *cry*-Gens

1. Das N-terminale Segment des *cryIA*-Gens wurde teilweise modifiziert, indem viele der A- und T-Nukleotide durch G und C ersetzt wurden, ohne die Aminosäuresequenz zu verändern. Das daraus resultierende GC-reiche Gen erhöht die Expression nachweislich um das 10- bis 100-Fache.
2. Der 35S-Promotor des Blumenkohlmosaikvirus (CaMV), der zur Steuerung des *cryIA*-Gens verwendet wird, wurde mit verdoppelten Enhancer-Sequenzen (Transkriptionsaktivierung; upstream der TATA-Box) konstruiert (siehe Abschn. 5.5.1). Die Transkriptionsaktivität war 10-mal höher als die des natürlichen CaMV35S-Promotors. Eine 3′-Polyadenylierungssignalsequenz, die aus dem Nopalinsynthase-Gen stammt, wurde stromabwärts des *cryIA*-Gens platziert.

14.2.2   Der intermediäre Vektor

Der Zwischenvektor enthält die folgenden Elemente (Abb. 14.1):

1. Selektierbare Marker: Ein *neo*-Gen, das eine Resistenz gegen Kanamycin verleiht, und ein mutiertes 5-Endopyruvylshimat-3-Phosphat-Synthase(EPSPS)-Gen, das eine Resistenz gegen das Herbizid Glyphosat verleiht (siehe Abschn. 15.1)
2. Eine Ti-Plasmid-Homologiesequenz zur Erleichterung der Rekombination
3. Ein *ColE1-Ori* aus pBR322
4. Eine rechte Randsequenz der T-DNA (siehe Abschn. 9.3.2)

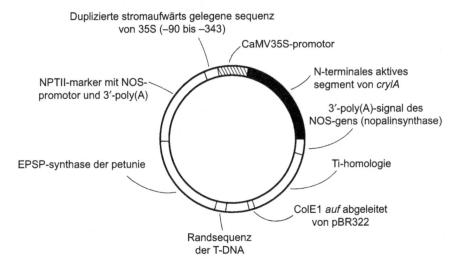

Duplizierte stromaufwärts gelegene sequenz
von 35S (–90 bis –343)

CaMV35S-promotor

NPTII-marker mit NOS-
promotor und 3'-poly(A)

N-terminales aktives
segment von *crylA*

3'-poly(A)-signal des
NOS-gens (nopalinsynthase)

EPSP-synthase der petunie

Ti-homologie

ColE1 *auf* abgeleitet
von pBR322

Randsequenz
der T-DNA

Abb. 14.1 Intermediärer Vektor für die Klonierung des *crylA*-Gens

14.2.3 Transformation durch *Agrobacterium*

Der Vektor wurde zur Transformation von Baumwolle verwendet, indem Keimblatt-Explantate mit *Agrobacterium* beimpft wurden, das Kointegrate eines entschärften Plasmids und des intermediären Vektors enthält (siehe Abschn. 11.3). Die mit *Agrobacterium* transformierten Explantate, die den intermediären Vektor trugen, waren kanamycinresistent. Die aus mit Kanamycin selektierten Keimblättern erzeugten Pflänzchen überlebten in Gegenwart von Glyphosat. Die transgenen reifen Pflanzen wurden mit einem immunologischen Nachweisverfahren (ELISA) auf Bt-Protein untersucht. Positive Pflanzen wurden gezüchtet und Baumwollkapseln künstlich mit Eiern des Baumwollkapselwurms infiziert. Ungefähr 70–75 % der Kapseln überlebten den Befall.

Überprüfung

1. Was ist der Grund für die Einführung von Bt-Toxin-Genen in Nutzpflanzen?
2. Beschreiben Sie zwei spezifische Veränderungen, die zur Verbesserung der Expression des *cry*-Gens eingesetzt werden.
3. Welches Vektorsystem wurde in dem genannten Beispiel verwendet?
4. Welchen Zweck hat der Einbau eines mutierten EPSPS-Gens in den Vektor?
5. Was sind die wichtigsten Merkmale eines intermediären Vektors? Beschreiben Sie ihre Funktionen und wie sie an der Bildung eines kointegrativen Vektors beteiligt sind?

KAPITEL 15

TRANSGENE NUTZPFLANZEN MIT HERBIZIDRESISTENZ

Herbizide wirken, indem sie die Funktion eines Proteins oder eines Enzyms hemmen, das an bestimmten lebenswichtigen biologischen Vorgängen beteiligt ist. Glyphosat und Chlorsulfuron beispielsweise inaktivieren Schlüsselenzyme bei der Biosynthese von Aminosäuren (Tab. 15.1). Bromoxynil und Atrazin stören die Photosynthese durch Bindung an das Protein Q_B. Herbizide sind daher nicht selektiv, da die beteiligten Biosynthesewege sowohl im Unkraut als auch in der Kulturpflanze vorhanden sind. Die Wirksamkeit eines Herbizids bei der Unkrautbekämpfung hängt von der unterschiedlichen Aufnahme oder dem unterschiedlichen Stoffwechsel des Herbizids bei Unkraut und Kulturpflanze ab.

Die Gentechnik hat eine Möglichkeit geschaffen, Pflanzen gegen Herbizide resistent zu machen. Die Tatsache, dass viele gängige Herbizide auf ein einziges Ziel wirken, macht die Einführung von Herbizidtoleranz in Nutzpflanzen zu einer realisierbaren Alternative. Es gibt verschiedene Ansätze, die jedoch alle den Transfer eines einzigen Gens in die Pflanzen beinhalten.

15.1 Glyphosat

Glyphosat ist eines der am häufigsten verwendeten nichtselektiven Herbizide. Es hemmt die 5-Enolpyruvylshikimat-3-phosphat-Synthase (EPSPS), ein Schlüsselenzym im Syntheseweg für aromatische Aminosäuren. Zur Erzeugung glyphosatresistenter Pflanzen gibt es zwei verschiedene Ansätze. Eine Methode beinhaltet die Überproduktion von EPSPS durch Übertragung des Gens unter dem CaMV35S-Promotor. Alternativ wird ein mutiertes Gen verwendet, das für EPSPS kodiert und unempfindlich gegen Glyphosat ist. Das *aroA*-Gen wurde aus einem glyphosatresistenten Mutantenstamm von *Salmonella typhimurium* isoliert, der für eine mutierte Form von EPSPS kodiert, die gegen die Hemmung durch Glyphosat resistent ist. Das *aroA*-Gen wurde in mehrere Pflanzen kloniert.

Tab. 15.1 Einige gängige Herbizide und ihre Eigenschaften

Herbizid	Physiologische Wirkung	Spezifisches Ziel	Modifikationen
Glyphosat [*N*-(Phosphonomethyl-)glycin]	Hemmt die Synthese von aromatischen Aminosäuren	Hemmt 5-Enolpyruvyl-shikimat-3-phosphat	1. Klonierung eines mutierten EPSPS-Gens 2. Amplifikation zur Erhöhung der EPSPS-Konzentration
Chlorosulfuron [Sulfonylharnstoff]	Hemmt die Synthese von verzweigtkettigen Aminosäuren	Hemmt die Acetolactatsynthase (ALS)	Klonierung einer ALS-Mutante, die unempfindlich gegen die Hemmung ist
Bromoxynil	Hemmt den photosynthetischen Elektronentransport	Bindung an das Protein Q_B	Einführung des bakteriellen *bxn*-Gens (Nitrilase) in Pflanzen zur Entgiftung von Bromoxynil
Atazin [Triazin]	Hemmt den photosynthetischen Elektronentransport	Bindung an das Protein Q_B	1. Einführung eines mutierten *psbA*-Gens zur Herstellung eines nichtbindenden Q-Proteins 2. Einführung von Glutathion-5-Transferase zur Entgiftung des Herbizids

15.2 Klonierung des *aroA*-Gens

Bei der Klonierung des aroA-Gens in die Tomate (Fillatti et al. 1987. *Bio/Technology* 5, 726–730) wurde ein binärer Klonierungsvektor im Transformationssystem verwendet (Abb. 15.1).

1. Das *aroA*-Gen wurde durch den Mannopin-Synthase-Genpromotor (*mas*) reguliert und enthielt am 3'-Ende eine Polyadenylierungssignalsequenz, die aus dem großen Tumor-Gen (*tml*) abgeleitet war.
2. Ein *neo*-Gen wurde mit dem Promotor des Octopin-Synthase-Gens (*ocs*) und ein zweites *neo*-Gen mit dem Promotor des Mannopin-Synthase-Gens (*mas*) fusioniert.
3. Zur Erleichterung der Integration wurden die linken und rechten Randsequenzen der T-DNA verwendet.

Die Gene *neo* und *aroA* sind prokaryotischen Ursprungs. Um eine effiziente Expression zu gewährleisten, müssen die Gene unter die Kontrolle eukaryotischer Transkriptionsregulationssequenzen (Promotoren, Polyadenylierungssignalsequenzen) gestellt werden. Bei den *ocs*- und *mas*-Genen handelt es sich um Gene, die aus der T-DNA von T-Plasmiden stammen. Sie wurden in großem Umfang für die Konstruktion von Pflanzenvektoren verwendet, da die Promotorelemente und Polyadenylierungssignale dieser Gene eukaryotischen Charakter haben.

Der binäre Klonierungsvektor wurde in einen *Agrobacterium-fumefaciens*-Stamm eingebracht, der ein entschärftes Ti-Plasmid trug (bei dem die T-DNA deletiert, die *vir*-Region jedoch beibehalten wurde). Das entschärfte Ti-Plasmid fungiert als Hilfsplasmid, um den Transfer der T-DNA-Region im binären Klonierungsvektor zu vermitteln, die in die chromosomale DNA der Pflanze integriert wird und das *aroA*-Gen trägt. Die transformierten Tomatenzellen würden eine Resistenz gegen das im Wachstumsmedium vorhandene

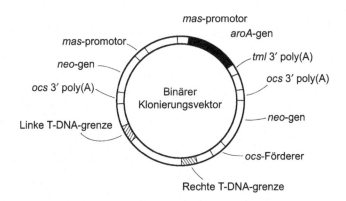

Abb. 15.1 Binärer Klonierungsvektor für die Klonierung des *aroA*-Gens

Kanamycin entwickeln. Die Produktion des EPSPS-Enzyms, für das das *aroA*-Gen kodiert, wurde durch Western-Blot-Analysen von Blattgeweben nachgewiesen. Das Vorhandensein des *aroA*-Gens in Tomatenblättern wurde durch Southern Blot bestätigt.

Überprüfung

1. Was ist das Genprodukt des *aroA*-Gens? Warum wurde es für die Entwicklung von Herbizidresistenz in Pflanzen ausgewählt?

2.

Herbizid	Mechanismus der Wirkung
Arazine	
Bromoxynil	
Chlorsulfuron	
Glyphosat	

3. Bei der Klonierung des *aroA*-Gens wurde der binäre Klonierungsvektor in *Agrobacterium* eingeführt, das ein entschärftes Ti-Plasmid trägt. Warum wurde das Ti-Plasmid „entschärft"?

4. Die linke und rechte Randsequenz der T-DNA wurde in den binären Klonierungsvektor aufgenommen (Abb. 15.1). Erläutern Sie, warum dies geschehen ist.

KAPITEL 16

Wachstumsverbesserung bei transgenen Fischen

Die Aquakulturindustrie produziert jährlich etwa 60 Millionen Tonnen verarbeiteten Fisch. Ein Großteil der Verbesserungen in der Fischzucht wurde durch traditionelle Zuchtmethoden erzielt. In den letzten Jahrzehnten gab es deutliche Fortschritte bei der Anwendung der rekombinanten DNA-Technologie, um transgene Fische mit erwünschten Merkmalen wie erhöhter Wachstumsrate und Krankheitsresistenz zu erzeugen.

Fische eignen sich besonders gut für transgene Manipulationen, da sich die meisten Fischarten durch externe Befruchtung fortpflanzen. Fischeier und Spermien können mit relativ einfachen Verfahren in großer Zahl gesammelt werden, die Befruchtung erfolgt durch sanftes Mischen und Rühren und befruchtete Eier können unter kontrollierten Bedingungen aufgezogen werden.

16.1 Gentransfer bei Fischen

Der Gentransfer erfolgt in der Regel durch direkte Mikroinjektion eines Genkonstrukts in das Zytoplasma einer befruchteten Eizelle innerhalb von ein bis vier Stunden nach der Befruchtung. Dieses Verfahren steht im Gegensatz zur Injektion in die Vorkerne einer befruchteten Eizelle bei transgenen Mäusen, Kühen und anderen Tieren (siehe Abschn. 11.6 und 23.2). Der Grund dafür ist, dass die Vorkerne befruchteter Fischeier aufgrund der großen Dottermasse schwer zu lokalisieren sind.

Befruchtete Fischeier enthalten eine harte Schale (Chorion), die das Eindringen von Mikronadeln erschwert. Üblicherweise wird das Chorion vor der Injektion durch Enzymverdauung entfernt oder ein kleines Loch mikrochirurgisch aufgeschnitten. Die Lachseier sind groß (5–6 mm Durchmesser), die Mikropile, eine Öffnung für das Eindringen der Spermien während der Befruchtung, ist sichtbar und kann zum Einstechen der Nadel verwendet werden. Eine Alternative ist die Elektroporation, die sich bei der Übertragung von Genen auf befruchtete Eier von Karpfen und Welsen als wirksam erwiesen hat. Die Elektroporation bietet den Vorteil, dass eine große Anzahl befruchteter Eier in einer Charge behandelt werden kann, im Gegensatz zur separaten Behandlung einzelner Eier bei der Mikroinjektion (siehe Abschn. 11.2).

Die Erfolgsquote der DNA-Integration in das Fischgenom liegt zwischen 10 und 75 %. In den meisten Fällen werden mehrere Kopien des Gens in Tandemanordnung an zufälligen Stellen in das Genom eingefügt. Das Ausmaß und die Spezifität der Genexpression hängen von dem im Genkonstrukt verwendeten Promotor/Enhancer ab. Bei den meisten Studien über transgene Fische werden Promotoren aus Tierviren wie dem Simian-Virus 40 (SV10) und dem Rous-Sarkoma-Virus (RSV) verwendet. Inzwischen werden auch zunehmend Fischgen-Promotoren verwendet. In den ersten Studien wurden Säugetiergene, wie das menschliche Wachstumshormon, verwendet. Der aktuelle Trend geht dahin, Wachstumshormon-Gene von verwandten Fischarten zu verwenden. Der Erfolg des Gentransfers muss durch die Beobachtung der Expression des Gens in den Nachkommen der transgenen Elternfische bewertet werden. Der charakteristische Phänotyp sollte bei den transgenen Fischen zu beobachten sein.

16.2 Klonieren von Lachsen mit einem chimären Wachstumshormon-Gen

Ein chimäres Wachstumshormon-Genkonstrukt für alle Fische wurde für den Gentransfer in den Atlantischen Lachs entwickelt, um die somatische Wachstumsrate zu erhöhen (Du et al. 1992. *Bio/Technology* 10, 176–180; Hobbs und Fletcher. 2008. *Transgenic Res.* 17, 33–45.). Das Genkonstrukt für alle Fische enthielt (1) eine cDNA-Kodierungsregion für das Wachstumshormon (GH) des Chinook-Lachses mit den untranslatierten Regionen 5′ und 3′, flankiert von (2) einem Promotor und einer terminierenden Region (der polyA-Sequenz 3′) eines aus dem Stintdorsch isolierten Gens für das Frostschutzprotein (AFP; Abb. 16.1).

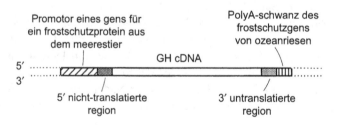

Abb. 16.1 Chimäres Wachstumshormon-Gen zum Klonieren von Lachsen

Jedem Lachsei wurden 3–5 µl DNA (~10^6 Kopien) des Wachstumshormon-Genkonstrukts durch die Mikropyle mikroinjiziert und anschließend bis zum Schlupf bebrütet. Die Fische wurden im Alter von 11 und 14 Monaten durch PCR-Analyse der aus den roten Blutkörperchen isolierten DNA auf das Vorhandensein des Wachstumshormon-Genkonstrukts untersucht. Die Wachstumsraten sowohl der transgenen als auch der nichttransgenen Lachse wurden überwacht. Im Alter von einem Jahr wurde eine zwei- bis sechsfache Steigerung des Wachstums beobachtet. Es ist anzumerken, dass die Einfügung eines Wachstumshormon-Gens die Wachstumsrate durch Erhöhung der Wachstumshormonmenge im Fisch *steigern* soll, da der Fisch sein eigenes Wachstumshormon-Gen enthält.

Frostschutzproteine kommen bei mehreren Fischarten vor, deren physiologische Funktion darin besteht, den Fisch zu schützen, indem sie die Bildung von Eiskristallen im Blutplasma verhindern. In diesem Fall wurde die AFP-Regulationssequenz des Stintdorschs für das Konstrukt verwendet, da sich die Promotorregion als voll funktionsfähig erwiesen hat und in der Lage ist, die Expression des Wachstumshormon-Gens in den Geweben zu steuern. Außerdem wurden sowohl das Wachstumshormon-Gen als auch die Promotorsequenzen aus Rücksicht auf die Verbraucherakzeptanz von verwandten Fischen abgeleitet.

Ein weiterer bemerkenswerter Faktor ist, dass der transgene Lachs triploid ist, d. h. er hat drei Chromosomensätze in seinen Körperzellen statt der normalen zwei Sätze (diploid). Die Triploidie wird durch thermische oder hydrostatische Druckbehandlung der Eier innerhalb der ersten Stunde nach der Befruchtung herbeigeführt, wodurch die erste Spaltung in der Meiose ausgelöst wird. Folglich teilt sich das Chromosom, aber die Zellteilung wird unterdrückt. Triploide Fische sind steril und gelten im Allgemeinen als wirksame genetische Eindämmung ohne Beeinträchtigung der Umwelt.

Überprüfung

1. Welche Vorteile bietet die Verwendung eines aus dem Meerestümmler gewonnenen Genpromotors für das Wachstumshormon bei Fischen?
2. Das in der Studie verwendete Wachstumshormon des Chinook-Lachses wurde durch Screening einer cDNA-Bibliothek gewonnen. Warum war es notwendig, eine cDNA-Bibliothek zu verwenden?
3. Wie wird eine cDNA-Bibliothek aufgebaut? Wie unterscheidet sie sich von einer genomischen Bibliothek? Unter welchen Umständen muss eine cDNA-Bibliothek für die Genisolierung verwendet werden?
4. Warum wird der transgene Lachs als Triploid konstruiert und aufgezogen? Was ist ein Triploid?

Auswirkungen des Genklonierens: Anwendungen in der Medizin und verwandten Bereichen

KAPITEL 17

MIKROBIELLE PRODUKTION VON REKOMBINANTEM HUMANINSULIN

Der frühe Erfolg der rekombinanten DNA-Technologie beruht in hohem Maße auf der Aufklärung der biologischen Vorgänge auf molekularer Ebene in mikrobiellen Systemen. Die erste kommerzielle Anwendung wurde mit der mikrobiellen Produktion von Humaninsulin realisiert.

17.1 Struktur und Wirkung von Insulin

Die Hauptaufgabe des Insulins besteht darin, die Aufnahme von Glukose aus dem Blutkreislauf in die Zellen zu steuern, wo die Glukose als Energiequelle genutzt oder in Glykogen zur Speicherung umgewandelt wird. Insulin reguliert den Glukosespiegel im Blut. Mit der Nahrung aufgenommene Kohlenhydrate, wie z. B. Stärke, werden zu Glukose verdaut, die in den Blutkreislauf übergeht. Der hohe Blutzuckerspiegel regt die β-Zellen der Bauchspeicheldrüse an, Insulin in den Blutkreislauf abzugeben. Das Insulin bindet sich an die Insulinrezeptoren auf der Zelloberfläche und erzeugt so Signale für die Bewegung der Glukosetransporter zur Zellmembran. Die Glukosetransporter schließen sich zu spiralförmigen Strukturen zusammen und bilden Kanäle für den Eintritt von Glukosemolekülen in die Zellen.

Insulin wird in den Zellen der Bauchspeicheldrüse als Präproinsulin hergestellt, das vier Segmente enthält: (1) ein Signalpeptid mit 16 Aminosäuren, (2) eine B-Kette mit 30 Aminosäuren, (3) ein C-Peptid mit 33 Aminosäuren und (4) eine A-Kette mit 21 Aminosäuren. In einem späteren Stadium des Prozesses werden das N-terminale und das C-Peptid abgespalten. Das aktive reife Insulin besteht aus A- und B-Ketten, die durch Disulfidbindungen zusammengehalten werden (Abb. 17.1).

D. W. S. Wong, *Das ABC des Genklonens*,
https://doi.org/10.1007/978-3-031-22190-3_17

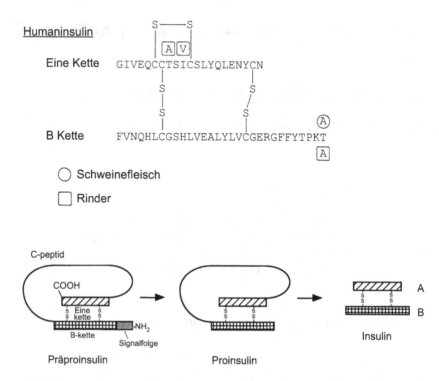

Abb. 17.1 Struktur von Humaninsulin und seine posttranslationale Modifikation

17.2   Klonierung des menschlichen Insulin-Gens

Vor dem Aufkommen der Biotechnologie wurde das zur Behandlung von Diabetes mellitus Typ I (insulinabhängiger Diabetes) verwendete Insulin durch Extraktion des Hormons aus Pankreasgewebe von Schweinen oder Rindern gewonnen. Anfang der 1980er-Jahre kam das rekombinant hergestellte Humaninsulin auf den pharmazeutischen Markt.

In einem der Ansätze (Goeddel et al. 1979. *Proc. Natl. Acad. Sci. USA* 76, 106–110) wurden die Sequenzen für die A- und B-Ketten chemisch synthetisiert und separat downstream des β-Galaktosidase-Strukturgens eingefügt, das durch den *lac*-Promotor kontrolliert wird. Die Konstruktion war so angelegt, dass die Insulinketten als Fusionsproteine hergestellt wurden, die durch ein Methionin an das Ende des β-Galaktosidase-Proteins gebunden waren. Der Expressionsvektor enthielt auch einen Amp^R-Marker. Die Transformanten wurden durch Ausplattieren auf einem X-Gal- und ampicillinhaltigen Kulturmedium selektiert (siehe Abschn. 9.1.1). Die Insulin-A- und -B-Ketten-Transformanten wurden gezüchtet, um die Zellen in gro-

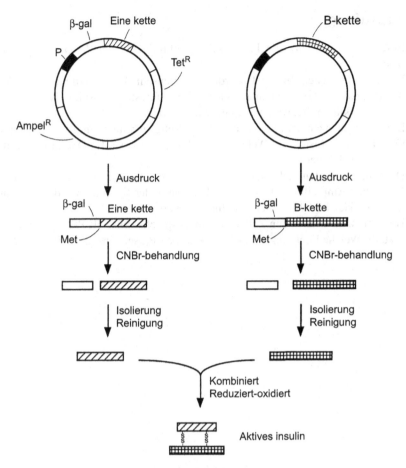

Abb. 17.2 Strategie für das Klonieren und die Produktion von Humaninsulin

ßer Menge zu ernten. Die Zellen wurden lysiert und die Insulin-A-Kette und die B-Kette getrennt gereinigt. Da das Insulin-A-Gen mit dem β-Galaktosidase-Gen fusioniert wurde, war das erzeugte Insulinprotein ein β-Galaktosidase-Insulin-Hybrid. Dieses Hybridprotein wurde mit Bromcyan behandelt, um die Insulinkette am Methionin abzuspalten. Auch die Insulin-B-Kette wurde der gleichen Behandlung unterzogen. Die gereinigten Insulin-A- und -B-Ketten wurden gemischt und einer Reduktionsreoxidation unterzogen, um die korrekte Verbindung der Disulfidbindungen sicherzustellen (Abb. 17.2).

Ein alternatives Verfahren beinhaltet das Klonieren von menschlichem Proinsulin (A-C-B-Sequenz) in Bakterienzellen. Das C-Peptid des exprimierten Proteins wird enzymatisch abgespalten, um die aktive A-B-Form zu erhalten.

Überprüfung

1. Beschreiben Sie kurz die biologische Funktion und den Mechanismus von Insulin.

2. In dem gegebenen Beispiel wurde das menschliche Insulin-Gen mit dem β-Galaktosidase-Gen fusioniert, um ein β-Galaktosidase-Insulin-Hybrid zu erzeugen. Erklären Sie, warum dies geschehen ist.

3. Die Gensequenzen der A-Kette und der B-Kette sind mit dem β-Galaktosidase-Gen in *E. coli* fusioniert. Welche große Vorsicht ist bei der Durchführung des Expressionsklonierens geboten?

4. Die transformierten Kolonien wurden durch Ausplattieren auf ein Medium mit X-Gal und Ampicillin untersucht. Welche Farbe der Kolonien würden Sie wählen, blau oder weiß? Erläutern Sie Ihre Antwort.

5. Humaninsulin wird in den Zellen der Bauchspeicheldrüse als Präproinsulin hergestellt. Welche Funktionen haben die Prä- und Prosequenzen des Proteins?

KAPITEL 18

SUCHE NACH KRANKHEITSVERURSACHENDEN GENEN

Von den etwa 4000 bekannten menschlichen Erbkrankheiten ist nur eine Handvoll krankheitsverursachender Gene kartiert worden. Ein Gen (mit einer durchschnittlichen Länge von 10.000 bp) inmitten eines 3,2 Milliarden bp großen Genoms zu lokalisieren, ist keine einfache Aufgabe.

Wenn bekannt ist, dass ein Protein an einer genetischen Krankheit beteiligt ist, ist das Verfahren relativ einfach. Der Ansatz besteht darin, das Protein zu reinigen, seine Aminosäuresequenz zu bestimmen und die Gensequenz abzuleiten, die das Protein kodiert. Auf der Grundlage der abgeleiteten Nukleotidsequenz kann eine Sonde synthetisiert werden, um das Gen aus einer entsprechenden Genbibliothek zu isolieren. Anschließend wird die Sequenz des Zielgens, das von Personen mit der genetischen Krankheit isoliert wurde, mit der von normalen Personen verglichen. Eine Mutation in dem Gen lässt auf einen Zusammenhang mit der Krankheit schließen.

18.1 Genetische Kopplung

In vielen Fällen ist der ursächliche Mechanismus der Erkrankung unbekannt. Dennoch ist es möglich, das Gen, das für die Krankheit verantwortlich ist, mithilfe der „reversen Genetik" zu suchen und zu identifizieren, d. h. ein Gen zu klonieren, indem es an einer bestimmten Stelle eines Chromosoms lokalisiert wird. Die Strategie besteht darin, nach Markern zu suchen, die sich in der Nähe des Gens auf dem Chromosom befinden. Im Verlauf der Meiose (Prozess der Zellteilung bei der Erzeugung von Keimzellen – Spermien und Eizellen; siehe Abschn. 1.5) kommt es zu einem Austausch der homologen Chromosomen, der als Rekombination bezeichnet wird. Jedes Chromosom in einer Keimzelle ist eine genetische Kombination aus homologen Chromosomen in den elterlichen Zellen. Nehmen wir an, zwei genetische Stellen (Loci) A und B

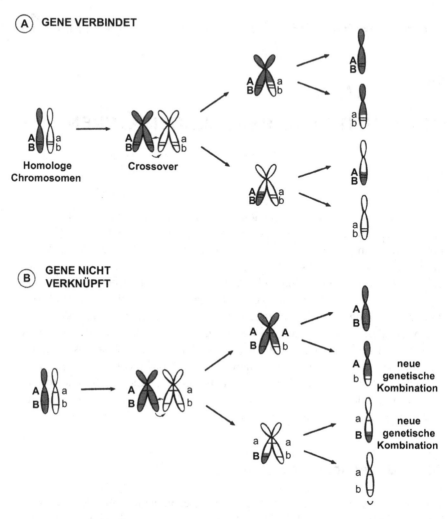

Abb. 18.1 Genkopplung und Rekombination

befinden sich nahe beieinander auf demselben Chromosom. Die Wahrscheinlichkeit, dass die beiden Loci zusammenbleiben, wenn die DNA während der Meiose ausgetauscht wird, ist hoch. Mit anderen Worten: Es ist wahrscheinlich, dass beide in künftigen Generationen vererbt werden. In diesem Fall werden A und B als gekoppelt bezeichnet. Wenn die beiden Loci weit voneinander entfernt auf demselben Chromosom liegen, steigt die Wahrscheinlichkeit, dass sie während des Rekombinationsprozesses getrennt werden (Abb. 18.1).

18.1.1 Häufigkeit der Rekombination

Ein Maß für den Abstand zwischen A und B ist die Rekombinationshäufigkeit (d. h. wie oft A und B während des Austauschprozesses getrennt werden). Eine Rekombinationshäufigkeit von 1 % entspricht einem Abstand von 1 Mio. bp, eine Häufigkeit von 5 % bedeutet, dass sie 5 Mio. bp voneinander entfernt sind, und 0 % bedeutet eine vollständige Kopplung der beiden Gene.

Bei der Kopplungsanalyse gibt es eine Einschränkung. Damit eine Kopplung festgestellt werden kann, müssen A und B beide heterozygot sein, d. h. in normaler und mutierter Form vorliegen, z. B. AB/ab (AB auf einem Chromosom und ab als Mutante von AB auf dem anderen Homolog). Wenn beide Gene homozygot sind, z. B. AB/AB, Ab/Ab, ab/ab oder aB/aB, kann die Rekombination, auch wenn sie stattfindet, bei den Nachkommen nicht nachgewiesen werden.

18.1.2 Genetische Marker

Durch die Analyse der Rekombinationshäufigkeiten zwischen einer Reihe von Genen kann eine genetische Karte erstellt werden, auf der die Abstände der beiden Loci an ihren relativen Positionen im Chromosom geschätzt werden können. Diese genetischen Loci können dann als Referenzpunkte für andere neue Gene dienen. Diese werden in einer genetischen Karte als genetische Marker bezeichnet. Die meisten Marker, die bei der Kartierung verwendet werden, bestehen aus polymorphen DNA-Sequenzen, einschließlich Tandemwiederholungen mit variabler Anzahl (VNTR), kurzen Tandemwiederholungen (STR), Tri- und Tetranukleotidwiederholungen. Diese Marker gibt es in vielen Formen (polymorph), da die Anzahl der Wiederholungen und die Länge der Wiederholungen variieren. Dies bedeutet, dass ein bestimmtes Individuum verschiedene Versionen einer bestimmten Wiederholungssequenz in einem homologen Chromosomenpaar trägt (siehe Abschn. 21.1, 21.2 und 21.5). Bei neueren Kartierungen werden „sequenzmarkierte Stellen" als Marker verwendet, einschließlich ESTs („expressed sequence tags"). Dabei handelt es sich um kurze Sequenzabschnitte, die an eindeutigen Stellen im Chromosom liegen und durch PCR-Tests nachgewiesen werden können (siehe Abschn. 24.2.1).

Bei der Untersuchung des genetischen Zusammenhangs beim Menschen werden zunächst Blutproben von vielen Patienten mit der genetischen Krankheit und ihren Familien gesammelt. Die Idee ist, nach Markern zu suchen, die immer zusammen mit der Krankheit vererbt werden, denn je näher ein Marker am krankheitsverursachenden Gen liegt, desto wahrscheinlicher ist es, dass beide vererbt werden, d. h. die Rekombinationshäufigkeit ist sehr gering. Der so identifizierte spezifische Marker dient als Bezugspunkt für die Suche nach dem krankheitsverursachenden Gen. In Tierstudien können Kreuzungen zwischen genetisch definierten Eltern durchgeführt werden, um eine große Anzahl von Nachkommen zu erzeugen, und die genetische Kopplung kann analysiert werden. Dies ist bei Studien am Menschen nicht möglich.

18.2 Positionsklonierung

Sobald die genetische Kopplung zwischen einem Marker und einem Gen hergestellt ist, beginnt die Suche nach dem Gen an der Stelle des Markers. Zu diesem Zweck wurden verschiedene Strategien angewandt. Dazu gehören Chromosomen-Walking und -Jumping sowie die Verwendung eines künstlichen Hefechromosoms.

18.2.1 Chromosomen-Walking

Das Chromosom, in dem sich der Marker befindet, wird restriktionsverdaut und zur Erzeugung einer genomischen Bibliothek mit überlappenden DNA-Fragmenten verwendet. Das DNA-Fragment, das den Marker enthält, wird isoliert und die Endsequenz des Fragments wird als Sonde für das nächste überlappende Fragment im Chromosom verwendet. Die Endsequenz dieses zweiten DNA-Fragments wird wiederum zur Gewinnung eines dritten überlappenden DNA-Fragments verwendet, das sich weiter entlang des Chromosoms erstreckt. Diese Technik wird als Chromosomenwanderung bezeichnet (Abb. 18.2). Jeder Schritt ist 30–40 kb lang, was ein recht langsamer Prozess ist, wenn man bedenkt, dass eine Rekombinationshäufigkeit von 1 % (die als enge Verknüpfung angesehen wird) zwischen einem Gen und einem Marker tatsächlich einem Abstand von 1 Mio. bp entspricht. Aus den obigen Ausführungen ist ersichtlich, dass die wichtigste Einschränkung des Chromosomen-Walking in der Größe der klonierbaren DNA-Fragmente liegt (etwa 40 kb in einem Cosmid-Vektor).

18.2.2 Chromosomen-Jumping

Eine Technik zur Umgehung dieses Problems, das sogenannte Chromosomen-Jumping, ermöglicht es, Entfernungen von durchschnittlich 200 kb zu überspringen und die Suche am Endpunkt jedes Sprungs fortzusetzen. Bei diesem Verfahren wird genomische DNA an seltenen Restriktionsstellen verdaut und es werden DNA-Fragmente von etwa 200 kb Größe isoliert. Diese großen DNA-Fragmente werden durch Ligation an eine kurze Tag-Sequenz (Linker), die ein *E.-coli*-Suppressor-tRNA-Gen trägt, zirkularisiert. Die zirkularisierten DNA-Fragmente werden an vielen Stellen durch ein gängiges

(A) CHROMOSOMENWANDERUNG

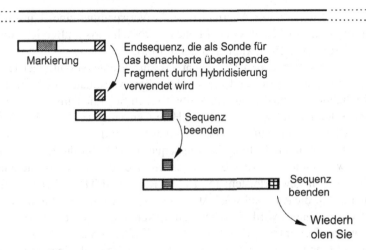

Markierung

Endsequenz, die als Sonde für das benachbarte überlappende Fragment durch Hybridisierung verwendet wird

Sequenz beenden

Sequenz beenden

Wiederh olen Sie

(B) CHROMOSOMENSPRUNG

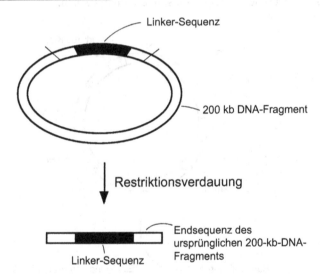

Linker-Sequenz

200 kb DNA-Fragment

Restriktionsverdauung

Endsequenz des ursprünglichen 200-kb-DNA-Fragments

Linker-Sequenz

Abb. 18.2 Chromosomen-Walking und Chromosomen-Jumping

Restriktionsenzym (z. B. *EcoRI*) verdaut, um ein kurzes Fragment (von etwa 20 kb) zu erhalten, das aus dem Tag besteht, der von den beiden Endsequenzen des ursprünglichen großen DNA-Fragments flankiert wird (Abb. 18.2). Daher entspricht in diesem Fall jeder Schritt von 20 kb einem Sprung von einem Ende zum anderen Ende eines 200-kb-Fragments.

18.2.3   Künstliches Hefechromosom

Eine beliebte Alternative ist die Verwendung eines künstlichen Hefe-chromosoms (YAC), das in der Lage ist, DNA-Inserts im Bereich von mehreren hundert Kilobasen zu klonieren (Abb. 18.3).

Ein typischer YAC besteht aus einer Reihe wesentlicher Hefechromo-somenelemente und anderer struktureller Merkmale: (1) ein bakterieller Replikationsursprung und ein antibiotischen Selektionsmarker für Replikation und Selektion in Bakterien; (2) ein Hefe-Centromer (*CEN4*), das die Verteilung des Chromosoms auf die Tochterzellen während der Zellteilung ermöglicht; (3) eine autonome Hefereplikationssequenz (*ARS*) für die Replikation in Hefe; (4) zwei Telomere (*TEL*), Endsequenzen eines Chromosoms, die eine korrekte Replikation gewährleisten; (5) Hefe-URA3- und TRP1-Gene als Selektions-marker für die Auswahl von YAC-Transformanten. Die Einfügung eines großen DNA-Fragments wird zwischen dem linken und dem rechten Arm des Vektors flankiert. Der linke Arm besteht aus *TEL, TRP1, ARS* und *CEN4*, der rechte Arm aus *TEL* und *URA3*. Der rekombinante Vektor kann als lineares Chromosom in Hefe als künstliches Hefechromosom erhalten werden.

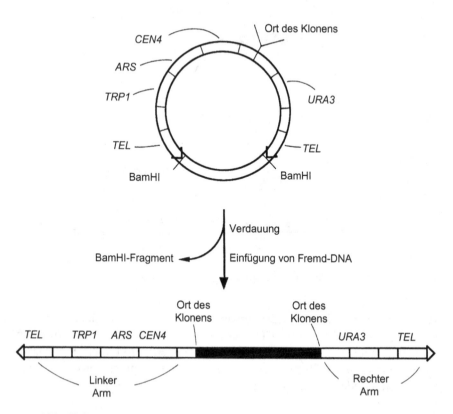

Abb. 18.3 Strategie für die Verwendung eines künstlichen Hefechromosoms

18.3 Exonamplifikation

Die Suche entlang eines Chromosoms wird mit häufigen Tests auf kodierende Regionen (Exons) fortgesetzt. (Die meisten eukaryotischen Sequenzen enthalten Introns, die für keine Proteine kodieren.) Mutmaßliche kodierende Sequenzen können durch Exonamplifikation (auch Exon-Trapping genannt) gewonnen werden, eine Technik, die auf dem RNA-Spleißen basiert (Abb. 18.4).

Genomische DNA-Fragmente werden in ein Intron-Segment des humanen Immunschwächevirus (HIV-1) tat-Gens eingefügt, das von 5'- und 3'-Spleißstellen flankiert wird. Das rekombinante DNA-Konstrukt wird dann für die Transfektion von Zellen verwendet. Enthält das DNA-Fragment ein Exon mit flankierenden Intronsequenzen, dann paaren sich die Spleißstellen an den Exon-Intron-Verbindungen mit den Spleißstellen des flankierenden tat-Introns. Bei der In-vivo-Transkription sollte die mRNA nach dem Spleißen das von der inserierten DNA stammende Exon erhalten, das dann durch PCR amplifiziert werden kann. Wenn das eingefügte DNA-Fragment keine Exons enthält, ist die mRNA kürzer. Die beiden Arten von PCR-Produkten lassen sich durch Größentrennung in der Gelelektrophorese unterscheiden.

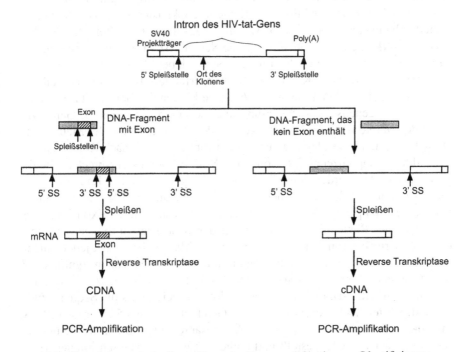

Abb. 18.4 Schematische Darstellung der Exonamplifikation zur Identifizierung kodierender Sequenzen

Das Exon wird herausgeschnitten, sequenziert und auf das Vorhandensein eines offenen Leserahmens und methylierter GC-Inseln (die auf eine Transkriptionsregulationssequenz hinweisen) überprüft. Es kann auch dazu verwendet werden, ähnliche bekannte Sequenzen in anderen Spezies zu suchen, basierend auf der Annahme, dass eine hochkonservierte Sequenz auf eine kodierende Region eines wichtigen Gens hinweisen kann. Die isolierte Exonsequenz kann mittels Northern Blot auf das Vorhandensein der entsprechenden RNA aus den erkrankten Geweben untersucht werden. Der endgültige Nachweis hängt schließlich vom Sequenzvergleich des mutmaßlichen Gens von Personen mit der Krankheit mit dem Gen von normalen Personen ab. Auch der Zusammenhang zwischen dem Genprodukt und der Krankheit muss nachgewiesen werden.

18.4   Isolierung des Fettleibigkeitsgens der Maus

Fettleibigkeit ist eine der häufigsten Ursachen für ernsthafte Gesundheitsprobleme, da sie häufig mit Typ-II-Diabetes (nicht insulinabhängig), Bluthochdruck und Hyperlipidämie einhergeht. Das fettleibige (*ob*) Gen der Maus, das den Energiestoffwechsel reguliert, wurde mithilfe von Kopplungsanalysen, genetischer Kartierung und Positionsklonierung lokalisiert und aus Fettgewebe isoliert (Zhang et al. 1994. *Nature* 372, 425–432). Das OB-Protein, für das das normale Gen kodiert, wirkt auf das zentrale Nervensystem ein, um die Nahrungsaufnahme zu reduzieren und den Energieverbrauch bei Mäusen zu erhöhen, was zu einer ausgewogenen Kontrolle des Körperfettgewebes führt. Fettleibige Mäuse haben einen Genotyp von *ob/ob*. Beide Kopien des Gens sind Mutanten.

Eine genetische Verknüpfungsanalyse ergab, dass das ob-Gen zwischen den Markern *D6Rck13* und *Pax4* auf dem Chromosom 6 der Maus liegt. Diese beiden flankierenden Marker wurden verwendet, um nach Klonen zu suchen, die den angrenzenden Regionen der YAC-Bibliothek entsprechen. Beide Enden jedes YAC wurden durch PCR-Methoden gewonnen. Die Enden wurden sequenziert und zur Isolierung neuer YACs verwendet. Das YAC-Contig (Sätze von sich überlappenden Klonen oder Sequenzen) wurde durch Exon-Trapping auf kodierende Regionen untersucht. Eines der identifizierten Exons wurde mit dem Northern Blot von weißem Fettgewebe der Maus hybridisiert, jedoch nicht mit anderen Geweben. Dies deutet darauf hin, dass die Sequenz in signifikanter Menge im Fettgewebe transkribiert wird. Die kodierende Sequenz hybridisierte auch mit Wirbeltier-DNAs im Southern Blot, was zeigt, dass die Sequenz zwischen den Arten hochkonserviert ist. Das Gen kodiert eine 4,5 kb große mRNA mit einem offenen Leseraster von 167 Aminosäuren. Das Protein wurde mittels rekombinanter DNA hergestellt und täglich fettleibigen Mäusen injiziert (Halaas et al. 1995. *Science* 269, 543–546). Nach einer zweiwöchigen Behandlung wurde eine Verringerung des Körpergewichts um 30 % beobachtet. Die Verabreichung des Proteins an normale Mäuse führte zu einem moderaten Gewichtsverlust von 12 %.

18.5 Exomsequenzierung

Im letzten Jahrzehnt hat die Identifizierung von Genen, die Mendelsche Krankheiten verursachen, dank der Einführung der Sequenzierung der nächsten Generation große Fortschritte gemacht.

Ein Großteil der bekannten genetischen Ursachen von Mendelschen Störungen betrifft die proteinkodierenden (Exon-)Regionen und in der Regel werden pro sequenziertem Exom 20.000–50.000 Varianten identifiziert. Das Exom (kombinierte Exons des Genoms) ist daher der wichtigste Teil des Genoms. Durch seine Sequenzierung können viele Arten von Genomvariationen schnell erkannt und die ursächliche Variante direkt identifiziert werden. Die in einem Exom entdeckten Varianten müssen gefiltert und auf eine kleinere Anzahl von Kandidaten (150–500), die potenziell ursächliche Mutationen sind, priorisiert werden (Gilissen et al. 2012. *Eur. J. Human Genetics* 20, 490-497). Für solche Zwecke wurden Softwareprogramme entwickelt.

18.5.1 Gezielte Anreicherung durch Sequence Capture

Vor der eigentlichen Sequenzierung werden die interessierenden Sequenzbereiche vom restlichen Genom abgetrennt und angereichert, was allgemein als Sequenzierung bezeichnet wird. Im Fall von Exomen wird dieser Prozess Exome Capture genannt.

Die genomische DNA wird geschert, um dsDNA-Fragmente zu bilden, die einer Endreparatur unterzogen werden, um stumpfe Enden zu erzeugen, gefolgt von einer Ligation mit Adaptern aus universellen Priming-Sequenzen. Durch diesen Präparationsschritt wird aus der genomischen DNA eine Sequenzierbibliothek erzeugt, die nach der Anreicherung bereit für Next Generation Sequencing ist (siehe Abschn. 24.5). Die Anreicherung der Sequenzierbibliothek erfolgt durch Array-basierte Hybridisierung oder In-solution-Hybridisierung (Mamanova et al. 2010. *Nature Methods* 7, 111–118) (Abb. 18.5).

1. Array-basierte Erfassung: Bei dieser Strategie werden Mikroarrays hergestellt, die synthetische Oligonukleotide enthalten, die den Exonregionen des menschlichen Genoms entsprechen (Dies ist möglich, weil die Sequenz des menschlichen Genoms bekannt ist. Die Oligonukleotide können z. B. mittels PCR synthetisiert werden.). Die DNA-Fragmente in der Sequenzierbibliothek werden selektiv an die Oligonukleotidsonden auf dem Array hybridisiert, ungebundene Fragmente werden durch Waschen entfernt und die Zielfragmente werden eluiert und angereichert.
2. In-solution-Capture: Bei dieser Strategie werden die Oligonukleotide biotinyliert und in Lösung gehalten. Die DNA-Fragmente in der Sequenzierungsbibliothek werden selektiv hybridisiert und bilden Oligo-DNA-Komplexe in

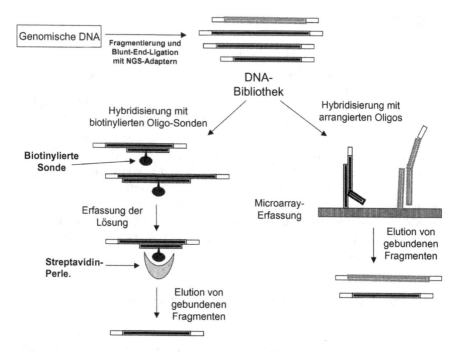

Abb. 18.5 Exomanreicherung durch Array-basierte Erfassung und In-solution-Capture

Lösung. Streptavidin-Beads (Affinität zu Biotin) werden verwendet, um die Komplexe zu binden bzw. einzufangen. Ungebundene DNA-Fragmente werden durch Waschen entfernt.

Nach dem Binden werden die angereicherten Fragmente sequenziert, was eine selektive DNA-Sequenzierung des Exoms ermöglicht.

18.5.2 Identifizierung von Krankheitsgenen

Die bei der Exomsequenzierung identifizierten Varianten werden zunächst gefiltert, um falsch-positive Ergebnisse zu reduzieren. So können beispielsweise Varianten außerhalb der kodierenden Regionen, synonyme Varianten (d. h. Mutationen, die keine Aminosäuren verändern und wahrscheinlich keine verursachenden Auswirkungen haben) und bekannte Varianten, die bereits in veröffentlichten Datenbanken existieren, eliminiert werden (Gilissen et al. 2012. *Eur. J. Human Genetics* 20, 490–497; Robinson et al. 2011. *Clin. Genet.* 80, 127–132). Es können auch viele andere Filter angewendet werden. Letztendlich kann die Liste der Kandidaten drastisch reduziert werden. Diese kurze Liste „pathogener" Varianten wird weiter analysiert, um die ursächliche Variante durch verschiedene Strategien zu identifizieren, die in Tab. 18.1 kurz zusammengefasst sind.

Tab. 18.1 Strategien zur Identifizierung von Krankheitsvarianten für die Exomsequenzierung

Strategie	Anwendbare Situation	Annahme	Näherung
Kopplung	Mehrere betroffene Patienten innerhalb einer Familie	Vollständig penetrierende Mutation, die mit der Störung segregiert	Sequenzierung des Patienten und seiner biologischen Familienangehörigen (sowohl betroffen als auch nicht betroffen)
Überlappung	Unverwandte Patienten mit demselben Phänotyp	Die Störung ist monogen (Mutation in einem einzigen Gen)	Sequenz nicht verwandter Patienten
De novo	Einzelner Patient, der sporadisch innerhalb einer Familie betroffen ist	Vollständig penetrierende ursächliche De-novo-Mutation	Sequenzierung des Patienten und der biologischen Eltern
Double-Hit	Einzelner Patient mit rezessiver Störung	Eine einzelne seltene homozygote oder zwei seltene zusammengesetzte heterozygote Mutationen	Nur der Patient wird sequenziert

Aus: Gilissen et al. 2012. *Eur. J. Human Genetics* 20, 490-497

Überprüfung

1. Was ist „reverse genetics"?
2. Wie hängt die Rekombinationshäufigkeit mit der Genkopplung zusammen?
3. Warum werden polymorphe DNA-Sequenzen als (A) genetische Marker in der Kopplungsanalyse und (2) DNA-Fingerprinting (siehe Kap. 21) verwendet?
4. Was bedeutet Chromosomen-Walking? Wo liegen die Grenzen dieser Methode? Beschreiben Sie, wie das Chromosomen-Jumping einige dieser Einschränkungen überwinden kann.
5. Wie wird die Exonamplifikation verwendet, um auf mutmaßliche Genkodierungssequenzen in einem Chromosom zu testen?
6. Was sind die Vorteile der Verwendung von YAC? Beschreiben Sie die Funktionen von *ARS*, *CEN4*, *TEL*, *URA3* und *TRP1*.
7. Warum wird die Exomerfassung bei der Exomsequenzierung verwendet? Beschreiben Sie die für die Exomerfassung verwendeten Methoden.
8. Welchen Grund gibt es für die Sequenzierung des Exoms bei der Identifizierung von Genen, die Mendelsche Krankheiten verursachen?

KAPITEL 19

Gentherapie beim Menschen

Es gibt mehr als 4000 bekannte Erbkrankheiten. Die meisten von ihnen haben nur minimale Auswirkungen, aber einige verursachen körperliche und geistige Abnormitäten, die lebensbedrohlich sein können. Zu den genetischen Krankheiten, die für Gentherapien infrage kommen, gehören schwere kombinierte Immunschwäche (SCID), Thalassämie, zystische Fibrose usw. (Tab. 19.1). Da diese genetischen Krankheiten jeweils durch ein einziges defektes Gen verursacht werden, besteht eine mögliche Behandlung darin, eine normale funktionelle Kopie des Gens in das betroffene Zellgewebe einzubringen. So ergänzt das normale (therapeutische) Gen das defekte Gen des Patienten. Die Gentherapie ist nicht nur auf die Behandlung genetischer Störungen beschränkt. Die allgemeine Technologie des Transfers von genetischem Material in einen Patienten wird auch bei Krankheiten wie Krebs, AIDS und Herz-Kreislauf-Erkrankungen eingesetzt. Viele der genehmigten klinischen Versuche zur Gentherapie dienen der Behandlung anderer Krankheiten anstatt genetischer Störungen.

19.1 Physikalische und chemische Methoden

Die Techniken des Gentransfers lassen sich in (1) physikalisch-chemische Methoden und (2) biologische (virale) Methoden unterteilen.

Die erste Gruppe verwendet in der Regel Lipidträger, um den Transfer von DNA durch eine Zellmembran zu erleichtern. Lipidträger bilden durch elektrostatische Wechselwirkung Komplexe mit der DNA (Abb. 19.1). Amphipathische Lipide, die sowohl polare Gruppen als auch einen hydrophilen Schwanz im Molekül tragen, können sich zu Vesikeln organisieren und eine Liposomenstruktur bilden, in deren Inneren die DNA eingeschlossen ist. Diese Lipid-DNA-Komplexe (auch Lipoplexe genannt) ermöglichen es den Zellen, die DNA durch Inkubation leicht aufzunehmen. Das Verfahren wird als Lipo-

Tab. 19.1 Beispiele für bekannte genetische Störungen

Genetische Störung	Inzidenz	Mutiertes Gen	Zielzellen
Schwere kombinierte Immunschwäche	Selten	Adenosin-Desaminase	Knochenmark oder T-Lymphozyten
Familiäre Hypercholesterinämie	1 in 500	Low-Density-Lipoprotein-Rezeptor	Leber
Hämoglobinopathien (Thalassämie)	1 in 600	α- und β-Globin	Knochenmark
Mukoviszidose	1 in 2000	Mukoviszidose-T-Rezeptor	Lunge
Vererbtes Emphysem	1 in 3500	α-1-Antitrypsin	Lunge
Duchenne-Muskeldystrophie	1 in 10.000	Dystrophin	Muskeln
Hämophilie A	1 in 10.000	Faktor VIII	Leber oder Fibroblasten
Hämophilie B	1 in 30.000	Faktor IX	

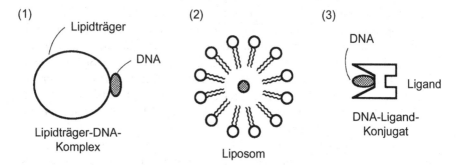

Abb. 19.1 Physikalische und chemische Methoden zur Übertragung eines therapeutischen Gens

fektion bezeichnet. Lipoplexe können auch direkt in Zellgewebe injiziert werden (z. B. in Tumorgewebe bei der Krebsbehandlung).

Alternativ kann die DNA chemisch mit einem Liganden verbunden werden, der an spezifische Rezeptoren auf der Membranoberfläche bindet. Die Zelle nimmt das DNA-Ligand-Konjugat auf, indem sie den Liganden an den Rezeptor bindet und durch die Membran transportiert. In den meisten Fällen muss das DNA-Ligand-Konjugat weiter behandelt werden, um sicherzustellen, dass die DNA nicht im Lysosom abgebaut wird, sobald sie sich in der Zelle befindet. Die endgültige Formulierung des DNA-Ligand-Konjugats wird in den Blutkreislauf injiziert und zum Zielgewebe transportiert.

Verschiedene natürliche oder synthetische Polymere werden verwendet, um mit der DNA zu interagieren und sie zu verdichten, damit die DNA-Partikel leichter in die Zelle gelangen können. In einigen Studien wird die Injektion von nackter DNA (ohne Lipidhülle) in den Patienten untersucht (siehe

Abschn. 19.4). DNA oder RNA können durch Elektroporation in die Zielzellen eingebracht werden, wobei ein kurzer elektrischer Impuls temporäre Poren in der Zellmembran erzeugt. Da Nukleinsäuren geladene Moleküle sind, können sie die Membran durchdringen und in die Zelle gelangen.

Bei einigen Krankheiten kann eine In-situ-Behandlung besonders attraktiv sein. So können beispielsweise Lipidträger verwendet werden, um ein Genkonstrukt in einen Tumor zu injizieren, das Krebszellen in selbstmörderische Zellen verwandelt. Bei Mukoviszidose, die die Lunge betrifft, können funktionelle Kopien des CF-Transmembranregulator-Gens direkt in die Zellen der Atemwege eingebracht werden. Der größte Nachteil all dieser physikalischen Methoden besteht darin, dass die Wirkungen nur vorübergehend sind und eine wiederholte Behandlung erforderlich ist, um eine dauerhafte Expression der Fremdgene in der Gewebezelle zu gewährleisten (siehe Abschn. 19.4).

19.2 Biologische Methoden

Biologische Methoden führen in der Regel zu einer stabileren Integration und bilden die Mehrheit der zugelassenen klinischen Versuche. Bei vielen dieser Methoden wird virale DNA als Vektor verwendet (siehe Abschn. 9.4.4). Am weitesten fortgeschritten sind Retroviren und adenoassoziierte Viren. Ein Großteil der klinischen Gentherapieprotokolle in Nordamerika und Europa beinhaltet die Verwendung von sicheren viralen Vektoren. Mehrere Arten von Retroviren (Rinderleukämievirus, Rous-Sarkoma-Virus, Lentivirus und Spumavirus) wurden für Vektorpräparate verwendet.

19.2.1 Lebenszyklus von Retroviren

Ein Retrovirus enthält einen RNA-Kern als genetisches Material in einer Proteinhülle (Kapsid), die von einer äußeren Umhüllung umgeben ist. Das virale RNA-Genom enthält lange terminale Repeats (LTR) an den 5'- und 3'-Enden, die den Promotor bzw. die Terminationsstelle tragen. Dazwischen befinden sich drei kodierende Regionen – *gag* für virale Kernproteine, *pol* für das Enzym Reverse Transkriptase und *env* für die äußere Hülle – sowie eine nichtkodierende Region, die als psi(ψ)-Region bezeichnet wird (das Verpackungssignal, das den Zusammenbau der RNA zur Bildung von Viruspartikeln steuert; siehe Abschn. 9.4.4 und Abb. 9.21).

Bei der Infektion wird das RNA-Genom des Retrovirus in die Zelle injiziert und durch das Enzym Reverse Transkriptase in DNA umgewandelt. Die virale DNA wird dann als Provirus in die chromosomale DNA des Wirts integriert. Die Provirus-DNA steuert die Synthese der viralen RNA, die zusammen mit der zellulären Transkription transkribiert wird. Die transkribierte virale

RNA dient auch als mRNA für die Synthese der viralen Proteine. Die virale RNA und die Proteine werden in einem „Packaging" genannten Prozess zusammengefügt, um neue lebensfähige Retroviren zu erzeugen (siehe Abschn. 9.4.4).

19.2.2   Konstruktion eines sicheren Retrovirusvektors

Retroviren sind infektiös und müssen modifiziert werden, um für die Einführung therapeutischer Gene geeignet zu sein. Zunächst wird rekombinante Provirus-DNA hergestellt, indem die viralen Gene im Provirus gelöscht und durch das therapeutische Gen ersetzt werden. Die ψ-Region, die für den Aufbau der RNA in der Verpackung benötigt wird, und die LTR-Regionen für die Transkriptionsinitiierung und -terminierung bleiben im Vektor erhalten (siehe Abschn. 9.4.4).

Die daraus resultierende rekombinante Provirus-DNA wird in Verpackungszellen eingebracht. Die rekombinante Provirus-DNA steuert die Synthese von RNA, die die therapeutische Gensequenz und die ψ-Region enthält. Allerdings fehlen ihr die viralen Proteine für den Zusammenbau. Die fehlenden Gene für virale Proteine werden von einem Helfervirus in derselben Verpackungszelle bereitgestellt. Die therapeutische RNA (aus dem rekombinanten Provirus) und die viralen Proteine (aus dem Helfervirus) werden in neue Viren verpackt (Abb. 19.2). Diese neu erzeugten Viren sind sichere Vektoren, die therapeutische RNA, aber keine Gene für virale Proteine enthalten; sie können keine neuen Viren regenerieren.

19.2.3   Gentherapie der schweren kombinierten Immunschwäche

Bei der Gentherapie werden die Zielzellen im Allgemeinen *ex vivo* manipuliert. Das allgemeine Schema besteht darin, Zellen aus dem Patienten zu isolieren und sie in geeigneten Kulturmedien und unter geeigneten Bedingungen zu züchten. Das gewünschte therapeutische Genkonstrukt wird mithilfe von retrovirussicheren Vektoren in die Zellen eingebracht. Die infizierten Zellen werden auf die Produktion des therapeutischen Proteins untersucht, in ausreichender Menge vermehrt und dem Patienten wieder zugeführt.

Der erste Gentherapieversuch am Menschen betrifft die Behandlung des schweren kombinierten Immundefekts (SCID), der durch einen Mangel an Adenosindeaminase (ADA) verursacht wird. ADA ist ein Enzym, das für den Abbau von Desoxyadenosin unerlässlich ist. Ein Mangel an diesem Enzym führt zu einer Anhäufung von Purin, das in den T-Lymphozyten bevorzugt in das giftige Desoxyadenosintriphosphat umgewandelt wird, was zu einer Schädigung des Immunsystems führt.

Verpackungszelle

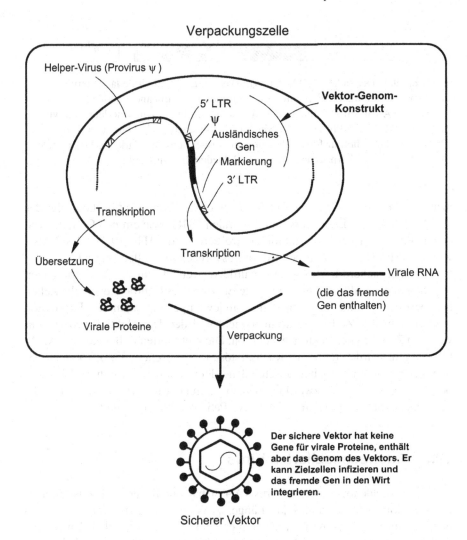

Abb. 19.2 Herstellung eines sicheren Retrovirusvektors

Im Jahr 1990 wurde ein klinischer Versuch durchgeführt, bei dem das ADA-Gen mithilfe eines retroviralen Vektors in die T-Zellen von zwei Patienten übertragen wurde (Blaese et al. 1995, *Science* 270, 476–480). In der klinischen Studie wurden T-Zellen aus dem Blut des Patienten entnommen, in Anwesenheit des Hormons Interleukin 2 zur Proliferation in Kultur gebracht, mit dem sicheren ADA-Retrovirusvektor transfiziert und dem Patienten wieder infundiert.

Der Retrovirusvektor, der zum Einfügen des ADA-Gens verwendet wurde, wurde vom Moloney-Mausleukämievirus (MoMLV) abgeleitet, der auf dem Vektor LNL6 basiert. Der als LASN bezeichnete Vektor enthielt das

Abb. 19.3 Der sichere ADA-Retrovirusvektor. *LTR* retrovirale lange terminale Wiederholung, die den retroviralen Promotor und Enhancer enthält, *ADA* humane Adenosin-Deaminase cDNA unter dem Moloney-murine-leukemia-virus(MoMLV)-Promotor, *SV* Simian virus 40 early region promoter, *neo* Neomycin-Phosphotransferase als dominanter selektierbarer Marker, ψ^+ retrovirales Verpackungssignal, A_n Polyadenylierungsstelle

menschliche ADA-cDNA-Gen (1,5 kb) unter der Transkriptionskontrolle des MoMLV-Promotor-Enhancers im retroviralen LTR sowie ein *neo*-Gen, das von einem internen (SV40-)Promotor kontrolliert wird (Abb. 19.3). Das LASN wurde mit PA317 amphotropen Retrovirusverpackungszellen verpackt.

Der sichere LASN-Vektor wurde verwendet, um die proliferierenden T-Zellen in der Kultur zu infizieren. Die Effizienz des Gentransfers in die Zellen lag zwischen 0,1 und 10 %, abhängig vom jeweiligen Patienten. Die Expression von ADA in den Zellen wurde überwacht und der Transduktionsprozess mit weiteren Zugaben des Vektors wiederholt. Die kultivierten Zellen, die das ADA-Gen trugen, wurden dann mit Kochsalzlösung gewaschen, die 0,5 % menschliches Albumin enthielt, und anschließend dem Patienten infundiert. Die Genbehandlung wurde nach zwei Jahren beendet und der integrierte Vektor und die ADA-Genexpression in den T-Zellen des Patienten blieben erhalten.

19.3 Adenoassoziiertes Virus

Das adenoassoziierte Virus (AAV) hat ein lineares einzelsträngiges DNA-Genom von etwa 4,8 kb Länge. AAV wurde ursprünglich als Verunreinigung von Adenoviruspräparaten entdeckt und erhielt daher den Namen adenoassoziiertes Virus. AAV wird nicht mit irgendwelchen Krankheiten bei Mensch oder Tier in Verbindung gebracht, obwohl 85 % der Erwachsenen positiv auf AAV-Serotypen reagieren. Mindestens elf AAV-Serotypen sind identifiziert worden, wobei AAV2 am umfassendsten charakterisiert ist. Diese AAV-Serotypen weisen einen unterschiedlichen Tropismus auf, d. h. jeder zeigt eine optimale Wirksamkeit bei der Transduktion bestimmter Zelltypen (d. h. beim Befall eines bestimmten Organs). AAV kodiert nicht für eine Polymerase und ist daher für die Genomreplikation auf die Wirtszelle angewiesen.

Das AAV-Genom besteht aus zwei 145 Basen langen invertierten terminalen Repeats (ITR), die eine Schlüsselrolle bei der Replikation und Verpackung spielen und an der Genomintegration und der anschließenden Rettung durch Helferviren beteiligt sind. Die ITR flankieren zwei virale Gene. (1) Das *rep*(Replikations)-Gen kodiert vier regulatorische Proteine (Rep78, Rep68,

Rep52, Rep40), die an der Genomreplikation beteiligt sind. (2) Das *cap*(Capsid)-Gen kodiert für drei strukturelle Capsid-Proteine (VP1, VP2, VP3), die sich zu einer Proteinhülle des ikosaedrischen Partikels zusammenfügen (VP steht für Virionprotein).

19.3.1 Lebenszyklus des adenoassoziierten Virus

Wildtyp-AAV heftet sich an die Oberfläche der Wirtszelle, gefolgt von Internalisierung und Eintritt in den Zellkern. Im lysogenen Zyklus integriert sich das AAV ortsspezifisch in das Wirtsgenom, und sein Genexpressionsweg ist in dieser Latenzphase unterdrückt. Damit der lytische Zyklus ablaufen kann, muss das AAV mit einem Helfervirus wie dem Adenovirus oder dem Herpes-Simplex-Virus koinfiziert werden, um das Genexpressionssystem zu aktivieren. Die neu synthetisierte AAV-DNA und die Proteine werden durch Verpackung zu neuen AAV-Partikeln zusammengefügt.

19.3.2 Rekombinantes adenoassoziiertes Virus

Für die Gentherapie wurde ein AAV-System ohne Helferviren entwickelt und für klinische Versuche verwendet. Das System besteht aus drei rekombinanten Vektoren (Abb. 19.4):

1. pAAV(Transfer)-Vektor: Das therapeutische Gen mit dem geeigneten Promotor wird zwischen zwei AAV-2-ITR-Sequenzen platziert. Die im Vektor vorhandenen ITR-Sequenzen liefern alle für die virale Replikation und Verpackung erforderlichen cis-Wirkungselemente. In der Regel wird der CMV-Genpromotor verwendet. Das 3′-Ende enthält eine polyA-Sequenz.
2. pHelper-Vektor, der eine Reihe von Helfervirus-Genen trägt, um Proteine zu produzieren, die für die Aktivierung der AAV-Genexpression wesentlich sind.
3. pAAV-RC-Vektor, der die AAV-*rep*- und -*cap*-Gene trägt, die die Rep- und Cap-Proteine liefern, die für die AAV-Replikation und den Zusammenbau der Virionen in den Wirtszellen erforderlich sind (abgeleitet von der häufig verwendeten HEK293-Zelllinie für hohe virale Titer).

Üblicherweise wird der CMV-Promotor verwendet, aber auch andere Promotoren, wie der β-Actin-Promotor von Hühnern (CBA) und der Promoter des Elongationsfaktors 1α (EF1α) von Säugetieren, werden in der Gentherapie eingesetzt.

Die Rep- und Cap-Proteine werden in *trans* geliefert, um sicherzustellen, dass das AAV nicht in das menschliche Chromosom integriert werden kann. Stattdessen wird das AAV-Genom zu dsDNA verarbeitet, die als Episom oder Konkatemer erhalten bleibt. Episomen sind stabil für die langfristige Expression des therapeutischen Gens in sich nicht teilenden Zellen.

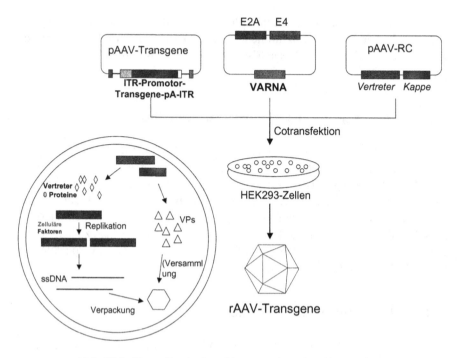

Abb. 19.4 Herstellung rekombinanter adenoassoziierter Viren

Durch die Verwendung des pHelper-Vektors wird die Verwendung und mögliche Kontaminierung des rAAV mit dem Helfervirus vermieden. Es ist schwierig, das Helfervirus vollständig aus dem AAV-Produkt zu entfernen.

HEK293-Zellen sind menschliche embryonale Nierenzellen, die in Verpackungszelllinien transformiert wurden. Im helfervirusfreien System liefern sowohl der pHelper-Vektor als auch die HEK293-Zellen die wesentlichen Helfervirusgenprodukte für die AAV-Replikation und -Vermehrung.

Nach der Transfektion in eine Verpackungszelllinie werden die AAV-Partikel mithilfe der zellulären Maschinerie der Zelle zusammengesetzt. Die Zellen werden lysiert und die rekombinanten AAV werden dann gereinigt, um Vorräte für Gentherapiestudien bereitzustellen.

19.3.3 Rekombinante-adenoassoziierte-Virus-vermittelte Gentherapie bei Leberscher kongenitaler Amaurose Typ 2

Die Lebersche kongenitale Amaurose (LCA) ist eine autosomal rezessiv vererbte Erblindungskrankheit, die auf Mutationen in 15 verschiedenen Genen zurückzuführen ist. Die LCA-Typ-2-Krankheit wird durch Mutationen im RPE65-Gen verursacht, das für ein Protein kodiert, das Voraussetzung für

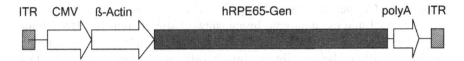

Abb. 19.5 Rekombinanter AAV-hRPE65-Vektor. *ITR* AAV2 inverted terminal repeat, *CMV* Cytomegalovirus immediate early enhancer, *β-actin* Hühner-β-Aktin-Promoter, *hRPE65 gene* humane *RPE65*-cDNA, *polyA* SV40-Polyadenylierungssignal

die Isomerohydrolaseaktivität des retinalen Pigmentepithels ist. Diese Aktivität ist für die Umwandlung der all-trans-Retinalsäureester in 11-cis-Retinal erforderlich, ohne die die Photorezeptoren im Auge die Fähigkeit verlieren, auf Licht zu reagieren.

Der therapeutische AAV-Vektor in einer klinischen Studie bestand aus 1,6 kb RPE65-cDNA mit einer modifizierten Kozak-Sequenz an der Translationsstartstelle. Die Genexpression erfolgt unter der Kontrolle eines hybriden Hühner-β-Aktin-Promotors (CBA), der einen CMV-Enhancer und die proximalen CBA-Promotorsequenzen enthält (Abb. 19.5). Nach der dreifachen Transfektion von HEK293-Zellen wurde das rAAV gereinigt, um Verunreinigungen (z. B. leere Kapside) zu entfernen, und es wurde ein Tensid zusammen mit gepufferter Kochsalzlösung zur Verabreichung in den subretinalen Raum hinzugefügt (Maguire et al. 2008. *N. Engl. J. Med.* 358, 2240–2248; Testa et al. 2013. *Ophthalmology* 120, 1283–1291; Hauswirth 2014. *Human Gene Therapy* 25, 671–678). Die Drei-Jahres-Follow-up-Daten zeigten eine stabile Verbesserung der Seh- und Netzhautfunktion.

19.4   Therapeutische Impfstoffe

Anfang der 1990er-Jahre wurde festgestellt, dass „nackte" DNA allein *in situ* exprimiert werden kann, wenn sie in den Muskel von Tieren injiziert wird. Studien zeigen, dass das Gen, das für die Antigene des Influenzavirus kodiert, sowohl spezifische humorale (Antikörper und B-Zellen) als auch zelluläre Reaktionen (zytotoxische T-Zellen) auslösen kann, die mit einem Schutz gegen eine Infektion mit dem Influenzavirus einhergehen.

Die Immunisierung auf DNA-Basis hat sich seither in verschiedenen Tiermodellen als wirksam erwiesen, um eine schützende Immunität zu induzieren, und könnte eine potenzielle Alternative zu herkömmlichen Methoden der Impfstoffentwicklung darstellen. Gegenwärtig werden Impfstoffe unter Verwendung von abgeschwächten oder abgetöteten bakteriellen und viralen Lebendpräparaten entwickelt. Zur ersten Gruppe gehören Impfstoffe gegen Masern, Mumps und Röteln, die sowohl humorale als auch zellvermittelte Immunreaktionen stimulieren. Zur letzteren Gruppe gehören Impfstoffe gegen Grippe, Tetanus und Hepatitis, die relativ weniger wirksam sind und in erster Linie die humorale Immunantwort stimulieren. Die DNA-Impfung bietet einen molekular definierten, nicht infektiösen Weg. Für eine Reihe von Infektionskrankheiten gibt es einfach keine wirksamen Impfstoffe. Die Möglichkeit, DNA-Impfantigene rekombinant zu manipulieren, macht sie besonders attraktiv für die Bekämpfung von Infektionskrankheiten, für die es keine Impfung oder medikamentöse Behandlung gibt. Ein weiterer Zielbereich von besonderem Interesse ist die Entwicklung von Impfstoffen für die Krebsimmuntherapie.

19.4.1 Konstruktion von DNA-Impfstoffen

Bei DNA-Impfstoffen handelt es sich meist um zirkuläre DNA-Plasmide, obwohl auch andere Formate von Nukleinsäureimpfstoffen verwendet werden können. Die Konstruktion von Expressionsplasmiden für die Produktion von Antigenen in Säugetierzellen erfordert die Berücksichtigung mehrerer Schlüsselelemente.

1. Ein sehr starker Promotor, um eine maximale Expression des Antigens zu gewährleisten. In den meisten Studien wird der Promotor des humanen Cytomegalovirus immediate early gene (CMV) verwendet (siehe Abschn. 9.4.2).
2. Die Gensequenz, die exprimiert werden soll. Vor dem Startcodon ist eine Kozak-Sequenz erforderlich. Auf das Stoppcodon folgt ein Polyadenylierungssignal (siehe Abschn. 5.5).
3. Ein Replikationsursprung mit hoher Kopienzahl, um eine hohe Ausbeute der DNA-Präparation zu erzielen.
4. Antibiotikaresistenzmarker wie Kanamycin oder Neomycin zur Vermehrung und Aufrechterhaltung des Plasmids.

19.4.2 Lieferung von DNA-Impfstoffen

Bei den meisten Studien zur DNA-Impfung wird die DNA in die Haut oder den Muskel geimpft, und die Antigenexpression erfolgt in Keratinozyten bzw. Skelettmuskelzellen. Das Antigen kann dem Immunsystem auf ähnliche Weise präsentiert werden wie nach einer Bakterien- oder Virusinfektion. Die DNA wird meist durch intradermale oder intramuskuläre Injektion in den Patienten eingebracht. In einigen Experimenten können DNA-Impfstoffe durch biolistischen Beschuss mit DNA-beschichteten Goldkügelchen mit einer Genkanone verabreicht werden, ähnlich wie bei der Transformation von Pflanzengewebe (siehe Abschn. 11.4).

Überprüfung

1. Beschreiben Sie die Vor- und Nachteile des Einsatzes physikalischer/chemischer und biologischer Methoden.
2. Welche Rolle spielt ein Helferprovirus bei der Konstruktion von sicheren Retrovirusvektoren? Was ist die Rolle der Verpackungszellen?
3. Beschreiben Sie, wie der LASN-Vektor in der klinischen Studie verwendet wurde? Nennen Sie alle wichtigen Elemente und beschreiben Sie ihre Funktionen.
4. Warum wurden in der klinischen Studie proliferierende T-Zellen für die Transfektion mit dem sicheren ADA-Retrovirusvektor LASN verwendet?
5. Welches sind die wichtigsten Elemente bei der Konstruktion eines Plasmids, das für DNA-Impfstoffe verwendet wird? Beschreiben Sie deren Funktionen, die für die Effizienz der Expression und der Impfung von Bedeutung sind.

6.

Konstruieren Sie	Wichtige Komponenten	Funktionen
pAAV (Übertragung)		
pHelper		
pAAV-RC		

KAPITEL 20

GEN-TARGETING UND GENOMEDITIERUNG

Die in der Gentherapie verwendeten Verabreichungssysteme sind unspezifisch und infizieren mehr als einen Zelltyp. Bei der Ex-vivo- oder In-situ-Manipulation ist dies kein ernstes Problem. Wenn jedoch eine In-vivo-Therapie entwickelt werden soll, ist Zellspezifität wünschenswert. In solchen Fällen können die Genträger in den Blutkreislauf injiziert werden, ähnlich wie bei der Verabreichung vieler Medikamente.

20.1 Rekombination

Das Gene-Targeting ist eine Technologie, die auf der homologen Rekombination beruht, einem biologischen Prozess, der in prokaryotischen Zellen weit verbreitet ist und in Eukaryonten weniger häufig vorkommt. Bei der homologen Rekombination reihen sich zwei doppelsträngige DNA-Moleküle mit einer Region homologer Sequenz aneinander und tauschen in einer Reihe komplexer Schritte die beiden identischen DNA-Abschnitte aus. Diese Art der homologen Rekombination, bei der zwei homologe Sequenzen ausgetauscht werden, wird als reziproker oder konservierter Austausch bezeichnet. In einigen Fällen kann der Austausch von Nukleotiden in der homologen Sequenz auch unidirektional erfolgen. Diese Art des Austauschs ist nichtreziprok oder nichtkonservativ. Er wird auch als Genkonversion bezeichnet, da ein Teil der Empfängersequenz in die Eingangssequenz umgewandelt wird.

Die homologe Rekombination bietet eine einzigartige Möglichkeit, fremde DNA an einem bestimmten Ort einzubringen oder Gene *in situ* an ihren natürlichen Stellen im Genom zu verändern. In den meisten Fällen geht es beim Gen-Targeting um die Veränderung eines ausgewählten Gens zum Zweck der Untersuchung von Genstruktur und -funktion. Gezielte Veränderungen eines ausgewählten Gens werden als Gen-Knock-out bezeichnet. Am interessantesten ist dieser Ansatz jedoch als potenzielle Anwendung in der Gentherapie. Bei den üblicherweise verwendeten Gentherapieprotokollen wird ein therapeutisches Gen zufällig in das Genom integriert, sodass transkriptionelle und translationale regulatorische Elemente im Genkonstrukt erforderlich sind. Es handelt sich um einen Komplementierungsprozess, bei dem ein defektes Gen durch die Einführung eines funktionellen Gens ergänzt wird. Im Gegensatz dazu ermöglicht das Gen-Targeting einen direkten Ersatz eines defekten Gens. Die Sequenz, die die Mutation trägt, wird durch die therapeutische Gensequenz ersetzt. Die regulatorische Region des Gens muss bei diesem Vorgang nicht berücksichtigt werden. Gen-Targeting findet natürlich auch in anderen Bereichen breite Anwendung, z. B. bei der Herstellung transgener Pflanzen und Tiere.

20.2 Ersatz-Targeting-Vektoren

Es gibt mehrere Methoden, einen Vektor für verschiedene Selektionszwecke zu konstruieren. Bei einem der Verfahren wird das manipulierte Gen so konstruiert, dass es von einem selektierbaren Marker (z. B. dem *neo*-Gen) unterbrochen und von kurzen Sequenzen flankiert wird, die homolog zu der Sequenz in den zu ersetzenden genomischen Loci sind. Ein zweiter selektierbarer Marker (z. B. das Thymidinkinase[*tk*]-Gen) wird downstream des Gens und der homologen Region platziert. Diese beiden Marker werden als positiv bzw. negativ selektierbare Marker bezeichnet. Das gesamte Konstrukt (das Gen plus homologe Sequenzen an jedem Ende plus selektierbare Marker) ist ein Replacement-Targeting-Vektor (Abb. 20.1).

Der Vektor wird durch verschiedene Methoden in geeignete Wirtszellen eingebracht, z. B. durch Mikroinjektion, Kalziumphosphatausfällung usw. Da der Vektor eine zum Zielgen im Genom homologe Sequenz trägt, findet eine homologe Rekombination statt, bei der das Genom durch die Vektorsequenz ersetzt wird. Bei der homologen Rekombination richtet sich der Vektor an dem Gen im Chromosom aus. Das Segment des Vektors, das das gentechnisch veränderte Gen und das *neo*-Gen trägt, ersetzt das Zielgen, während das *tk*-Gen, das außerhalb der homologen Sequenz liegt, nicht ersetzt wird. Gleichzeitig erfolgt der Großteil der Rekombination auf nichthomologe Weise, was zu einer zufälligen Einfügung führt. In diesem Fall wird die gesamte Vektor-DNA (Ersatzgen + *neo*-Gen + *tk*-Gen) zufällig in das Zellchromosom eingebaut.

Der letzte Schritt besteht in der Selektion von Zellen, die den Zielersatz enthalten. Dies wird durch eine doppelte Selektion erreicht, indem alle Zellen in einem Medium wachsen, das G418 und Ganciclovir enthält. Nichttransformierte Zellen überleben nicht, da sie das *neo*-Gen nicht tragen und daher empfindlich auf G418 (ein Neomycin-Analogon) reagieren. Zellen, die durch nichthomologe Rekombination entstehen, tragen das *tk*-Gen des Herpesvirus und sind empfindlich gegenüber dem Nukleosidanalogon Ganciclovir. Die einzigen Zellen, die in dem Medium wachsen können, sind diejenigen, die durch homologe Rekombination entstanden sind.

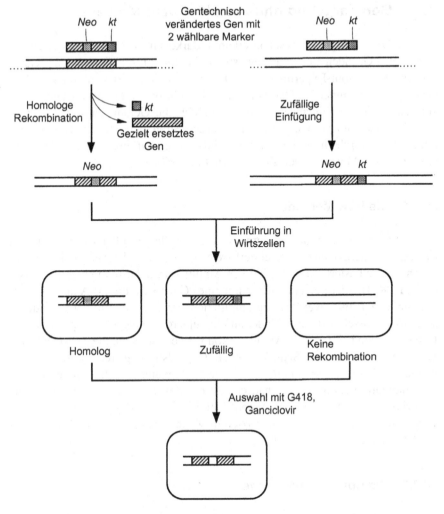

Abb. 20.1 Strategie bei der Verwendung eines Ersatzzielvektors

Das Verfahren wurde mit der Verwendung von embryonalen Stammzellen (ES) für den potenziellen Genaustausch in lebenden Tieren kombiniert. Der Targeting-Vektor wird wie beschrieben durch homologe Rekombination in embryonale Stammzellen der Maus in Kultur eingeführt. Stammzellen sind undifferenzierte Zellen im frühen Stadium eines Embryos, aus denen sich im Lauf der Entwicklung verschiedene Zelltypen entwickeln (siehe Abschn. 23.1). Die ES-Zellen aus dem Selektionsschritt werden im Blastozystenstadium in den Embryo eingebracht. Da ES-Zellen in der Lage sind, sich zu vielen Zelltypen zu entwickeln, wird die entstehende Maus die Mutation in verschiedenen Gewebezellen, einschließlich Keimzellen, tragen. Die Übertragung von Keimbahnmutationen durch Transgenese (erzeugt durch Injektion von ES-ähnlichen Zellen in Blastozysten) wurde jedoch bisher bei keiner anderen Tierart außer Mäusen nachgewiesen.

20.3   Gen-Targeting ohne selektierbare Marker

Das Einfügen eines selektierbaren Markers in ein Gen für das Targeting ist aus zwei Gründen nicht wünschenswert. Es führt zur Inaktivierung des Gens, was für Knock-out-Experimente in Ordnung ist, aber für den funktionellen Genersatz ungeeignet ist. Darüber hinaus besteht bei einem genetischen Marker, der Promotor-/Enhancer-Elemente enthält, die Gefahr, dass er die Transkription benachbarter Gene stört. Es wurden Strategien entwickelt, um Genmutationen durch homologe Rekombination einzuführen, ohne dass die selektierbaren Marker in den Zielloci erhalten bleiben.

20.3.1   Die PCR-Methode

Es wurden Strategien entwickelt, um Zellen zu identifizieren, die das Ersatzgen tragen, ohne dass selektierbare Marker verwendet werden. Die Nachweismethode basiert auf der selektiven Amplifikation der rekombinanten DNA durch PCR. Bei der gezielten Mutation eines Gens wird die DNA aus den Zellen durch PCR mit zwei Primern amplifiziert: Primer 1 ist mit der Mutationssequenz identisch, Primer 2 bindet an eine upstream gelegene Sequenz. Beide Primer werden bei der PCR-Amplifikation verwendet, wenn die Zell-DNA eine veränderte rekombinante Sequenz enthält. Doppelstrangige rekombinante Fragmente werden in exponentieller Weise erzeugt. Wenn jedoch keine homologe Rekombination stattgefunden hat, enthält die Zell-DNA keine Bindungsstelle für Primer 1, und bei der PCR-Amplifikation werden ssDNA-Fragmente nichtexponentiell gebildet. Die modifizierten Zellen werden durch Analyse der PCR-Produkte ausgewählt (Abb. 20.2).

20.3.2   Die Double-Hit-Methode

Beim Double-Hit-Genersatzverfahren (auch „tag and exchange" genannt) werden zwei homologe Rekombinationsereignisse verwendet. Der erste Ersatzvektor wird verwendet, um das Gen zu markieren, indem ein Teil des Gens durch positive (*neo*-Gen) und negative (*kt*-Gen) selektierbare Marker ersetzt wird. Die resultierenden Klone werden einer positiven Selektion (d. h. Neomycin-Resistenz) unterzogen, um den Ersatz anzureichern. Im zweiten Schritt wird ein Ersatzvektor, der das Gen mit der gewünschten Mutation enthält, verwendet, um die selektierbaren Marker (*neo* und *kt*) zu ersetzen, und die Klone, die die Mutation beherbergen, können dann durch negative Selektion angereichert werden (Abb. 20.3).

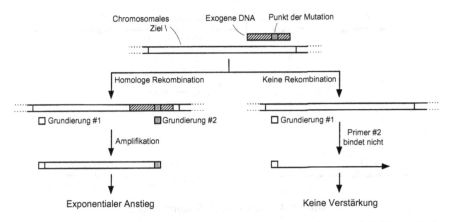

Abb. 20.2 Gen-Targeting ohne Verwendung selektierbarer Marker mittels PCR-Methode

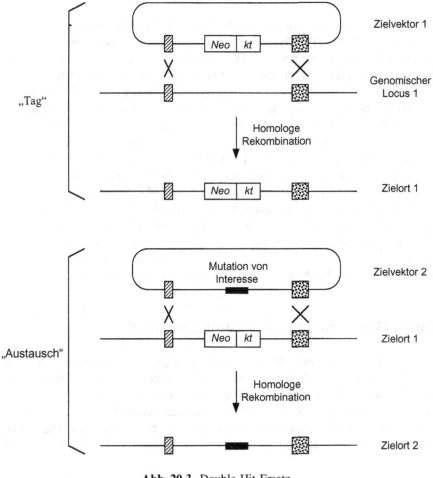

Abb. 20.3 Double-Hit-Ersatz

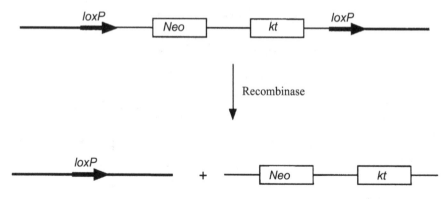

Abb. 20.4 Die Cre/loxP-Rekombination

20.3.3 Die Cre/loxP-Rekombination

Eine weitere vielseitige Strategie zur Einführung von Mutationen basiert auf dem Cre/loxP-Rekombinationssystem. Das Enzym Cre-Rekombinase rekombiniert DNA an einer spezifischen DNA-Stelle, die eine 34-Basenpaar-Sequenz enthält. Diese loxP-Stelle besteht aus zwei invertierten 13-Basenpaar-Wiederholungen, die durch einen 8-Basenpaar-Spacer getrennt sind. Das Enzym katalysiert die Rekombination, die zur Inversion der dazwischen liegenden Sequenz führt, wenn zwei loxP-Stellen in entgegengesetzter Ausrichtung angeordnet sind. Das Enzym katalysiert auch die Exzision und Rezirkulation der intervenierenden Sequenz, wenn die beiden loxP-Stellen in der gleichen Ausrichtung angeordnet sind. In einem allgemeinen Schema wird ein Ersatzvektor, der sowohl positive als auch negative selektierbare Marker enthält, die von zwei LoxP-Stellen und der gewünschten Mutation flankiert werden, in den genomischen Locus von Interesse eingefügt. Im zweiten Schritt wird die Cre-Rekombinase eingeführt, um die Marker zu entfernen, wobei eine loxP-Stelle im Genom verbleibt. Die resultierenden Klone, die die eingeführte Mutation enthalten, können durch negative Selektion angereichert werden (Abb. 20.4).

20.4   Gen-Targeting für Xenotransplantate

Die Transplantation von tierischen Organen und Geweben auf den Menschen (Xenotransplantation) gilt als vielversprechende Lösung für das Problem des akuten Mangels an menschlichen Organen. Schweine gelten als einer der besten Organspender, da sie leicht gezüchtet werden können und ihre Organe in Größe und Beschaffenheit denen des Menschen ähnlich sind. Das größte Hindernis bei der Verwendung von Xenotransplantaten ist jedoch die Entwicklung einer hyperakuten Abstoßung und einer akuten Gefäßabstoßung, die zur Zerstörung der Transplantate führt. Die Abstoßung wird durch die Bindung von Anti-Spender-Antikörpern im Empfängerpatienten an die Galaktose-α1,3-Galaktose (α1,3-Gal) ausgelöst, eine häufige Kohlenhydrateinheit auf den Zelloberflächen-Glykoproteinen fast aller Säugetiere, außer Menschen, Affen und Altweltaffen. Da der Schlüsselschritt bei der Synthese des α1,3-Gal-Epitops das Enzym α1,3-Galaktosyltransferase (α1,3GT) erfordert, besteht einer der Ansätze zur Beseitigung der Abstoßungen darin, das α1,3GT-Gen im Schwein auszuschalten (Dai et al. 2002. *Nature Biotechnology* 20, 251–255).

Bei diesem Ansatz wurde ein 6,4 kb großes α1,3GT-Genomsegment, das den größten Teil der Exons 8 und 9 erweitert, durch PCR aus genomischer DNA generiert, die aus fötalen Fibroblastenzellen vom Schwein gereinigt wurde. Die kodierende Region des α1,3GT-Gens vom Schwein befindet sich im Exon 9, und es ist bekannt, dass das Gen in fötalen Fibroblasten gut exprimiert wird. Um einen Targeting-Vektor für den Knock-out des α1,3GT-Gens herzustellen, wurde eine 1,8–Kilobasen-IRES-*neo*-polyA-Sequenz in das 5'-Ende von Exon 9 eingefügt. Die interne Ribosomeneintrittsstelle (IRES) fungiert als Translationsinitiationsstelle für das *neo*-Gen (das das Neomycin-Phosphotransferase-Protein als G418-Resistenzmarker exprimiert). Das *neo*-Gen erfüllt einen doppelten Zweck, indem es (1) die Sequenz und Funktion des α1,3GT-Gens unterbricht und (2) eine bequeme Screening-Strategie für positive Klone auf der Grundlage von G418-Resistenz bietet (Abb. 20.5).

Der so konstruierte Vektor wurde verwendet, um Zelllinien zu infizieren, die aus fötalen Fibroblasten von Schweinen stammen. Die homologe Rekombination, die zu einem Knock-out des α1,3GT-Gens führt, wurde durch die Gewinnung von Kolonien, die gegen G418 resistent sind, überprüft. Die

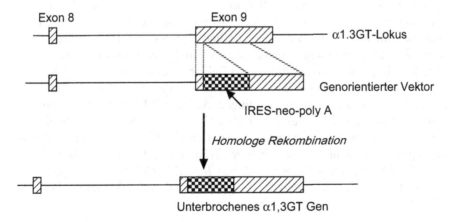

Abb. 20.5 Sperre des α1,3GT-Gens

Insertion (Knock-out) wurde außerdem durch PCR bestätigt. In einer der transfizierten Zelllinien waren 599 Kolonien resistent gegen G418, 69 wurden durch 3′-PCR bestätigt, und 18 wurden durch Langstrecken-PCR bestätigt. Die 18 Kolonien wurden dann einem Southern Blot unterzogen, der 14 positive Kolonien ergab. Für Kerntransferexperimente wurden 7 der 18 durch Southern Blot bestätigten α1,3GT-Knock-out-Einzelkolonien verwendet, um 5 weibliche Ferkel normaler Größe und normalen Gewichts zu erzeugen, die alle ein gestörtes α1,3GT-Allel enthalten. Ausgehend von Fibroblastenzellkulturen solcher heterozygoter Tiere wurden Zellen ausgewählt, in denen auch das zweite Allel des Gens mutiert war.

20.5   Konstruierte Nukleasen: ZFN, TALEN, CRISPR

Die homologe Rekombination beim Gen-Targeting in ES-Zellen ist eher ineffizient. Erfolgreich waren vor allem Hefe- und Mäusemodelle, die offenbar besonders aktive homologe Rekombinationssysteme haben. Es ist nach wie vor eine Herausforderung, die Technik auf eine größere Anzahl von Zellen und Arten anzuwenden. Außerdem ist die Methode zeitaufwendig, da sie die Konstruktion, die Auswahl und das Screening von Vektoren erfordert,

Jüngste Fortschritte haben Strategien zur effizienten Herbeiführung präziser, gezielter Genomveränderungen in einem breiten Spektrum von Organismen und Zelltypen eingeführt. Das Editieren des pflanzlichen, tierischen oder menschlichen Genoms ist dank der Möglichkeit, mithilfe von speziell entwickelten Nukleasen präzise DNA-Einfügungen, -Löschungen oder -Ersetzungen im Genom vorzunehmen, Realität geworden. Grundlegend für den Einsatz von Nukleasen bei der Genom-Editierung ist der Schlüsselschritt der Induktion von ortsspezifischen doppelsträngigen DNA-Brüchen (DSB) an den gewünschten Stellen im Genom. Diese künstlich hergestellten Enzyme bestehen aus (1) einer DNA-Bindungsdomäne, die auf eine Sequenzstelle im Genom ausgerichtet ist, und (2) einer FokI-Endonuklease-Domäne. Die DNA-Bindungsdomäne ist von Zinkfinger-Transkriptionsfaktoren oder transkriptionsaktivatorähnlichen Effektorproteinen abgeleitet. Die entsprechenden chimären Nukleasen (die DNA-Bindungsdomäne plus die FokI-Spaltungsdomäne) sind als Zinkfingernuklease (ZFN) bzw. transkriptionsaktivatorähnliche Effektornuklease (TALEN) bekannt. Die neue Technologie, die auf diesen Nukleasen basiert, kann die Genom-DNA in einer Vielzahl von Zelltypen und Organismen manipulieren (Gaj et al. 2013. *Trends Biotechnol.* 31, 397–405; Joung und Sander 2013. *Nat. Rev. Mol. Cell Biol.* 14, 49–55; Nemudry et al. 2014. *Acta Nature* 6, 19–40; Tan et al. 2016. *Transgenic Res.* 25, 273–287).

20.5.1 Zinkfingernukleasen

Die DNA-Bindungsdomäne besteht aus Zinkfingern, die eukaryotische Transkriptionsfaktoren sind. Jeder Zinkfinger besteht aus 30 Aminosäuren in einer konservierten βββ-Konfiguration. Jeder Finger erkennt drei Basen der DNA-Sequenz. Der Zinkfinger enthält auch konservierte Cys- und His-Reste, die Komplexe mit dem Zinkion bilden. Durch Mischen und Verknüpfen mehrerer ausgewählter Zinkfinger ist es möglich, Zinkfingermodule zu schaffen, die 18 bp (oder mehr) erkennen, um einen einzelnen Locus im menschlichen Genom mit hoher Spezifität anzuvisieren. Die Endonuklease-(Spaltungs-)Domäne besteht aus dem *FokI*, einem unspezifischen Restriktionsenzym vom Typ II. In Standard-ZFN-Molekülen ist *FokI* an den C-Terminus der Zinkfingerdomäne fusioniert. Für die katalytische Spaltung der DNA muss die FokI-Spaltungsdomäne dimerisieren. Die beiden einzelnen ZFN-Moleküle binden an entgegengesetzte Stränge der DNA, wobei ihr C-Terminus durch eine 5–7 bp lange Sequenz getrennt ist, um von der FokI-Spaltungsdomäne erkannt zu werden (Abb. 20.6).

20.5.2 Transkriptionsaktivatorähnliche Effektornukleasen

Bei TALEN ist die DNA-Bindungsdomäne das Transkriptionsaktivator-ähnliche Effektorprotein, das aus den pflanzenpathogenen Bakterien der Gattung *Xanthomonas* stammt. Das Protein besteht aus einer Reihe von 33 bis 35 Aminosäurewiederholungen, die jeweils ein einziges Basenpaar erkennen. Diese Wiederholungen können individuell gestaltet und zusammengesetzt werden, um beliebige Sequenzen im Genom zu erkennen. Die FokI-Spaltungsdomäne ist an den C-Terminus des TALE-Proteins fusioniert. Ähnlich wie bei ZFN bindet das TALEN-Dimer an die DNA-Stellen links und rechts, die durch eine Spacer-Sequenz von 12 bis 20 bp getrennt sind (Abb. 20.7).

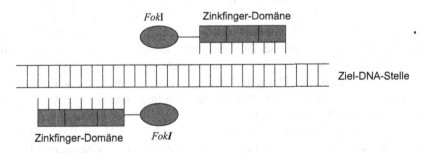

Abb. 20.6 Illustration des an die Ziel-DNA gebundenen ZFN-Dimers, das doppelsträngige Brüche in die Stelle einführt

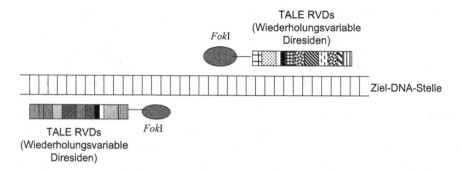

Abb. 20.7 Das TALEN-Dimer im Komplex mit der Ziel-DNA führt doppelsträngige Brüche an der Stelle ein

20.5.3 Das CRISPR/Cas-System

Das CRISPR-System („clustered regularly interspaced short palindromic repeat") Typ II stammt aus dem bakteriellen Immunsystem und wurde für das Genom-Engineering angepasst. Das System besteht aus zwei Komponenten: (1) eine Leit-RNA (gRNA) und (2) eine unspezifische CRISPR-assoziierte Endonuklease (Cas9; Sander und Joung 2014. *Nature Biotechnol.* 32, 347–365; Nemudry et al. 2014. *Acta Nature* 6, 19–40; Barrangou und Doudna 2016. *Nature Biotechnol.* 34, 933–941).

Die Leit-RNA wird nach dem Vorbild der RNA-Hybride des CRISPR-Typ-II-Systems synthetisiert. Sie enthält eine Gerüstsequenz, an die Cas9 bindet, und eine benutzerdefinierte 20-Nukleotid-Spacer-Sequenz, die an eine Ziel-DNA-Stelle im Genom bindet. Cas9 ist eine unspezifische Endonuklease, die im Komplex mit gRNA die dsDNA-Spaltung an der Ziel-DNA-Stelle auslöst. Entscheidend für die katalytische Spaltung ist das Vorhandensein eines konservierten Motivs, des sogenannten „protospacer adjacent motif" (PAM), unmittelbar downstream der Zielstelle. Für TypII-Cas9 lautet die Konsensussequenz 5'-NGG. Im menschlichen Genom gibt es voraussichtlich 160×10^6 NGG-PAM und alle 42 Basen ein GG-Dinukleotid. Im gRNA:Cas9-Komplex an der Ziel-DNA-Stelle befindet sich die PAM-Sequenz auf dem nichtkomplementären Strang (dem Strang, der die gleichen DNA-Sequenzen enthält wie die gRNA-Spacer-Sequenz). Der gRNA:Cas9-Komplex induziert nach der Bindung an die Ziel-DNA einen Doppelstrangbruch innerhalb der Ziel-DNA etwa 3–4 bp upstream der PAM-Sequenz.

Beachten Sie, dass sowohl ZFN als auch TALEN auf Protein-DNA-Wechselwirkungen beruhen und dass die Konstruktion dieser Nukleasen Protein-Engineering erfordert. Das CRISPR-Cas-System verwendet RNA-gesteuerte Nukleasen und hängt von Basenpaarungsinteraktionen zwischen einer konstruierten RNA und der Ziel-DNA-Stelle ab. Letzteres ist ein unkompliziertes und einfacheres System, mit dem man arbeiten kann (Abb. 20.8).

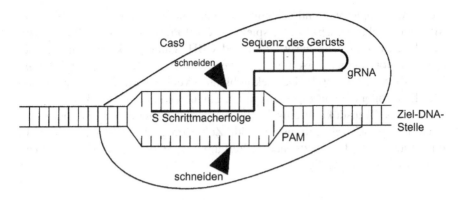

Abb. 20.8 Ein Komplex aus gRNA und Cas9 führt Doppelstrangbrüche in eine DNA-Stelle ein

20.5.4 Nichthomologes Endjoining und homologiegeleitete Reparatur

In Eukaryoten repariert die Zelle nach einem Doppelstrangbruch den Schnitt auf natürliche Weise, indem sie die beiden Enden der DNA wieder zusammenfügt. Dieser Reparaturprozess, das sogenannte nichthomologe Endjoining (NHEJ), ist fehleranfällig, da um die Reparaturstelle herum nur wenige Basen hinzugefügt werden oder verloren gehen, was zu ungewollten Mutationen führt. Wenn die Insertion/Deletion innerhalb des offenen Leserasters stattfindet, kann sie eine Verschiebung des Leserasters verursachen und die Genfunktion ausschalten.

Es wird jedoch auch ein anderer Weg genutzt, der als homologiegeleitete Reparatur (HDR) bekannt ist. Bei diesem System wird dem gRNA/Cas9-System eine DNA-Vorlage (auch Spender-DNA genannt) zugeführt, die (1) den gewünschten Schnitt (Basenwechsel) und (2) eine homologe Sequenz enthält, die die DSB-Stelle flankiert. Der DSB wird verschlossen, ohne dass die DNA-Sequenz an der Bruchstelle fehlt. Durch Manipulation der DNA-Vorlage mit spezifischen Schnitten kann HDR also dazu verwendet werden, präzise Veränderungen von einer einzelnen Nukleotidänderung bis hin zu großen Insertionen oder Deletionen zu erzeugen. Die homologiegeleitete Reparatur bildet die Grundlage der CRISPR-Genom-Editierung.

20.5.5 Expression gentechnisch veränderter Nukleasen in Zielzellen

Bei allen drei Nukleasesystemen müssen die manipulierten Enzyme als Plasmide kloniert und in die Zielzelle eingebracht werden. Beim CRISPR-System werden die gRNA und die Cas9-Sequenz getrennt oder zusammen mit geeigneten Promotoren und Selektionsmarkern in ein Plasmid kloniert (d. h. ein All-in-one-Vektorkonstrukt). Beispiele für Cas9-Promotoren sind CMV (Cytomegalovirus immediate early gene) und CBH (Huhn-β-Aktin), während der U6-Promotor üblicherweise für gRNA verwendet wird (Ran et al. 2013 *Nature Protocols* 8, 2281–2308). Der rekombinante Vektor wird durch Lipofektion oder Elektroporation in die Zielzelllinie eingebracht. Alternativ kann er auch durch virale Transduktion eingebracht werden, die eine höhere Effizienz aufweist und für schwer zu transfizierende Zelltypen geeignet ist (siehe Kap. 19 zur Gentherapie.) Das letztgenannte Verfahren ist jedoch schwieriger durchzuführen und zeitaufwendiger.

Überprüfung

1. Was sind homologe Rekombination, reziproker Austausch, nichtreziproker Austausch?
2. Was ist ein Gen-Knock-out? Welches sind die wichtigsten Ziele bei der Durchführung eines solchen Experiments?
3. Wie funktioniert ein Ersatzzielvektor?
4. Was sind die Vor- und Nachteile der Verwendung selektierbarer Marker beim Gen-Targeting?
5. Beschreiben Sie einen Ansatz für das Gen-Targeting, bei dem keine selektierbaren Marker verwendet werden müssen.
6. Beschreiben Sie einen Ansatz für das Gen-Targeting, bei dem der selektierbare Marker nicht erhalten bleibt.
7. Beim Knock-out-Experiment wurde das *neo*-Gen verwendet, um das α1,3GT-Gen zu unterbrechen. Warum wurde das *neo*-Gen für das Experiment verwendet? Könnten Punktmutationen eingeführt werden, um denselben Zweck zu erreichen? Erläutern Sie Ihre Antworten.
8. Beschreiben Sie die strukturellen Funktionen der beiden gentechnisch hergestellten Nukleasen ZFN und TALEN bei der Regulierung und Spaltung von DNA.
9. Welches sind die beiden Hauptkomponenten des CRISPR-Systems? Beschreiben Sie die strukturellen Funktionen dieser Komponenten.
10. Was ist der größte Vorteil von CRISPR/Cas im Vergleich zu ZFN und TALEN?

KAPITEL 21

DNA-TYPISIERUNG

Die DNA-Typisierung (Fingerabdruck, Profiling) hat sich zu einem der leistungsfähigsten Instrumente für Vaterschafts-/Vaterschaftstests, die Identifizierung von Straftätern und forensische Untersuchungen entwickelt. Sie ist auch ein wichtiges Instrument für evolutionäre Studien zur Verwandtschaft bei Tieren, Insekten und Mikroorganismen.

21.1 Variable Anzahl von Tandemwiederholungen

Das menschliche Genom hat eine Größe von etwa 3 Mrd. bp, von denen 1,5 % kodierende Bereiche (Exons) sind, die etwa 20.000 Gene enthalten. Der größte Teil der Genom-DNA hat keine kodierenden Funktionen. Polymorphe (variable) Marker, die sich von Person zu Person unterscheiden, finden sich überall in den nichtkodierenden Regionen.

Polymorphe Marker, die wiederholte DNA-Sequenzen enthalten, sind für Fingerprinting-Zwecke nützlich. Diese Marker sind in der Regel definiert durch: (1) die Länge der Core-repeat-Einheit und (2) die Anzahl der Wiederholungen (d. h. die Gesamtlänge der Wiederholungsregion). VNTR-Loci („variable number tandem repeat"), die auch als Minisatelliten bezeichnet werden, enthalten 10–1000 Wiederholungen von 10- bis 100-Basenpaar-Einheiten. Die Anzahl der Wiederholungen an einem bestimmten VNTR-Locus variiert je nach Individuum. Diese Klasse von polymorphen Markern wird seit ihrer Entdeckung Mitte der 1980er-Jahre in großem Umfang für die Vaterschaftsanalyse verwendet. Einige Jahre nach ihrer Entdeckung wurden auch Short-tandem-Repeat(STR)-Loci identifiziert, die 10–100 Wiederholungen von 2- bis 6-Basenpaar-Einheiten enthalten. STR-Loci sind als Mikrosatelliten bekannt. Diese Klasse von polymorphen Markern ist zur ersten Wahl bei der forensischen Typisierung geworden und ersetzt in einigen Fällen VNTR-Marker bei der Vaterschaftsanalyse und anderen Anwendungen.

© Der/die Autor(en), exklusiv lizenziert an Springer Nature Switzerland AG 2023
D. W. S. Wong, *Das ABC des Genklonens*,
https://doi.org/10.1007/978-3-031-22190-3_21

21.2   Polymorphismusanalyse mit VNTR-Markern

Stehen umfangreiche Blutproben zur Verfügung, wie z. B. bei der Vaterschaftsanalyse, wird häufig ein Markersystem auf der Grundlage des Restriktionsfragmentlängenpolymorphismus (RFLP) verwendet. Wenn die DNA mit einem Restriktionsenzym verdaut wird, das an Stellen schneidet, die den VNTR-Locus flankieren (aber nicht innerhalb der Wiederholungen), variiert die Länge der entstehenden DNA-Fragmente je nach Individuum, abhängig von der Anzahl der Wiederholungen im Locus. Die einzigartigen Längenmuster der Restriktionsfragmente liefern einen DNA-Fingerabdruck eines Individuums (Abb. 21.1).

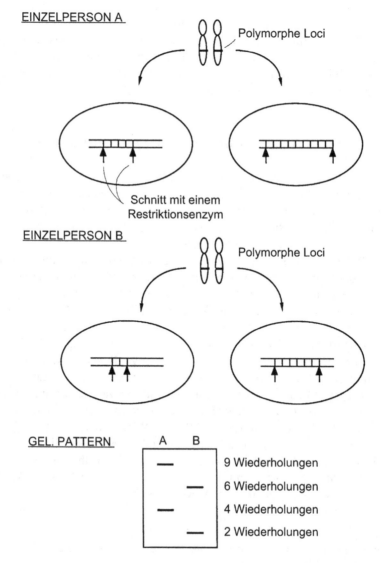

Abb. 21.1 Die Verwendung von VNTR bei der Erstellung von Fingerabdrücken

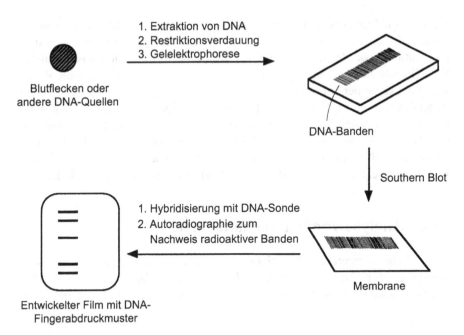

Abb. 21.2 Schema der Restriktionsfragmentlängenpolymorphismusanalyse

In der Praxis werden die durch Restriktionsverdau gewonnenen DNA-Fragmente durch Gelelektrophorese in Banden entsprechend ihrer Größe getrennt. Die aufgetrennten Banden werden mittels Southern Blot auf eine Nitrozellulosemembran übertragen, die mit einer radioaktiv markierten Sonde, deren Sequenz komplementär zu den Wiederholungen eines VNTR-Locus ist, hybridisiert wird. Die radioaktiv markierten Banden, die den DNA-Fingerabdruck zeigen, werden durch Belichtung der Membran mit Röntgenfilmen mittels Autoradiographie sichtbar gemacht (Abb. 21.2). Vergleiche mit Mustern von bekannten Probanden sind möglich, wenn Parallelversuche durchgeführt werden (siehe auch Abschn. 8.12 über den nichtradioaktiven Nachweis).

21.3   Einzellokus- und Multilokussonden

Es können zwei Arten von Sonden verwendet werden: Single-Locus-Sonden und Multi-Locus-Sonden. Einzellokussonden weisen einen einzigen Locus im Genom nach und ergeben Muster von zwei Banden unter den DNA-Fragmenten aus Restriktionsverdau und Gelauftrennung. Jede Bande entspricht einem Allel an dem polymorphen Locus in einem homologen Chromosomenpaar. Die üblicherweise verwendeten Restriktionsenzyme sind *Hin*fI oder *Ha*eIII. Zu den häufig verwendeten Einzellokussonden gehören D1S7, D2S44, D4S139, D5S110, D7S467, D10S28 und D17S79. Die Bezeichnung der Sonden basiert auf den chromosomalen Positionen. Das D steht für DNA, die nachfolgende Zahl für die Chromosomennummer, das S für eine Einzelkopie und die letzte Zahl für die Reihenfolge, in der der Locus für ein bestimmtes Chromosom entdeckt wurde. Im Allgemeinen wird eine Kombination aus mehreren Einzellokussonden verwendet. Bei einem Satz von fünf Sonden liegt die Wahrscheinlichkeit einer zufälligen Übereinstimmung von nicht verwandten Proben in der Größenordnung von eins zu 10^{13} Individuen. Multilokussonden erkennen gleichzeitig mehrere Loci, die eine gewisse Sequenzähnlichkeit aufweisen, um eine Hybridisierung mit derselben DNA-Sonde zu ermöglichen. Die weit verbreiteten Multilokussonden 33,6 und 33,15 erfassen 17 Loci mit DNA-Fragmenten, die aus 3–40 Tandemwiederholungen bestehen (2,5–20 kb).

21.4   Analyse von Vaterschaftsfällen

Die Fingerabdrücke einer Drei-Generationen-Familie unter Verwendung einer Einzellokussonde sind in Abb. 21.3 dargestellt. Die YNH24 (D2S44)-Sonde zeigt acht Allele, die eindeutig durch den Familienstammbaum

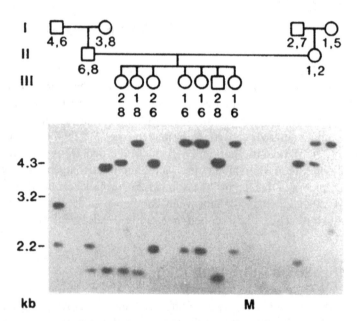

Abb. 21.3 Autoradiogramme von Southern-Blots aus Familien der dritten Generation. Es wurde die Einzellokussonde pYNH24 verwendet. Die Genotypen der Individuen in jeder Drei-Generationen-Familie sind direkt unter ihren Symbolen im Stammbaum angegeben. (Nachdruck mit Genehmigung von Nakamura, Y et al. 1987. Variable number tandem repeat (VNTR) markers for human gene mapping. *Science* 235, 1619. Copyright 1987, American Association for the Advancement of Science)

verfolgt werden können, was die typische Mendelsche Vererbung widerspiegelt. Jedes Individuum erhielt ein Allel von einem seiner Elternteile. Zum Beispiel war die Großmutter heterozygot mit den Allelen 1 und 5 und der Großvater hatte die Allele 2 und 7 (obere rechte Ecke in Abb. 21.3). Ihre Tochter erbte die Allele 1 und 2. Wenn eine Kombination von Einzellokussonden oder eine Multilokussonde verwendet wird, wird das Muster der Fingerabdrücke komplexer, obwohl die individuelle Spezifität stark verbessert wird.

21.5 Short-tandem-repeat-Marker

Für forensische Anwendungen werden aufgrund mehrerer wünschenswerter Eigenschaften überwiegend polymorphe Short-tandem-repeat(STR)-Marker verwendet. Ein großer Vorteil besteht darin, dass die Gesamtlänge von STR-Markern wesentlich kürzer ist als die von VNTR, da sie typischerweise Wiederholungen von 2–6 bp Länge enthalten.

STR-Marker können leicht mittels PCR amplifiziert werden, und ihre kürzere Länge ermöglicht auch Multiplexing (auch als Multiplex-PCR bekannt). Multiplexing wird durch die Verwendung von mehr als einem Primer-Set für die PCR-Reaktionsmischung erreicht, was zu einer gleichzeitigen Amplifikation von zwei oder mehr Regionen der DNA führt. Die STR-core-Marker, die für die DNA-Typisierung verwendet werden, liegen in zwei Kopien oder Allelen vor (eine stammt von der Mutter und eine vom Vater, wie bei allen anderen Mendelschen genetischen Markern). Die STR-Allele werden durch Kapillarelektrophorese getrennt. Die Anzahl der Wiederholungseinheiten in jedem STR-Allel kann durch Vergleich mit Allelstandards bestimmt werden, die in der Bevölkerung beobachtete häufige Varianten abdecken. Die Variabilität der STR-Allele bietet ein zusätzliches Unterscheidungsvermögen, was sie für die Identifizierung von Menschen sehr nützlich macht.

Die Möglichkeit des Multiplexing mit STR-Markern bedeutet, dass eine winzige Menge an Proben-DNA (0,1–1 ng), sogar in degradierter Form, jetzt erfolgreich typisiert werden kann. Im Gegensatz dazu benötigen RFLP-Methoden mindestens 0,1–0,5 µg nichtabgebaute DNA. In Anbetracht der Tatsache, dass biologische Proben an Tatorten (wie Blut, Haare, Sperma usw.) sehr geringe Mengen und häufig abgebaute DNA enthalten, sind STR-Marker die erste Wahl für die forensische Typisierung.

Beim Multiplexing von STR-Markern werden die PCR-Produkte mit Fluoreszenzmarkern (unter Verwendung von farbstoffmarkierten loci-spezifischen Primern) markiert, mithilfe von automatisierten Kapillarelektrophoresesystemen aufgetrennt und in ihrer Größe bestimmt. Die Fluoreszenzfarbstoffkombinationen werden so ausgewählt, dass die Allelvarianten ohne spektrale Überlappung aufgelöst werden, was den Nachweis einer großen Anzahl von Loci ermöglicht. Beim STR-Multiplexing werden meist PCR-Produkte

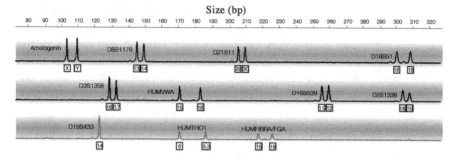

Abb. 21.4 Elektropherogramm zur Darstellung von STR-Profilen. In diesem Beispiel amplifizieren die Multiplex-STR-Sonden elf Loci in einer einzigen Reaktion, einschließlich Amelogenin. Es zeigt auch die Allelgrößen in Wiederholungseinheiten für jeden Marker, wobei die Nummern unter den Peaks angegeben sind. Das Profil im ursprünglichen Elektropherogramm wird in den grünen, blauen und gelben Kanälen des Kapillarelektrophoresesystems angezeigt. Die obere, mittlere und untere Reihe in der Abbildung zeigen die Erkennung und farbliche Trennung von drei Regionen von STR-Markern. (Übernommen mit Genehmigung von Jobling, M. A. und Gill, P. 2004. Encoded evidence: DNA in Forensic Analysis. *Nature Rev. Genetics* 5, 743. Urheberrecht 2004 von Springer Nature.)

im Größenbereich von 75–400 bp verwendet und drei bis vier verschiedene Farbstoffmarkierungen eingesetzt. Ein Beispiel für das STR-Profiling ist in Abb. 21.4 dargestellt.

21.5.1 Das kombinierte DNA-Indexsystem

Das National Institute of Standards and Technology (NIST) hat eine STR-DNA-Internetdatenbank zusammengestellt, die Einzelheiten zu allen häufig verwendeten STR-Markern für die forensische DNA-Typisierung enthält. Ein Kernsatz von 13 STR-Markern wurde verwendet, um eine landesweite DNA-Datenbank in den Vereinigten Staaten zu erstellen, das sogenannte FBI Combined DNA Index System (CODIS) (Abb. 21.5). Ein paralleler Prozess zur Schaffung nationaler DNA-Datenbanken wurde bereits in mehreren europäischen Ländern eingeführt.

Die polymorphen CODIS-Loci sind CSF1PO, FGA, TH01, TPOX, VWA, D3S1358, D5S818, D7S820, D8S1179, D13S317, D16S539, D18S51, D21S11 und Amelogenin. Der letzte Marker, Amelogenin, gehört zu einer Gruppe von geschlechtsspezifischen Markern – er weist nach der Amplifikation eine 212 Basen umfassende X-spezifische Bande und eine 218 Basen umfassende Y-spezifische Bande auf und wird in erster Linie zur Geschlechtsidentifizierung verwendet. Alle 13 Loci sind hochpolymorph und liegen außerhalb der kodierenden Regionen. Die Wahrscheinlichkeit einer Übereinstimmung

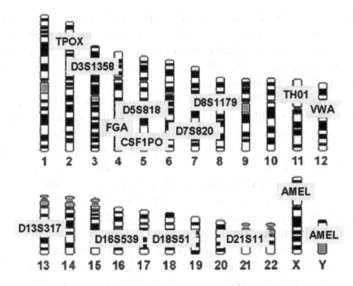

Abb. 21.5 13 CODIS-Core-STR-Loci mit chromosomalen Positionen

zwischen zwei nicht verwandten Personen liegt bei eins zu einer Billion, wenn alle 13 CODIS-Loci getestet werden. Seit dem 1. Januar 2017 nutzt das FBI zusätzliche sieben STR-Loci für das Hochladen von DNA-Profilen in das Nationale DNA-Index-System: D1S1656, D2S441, D2S1338, D10S1248, D12S391, D19S433 und D22S1045. Multiplex STR-Kits, die die 13 und bis zu 20 CODIS-Loci enthalten, sind im Handel erhältlich und können von forensischen Labors verwendet werden.

21.6 Mitochondriale DNA-Sequenzanalyse

In Situationen, in denen eine Typisierung der nuklearen (chromosomalen) DNA nicht möglich ist (z. B. unzureichende Mengen oder zu stark abgebaut) oder ein Typisierungsversuch mit nuklearen DNA-Markern erfolglos ist, kann eine Typisierung der mitochondrialen DNA (mtDNA) vorgenommen werden.

Mitochondrien haben ein extranukleäres DNA-Genom, dessen Sequenz 1981 erstmals für den Menschen beschrieben wurde. Die menschliche mtDNA ist zirkulär mit 16.569 bp (im Gegensatz zu den linearen etwa 3 Mrd. bp der Kern-DNA) und existiert in Hunderten bis Tausenden von Kopien in einer einzigen Zelle. Die Wahrscheinlichkeit, mtDNA aus sehr kleinen und degradierten biologischen Proben zu gewinnen, ist größer als bei der Kern-DNA. MtDNA wurde aus Zähnen, Haarschäften und Knochenfragmenten extrahiert, die alle keine forensischen Ergebnisse mit nuklearen DNA-Markern liefern. Vor allem aber stammt die mtDNA ausschließlich von der Mutter durch die Mitochondrien in ihrem Ei und repräsentiert daher nur die mütterliche Abstammung einer Person. Folglich können mtDNA-Informationen bei anthropologischen Untersuchungen Aufschluss über die alte Bevölkerungsgeschichte und die menschliche Evolution geben.

Der forensische Wert der mtDNA liegt in der etwa 1100 bp langen Verdrängungsschleife (D-Schleife), die sich in der nichtkodierenden Region befindet. Die beiden hypervariablen Regionen (HV1 und HV2) der D-Schleife können mittels PCR amplifiziert werden und liefern Sequenzinformationen für die Positionen 16.024–16.365 bzw. 73–340 (Abb. 21.6). Die Sequenz wird dann mit der verfügbaren forensischen Datenbank für menschliche mitochondriale DNA-Sequenzen verglichen. Die nichtkodierende Region (auch als Kontrollregion bezeichnet) variiert schätzungsweise um 1–3 % zwischen nichtverwandten Personen, wobei die Variationen über die Regionen HV1 und HV2 verteilt sind.

Die Verwendung von mtDNA-Sequenzinformationen zur Identifizierung der Überreste des russischen Zaren Nikolaus II und seiner Familie veranschaulicht die Leistungsfähigkeit der DNA-Typisierung. Im Jahr 1991 wurden aus einem flachen Grab in Jekaterinburg, Russland, neun Skelettreste ausgegraben, die vorläufig als die von Nikolaus II, Zarin Alexandra, ihren drei

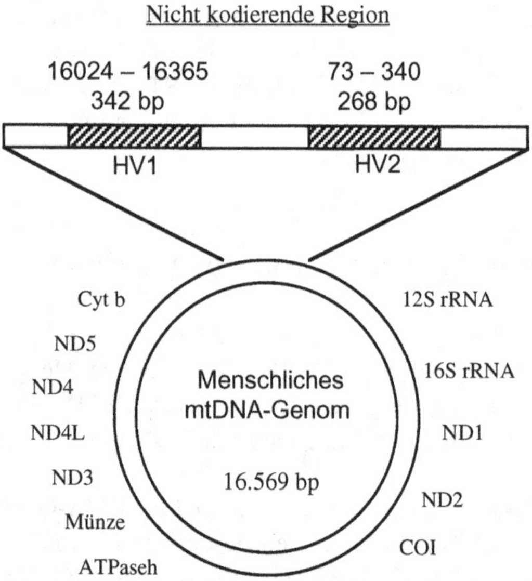

Abb. 21.6 Das menschliche mitochondriale DNA-Genom. Die nichtkodierende Region umfasst die hypervariablen Regionen HV1 und HV2, die bei der DNA-Typisierung verwendet werden. Beschriftete Gene: *ATPase* ATP-Synthase, *CO* Cytochrom-c-Oxidase, *Cyt b* Cytochrom b, *ND* NADH-Dehydrogenase

Töchtern, drei ihrer Diener und dem Arzt der Familie, Eugeny Botkin, identifiziert wurden. Im Jahr 1992 wurden Wissenschaftler aus dem Vereinigten Königreich und den Vereinigten Staaten gebeten, bei der Überprüfung der Überreste mithilfe von DNA-Techniken zusammenzuarbeiten (Gill et al. 1994. *Nature Genetics* 6, 130–135; Ivanov et al. 1996. *Nature Genetics* 12, 417–420).

Das Geschlecht der Überreste wurde durch Amplifikation der Amelogenin-Loci bestimmt. Die Ergebnisse bestätigen die Schlussfolgerung aus der physischen Untersuchung der Knochen, dass es sich bei den Überresten um vier männliche und fünf weibliche Personen handelt. Die neun Skelette wurden außerdem einer DNA-Typisierung anhand von fünf STR-Markern unterzogen: VWA/31, Tho1, F13A1, FES/EPS und ACTBP2. Die Allelbandenmuster deuten darauf hin, dass fünf der Skelette zu einer Familiengruppe gehörten, die aus zwei Eltern und drei Kindern bestand.

Die Methode der mtDNA-Typisierung wurde angewandt, um die Sequenz des mutmaßlichen Zaren mit zwei lebenden Nachkommen mütterlicherseits der Großmutter des Zaren zu vergleichen – dem Ur-Ur-Enkel (Duke of Fife) und der Ur-Ur-Ur-Enkelin (Gräfin Xenia Cheremeteff-Sfiri) von Louise von Hessen-Kassel (der Großmutter des Zaren). Die mtDNA-Sequenzen der mutmaßlichen Zarin und der drei Töchter wurden mit denjenigen von Prinz Philip, Herzog von Edinburgh, einem Großneffen mütterlicherseits von Zarin Alexandra, verglichen.

Die mtDNA-Sequenzen der mutmaßlichen Zarin und der drei Töchter stimmten mit denen von Prinz Philipp überein und bestätigten die Identität der Mutter und der Geschwister. Die aus den Knochen des mutmaßlichen Zaren extrahierte mtDNA-Sequenz stimmte mit denjenigen der beiden mütterlichen Verwandten von Nikolaus II überein, mit Ausnahme einer Position. An der Basenposition 16.169 enthielt die DNA-Sequenz sowohl ein Cytosin (C) als auch ein Thymin (T) in einem Verhältnis von 3,4:1, während die beiden mütterlichen Verwandten an dieser Position nur T enthielten.

Die Diskrepanz in der Sequenzierung wurde durch eine anschließende Analyse der exhumierten Überreste des Großfürsten von Russland, Georgij Romanov, des Bruders von Zar Nikolaus II aufgelöst. Georgij Romanov hatte eine übereinstimmende hypervariable mtDNA-Sequenz mit der gleichen C/T-Heteroplasmie an Position 16.169, mit einem Verhältnis von 38 % C und 62 % T (das Vorhandensein von mehr als einem mtDNA-Typ in einem Individuum ist als Heteroplasmie bekannt, was zu mehr als einer Base an einer Stelle in der mtDNA-Sequenz führt). Die zuvor beobachtete Diskrepanz zwischen dem Zaren und seinen beiden Verwandten ist also auf eine Heteroplasmie zurückzuführen, die von der Mutter des Zaren an die beiden Söhne Georgij und Nikolaus weitergegeben wurde, sich aber bei der genetischen Weitergabe in den nachfolgenden Generationen in eine Homoplasmie verwandelte. Die Echtheit der Überreste der Familie Romanow wurde schließlich bestätigt.

Überprüfung

1. Was sind polymorphe Marker? Warum sind diese Marker für den Fingerabdruck geeignet?
2. Was sind die Unterschiede zwischen VNTR und STR?
3. Warum werden STR-Marker für die forensische Typisierung bevorzugt?
4. Warum werden *Hinf*I und *Hae*III üblicherweise als Restriktionsenzyme eingesetzt? (Hinweis: Wie wichtig ist die Kontrolle der Fragmentgröße bei der Durchführung von Restriktionsfragmentlängenpolymorphismusanalysen?)
5. Was ist der Grund für die Auswahl der 13 Loci in CODIS?
6. Was ist Multiplexing? Beschreiben Sie die Rolle der PCR-Multiplexierung bei der DNA-Typisierung.
7. Verfolgen Sie die Bandenmuster in Abb. 21.3 und bestätigen Sie, dass sie die Mendelsche Vererbung widerspiegeln.
8. Was sind die Unterschiede, Vor- und Nachteile zwischen Einzel- und Multilokussonden?
9. Welche Regionen des mtDNA-Genoms werden für die DNA-Typisierung verwendet? Erläutern Sie, warum diese Regionen verwendet werden.
10. Die menschliche Genom-DNA im Kern und in den Mitochondrien weist unterschiedliche Merkmale auf:

	Nukleäre DNA	Mitochondrien-DNA
Größe: 3 Mrd. bp oder 16.569 bp		
Kopien pro Zelle: >100 oder 2		
Geerbt von Mutter oder beiden Elternteile		
Rekombinationsrate: hoch oder niedrig		

KAPITEL 22

Transpharmers: Bioreaktoren für pharmazeutische Produkte

Es wird erwartet, dass die Anwendung der transgenen Technologie auf kommerziell wichtige Nutztiere große Auswirkungen auf die Landwirtschaft und die Medizin haben wird. Drei Entwicklungsbereiche stehen im Mittelpunkt intensiver Untersuchungen: (1) Verbesserung wünschenswerter Eigenschaften wie erhöhte Wachstumsrate, Futterverwertung, Verringerung des Fettgehalts, verbesserte Fleisch- und Milchqualität – Wachstumshormontransgene wurden in das Genom von Schweinen, Schafen und Kühen eingefügt; (2) zur Verbesserung der Widerstandsfähigkeit gegen Krankheiten – eine Reihe von Genen, die zum Immunsystem beitragen (z. B. schwere und leichte Ketten eines Antikörpers, der an ein bestimmtes Antigen bindet), können eingeführt werden, um transgenen Tieren eine In-vivo-Immunisierung zu verleihen; (3) zur Züchtung transgener Tiere für die Produktion pharmazeutischer Proteine – das Konzept, Nutztiere als Bioreaktoren zu verwenden, hat die Aussicht auf eine revolutionäre Rolle von Nutztierarten eröffnet. Die Liste der Proteine umfasst menschliches Lactoferrin, menschliches Kollagen, α_1-Antitrypsin, Blutgerinnungsfaktoren, Antigerinnungsmittel und viele andere.

Die Aussicht, pharmakologisch wirksame Proteine in der Milch von transgenen Tieren zu produzieren, ist aus mehreren Gründen verlockend. (1) Transgene Tiere könnten letztlich eine kostengünstigere Methode zur Herstellung rekombinanter Proteine sein als Säugetierzellkulturen. Transgene Tierlinien sind zwar kostspielig in der Herstellung, können aber schnell vermehrt und erweitert werden. Im Gegensatz dazu erfordert die Aufrechterhaltung von Säugetierzellkulturen in großem Maßstab kontinuierlich hohe Kosten. (2) Im Gegensatz zu mikrobiellen Systemen, die in der Regel nicht zur posttranslationalen Verarbeitung fähig sind, produzieren transgene Tiere bioaktive komplexe Proteine mit einem effizienten System der posttranslationalen Modifikation. (3) Die Gewinnung und Reinigung von aktiven Proteinen aus Milch ist relativ einfach. Das Volumen der Milchproduktion ist groß, und die Ausbeute kann potenziell hoch sein, sodass das Verfahren wirtschaftlich machbar ist.

22.1 Allgemeines Verfahren zur Erzeugung transgener Tiere

In einem allgemeinen Schema wird das Gen eines gewünschten Proteins in einem geeigneten Vektor konstruiert, der die regulatorische Sequenz eines Milchproteins trägt, um die Expression im Brustgewebe zu steuern. Zu den häufig verwendeten Promotoren gehören die Gene von β-Lactoglobulin und β-Casein (wichtige Proteine in der Milch). Die rekombinante DNA wird dann in einem frühen Stadium durch Mikroinjektion in die Pronuklei befruchteter Eizellen eingeführt. Die injizierte DNA wird in der Regel in Form mehrerer Tandemkopien an zufälligen Stellen integriert. Die transformierte Eizelle wird dann in die Gebärmutter eines Leihmuttertiers eingepflanzt, um transgene Nachkommen zu gebären. Das transgene Tier kann gezüchtet werden, um das exprimierte Protein zur Verarbeitung und Reinigung zu gewinnen. Die stabile Übertragung des Transgens auf nachfolgende Generationen ist ein entscheidender Faktor bei der Etablierung transgener Linien von Nutztieren. Obwohl dies nicht so häufig vorkommt, können Transgene auch durch Kerntransfertechniken eingeführt werden (siehe Abschn. 11.7 und 23.2).

22.2 Transgene Schafe für α_1-Antitrypsin

Die Züchtung von transgenen Schafen für die Produktion von α_1-Antitrypsin wurde beschrieben (Wright et al. 1991. *Bio/Technology* 9, 830–834). Humanes α_1-Antitrypsin (Hα_1AT) ist ein Glykoprotein mit einem Molekulargewicht von 54 kD, bestehend aus 394 Aminosäuren mit 12 % Kohlenhydraten. Das Protein wird in der Leber synthetisiert und in das Plasma mit einer Serumkonzentration von etwa 2 mg/ml sezerniert. Hα_1AT ist ein starker Inhibitor einer Vielzahl von Serinproteasen, einer Klasse von Enzymen, die, wenn sie unkontrolliert bleiben, übermäßige Gewebeschäden verursachen können. Personen mit einem Mangel an diesem Protein haben ein erhöhtes Risiko für die Entwicklung eines Emphysems.

In der Studie wurde ein Hybridgen konstruiert, indem das Hα_1AT-Gen mit der 5′-nichttranslatierten Sequenz des β-Lactoglobulin(βLG)-Gens des Schafs fusioniert wurde. Das Hα_1AT-Gen bestand aus fünf Exons (I, II, III, IV und V) und vier Introns. Im Genkonstrukt wurde die erste Hα_1AT-Intron-Sequenz (zwischen den Exons I und II) deletiert. Dieses Hα_1AT-Minigen bestand daher aus den Exons I und II, die fusioniert waren, und den Exons III, IV und V, die durch Introns, das Hα_1AT-Initiationscodon (ATG), das Stoppcodon (TAA) und das polyA-Terminierungssignal unterbrochen waren. Die 5′-nichttranslatierte βLG-Sequenz umfasste den βLG-Promotor, die TATA-Box und die βLG-Exon-I-Sequenz (Abb. 22.1).

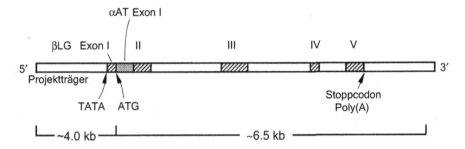

Abb. 22.1 Das Hybridgenkonstrukt von humanem α_1-Antitrypsin fusioniert mit der 5′-nichttranslatierten Sequenz des β-Lactoglobulin-Gens vom Schaf

Das hybride Genkonstrukt wurde in Schafseier mikroinjiziert, die nach künstlichem Eisprung und künstlicher Besamung von Spenderschafen entnommen wurden. Bei der Southern-Blot-Analyse der genomischen DNA-Proben wurden 5 transgene Tiere von 113 Lämmern identifiziert. Es zeigte sich, dass das Transgen in mehreren (2–10) Kopien integriert war. Drei der transgenen Schafe zeugten Nachkommen und diese drei laktierenden Schafe wurden zur täglichen Milchsammlung verwendet. Die Milchproben wurden mittels eines radialen Immunodiffusionstests auf das Vorhandensein von Hα_1AT untersucht. Die Milchproben wurden auch zur Aufreinigung des Proteins für die Natriumdodecylsulfat-Polyacrylamidgelelektrophorese (SDS-PAGE) verwendet. Alle drei transgenen Schafe produzierten das menschliche Protein mit mehr als 1 g/L. Das Protein schien glykosyliert und voll aktiv zu sein.

Überprüfung

1. Nennen Sie die Vor- und Nachteile der Verwendung von Nutztieren für die Herstellung von pharmazeutischen Proteinen.
2. Warum werden Promotoren der β-Lactoglobulin- und β-Casein-Gene für tierische Transgene verwendet?
3. Im beschriebenen Beispiel wurde das Transgen in mehreren Kopien in das Genom integriert. Kann ein Transgen integriert werden, indem man eine bestimmte Stelle im Chromosom anvisiert? Erläutern Sie Ihren Ansatz.

KAPITEL 23

KLONEN VON TIEREN

Ein revolutionäres Ereignis in Biologie und Medizin ereignete sich 1996, als es Wissenschaftlern am Roslin Institute in Schottland gelang, Tiere aus kultivierten Zellen eines ausgewachsenen Mutterschafs zu klonen. Dolly ist der erste Säugetierklon, der durch die Übertragung des Zellkerns einer erwachsenen Zelle auf eine unbefruchtete Eizelle (deren Zellkern bereits entfernt wurde) erzeugt wurde. Seither wurden Klone aus adulten Zellen von Mäusen, Rindern, Ziegen, Schweinen und anderen Tieren erzeugt.

23.1 Zelldifferenzierung

Die Befruchtung einer Eizelle durch ein Spermium führt zur Bildung einer Zygote, aus der schließlich alle Zellen des erwachsenen Körpers – mehr als hundert Billionen Zellen mit unterschiedlichen Strukturen und Funktionen – durch fortschreitende Entwicklungsveränderungen hervorgehen. Die Zygote beginnt den Prozess der Spaltung, bei dem sie sich schnell von einer einzigen Zelle in 2 Tochterzellen, 4, 8, 16 usw. teilt. Während der Spaltung behält der Embryo ungefähr die gleiche äußere kugelförmige Form bei, wobei sich das Gesamtvolumen nur wenig verändert. Das bedeutet, dass die Tochterzellen (in diesem Stadium als Blastomere bezeichnet) mit jeder Zellteilung immer kleiner werden. Der Spaltungsprozess endet mit der Bildung einer hohlen Struktur, der sogenannten Blastula, wobei die Blastomere an den Rand verlagert werden und in der Mitte ein mit Flüssigkeit gefüllter Hohlraum zurückbleibt. Wenn der Embryo in dieses Stadium eintritt, differenzieren sich die Zellen.

Differenzierung ist ein Prozess, bei dem ursprünglich ähnliche Zellen unterschiedliche Entwicklungswege zu spezialisierten Zellen durchlaufen, z. B. zu Nervenzellen, Muskelzellen usw. – aus denen sich schließlich die verschiedenen Gewebe und Organe des Körpers zusammensetzen. Dieser Prozess wird durch die kollektive Wirkung von Genen in einer bestimmten Gruppe

D. W. S. Wong, *Das ABC des Genklonens*,
https://doi.org/10.1007/978-3-031-22190-3_23

von Zellen gesteuert. Die Zellen, die aus den ersten Teilungen nach der Befruchtung hervorgehen, sind undifferenziert, das heißt, sie können sich zu allen Zelltypen entwickeln. Undifferenzierte frühe embryonale Zellen wurden vor dem Klonen von Dolly als Quelle der Wahl für das Klonen mittels Kerntransfertechniken verwendet.

23.2 Kerntransfer

Beim Kerntransfer wird zunächst der Zellkern aus einer unbefruchteten Eizelle (Oozyte) entnommen, die dem Tier kurz nach dem Eisprung entnommen wurde. Dazu wird mit einer speziellen Nadel die Schale (Zona pellucida) durchstochen und der Kern unter einem Hochleistungsmikroskop entnommen. Die so entstandene Zelle, die nun kein genetisches Material mehr enthält, ist eine enukleierte Eizelle. Im nächsten Schritt wird eine Spenderzelle mit ihrem vollständigen Zellkern in die entkernte Eizelle eingeschmolzen. Die fusionierte Zelle entwickelt sich wie ein normaler Embryo und wird dann in die Gebärmutter einer Leihmutter eingepflanzt, um Nachkommen zu erzeugen. Anstatt eine ganze Spenderzelle zur Verschmelzung mit der Empfängerzelle zu verwenden, kann der Zellkern der Spenderzelle entfernt und durch Injektion der DNA direkt in die Empfängerzelle übertragen werden (Abb. 23.1).

Die Technik des Kerntransfers wurde erstmals 1952 beim Klonen von Fröschen angewandt, aber die Zellen entwickelten sich nie über das Kaulquappenstadium hinaus. Mitte der 1980er-Jahre gelang es mehreren Forschergruppen, Schafe und Rinder durch Kerntransfer unter Verwendung früher Embryonalzellen zu erzeugen. In einigen späteren Studien wurden Zellen von Embryonen, die das 64- und 128-Zell-Stadium erreicht hatten, zur Erzeugung von Kälbern verwendet.

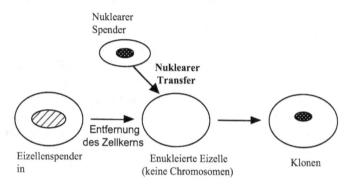

Abb. 23.1 Der Prozess der Kernübertragung (Klonen)

Der große Durchbruch, der die Voraussetzungen für die Erschaffung von Dolly schuf, gelang 1995, als Wissenschaftler des Roslin-Instituts erfolgreich Lämmer durch Kerntransfer von Zellen erzeugten, die frühen Embryonen entnommen worden waren, die mehrere Monate lang im Labor *gezüchtet* worden waren. Das Experiment mit kultivierten embryonalen Zellen führte zum Klonen von Dolly mit adulten (differenzierten) Zellen, was sie von allen früheren Klonierungsversuchen mit embryonalen (undifferenzierten) Zellen unterscheidet. Der Erfolg des Klonens adulter Zellen beweist, dass die Zelldifferenzierung umkehrbar ist und dass die Zeit des Entwicklungsprozesses manipuliert werden kann, um seinen Verlauf umzuprogrammieren. Dies war der Beginn der Technik des somatischen Zellkerntransfers (SCNT), die allgemein als Klonen bezeichnet wird, um transgene Tiere zu erzeugen.

23.3   Das Klonen von Dolly

(Wilmut, I. et al. 2002. *Nature* 419, 583–586) Der Schlüssel zum Erfolg des Klonens von Dolly war die sorgfältige Koordination des Zellzyklus der Spenderzelle. Die Zellen, die als Spender für den Kerntransfer verwendet wurden, befanden sich in einem Stadium des Zellzyklus, das als Ruhephase bezeichnet wird – ein Zustand, in dem die Zelle arretiert ist und sich nicht mehr teilt.

Bei den meisten Zellen lässt sich der Lebenszyklus als ein sich wiederholender Zyklus aus Metaphase (M-Phase; siehe Abschn. 1.5 über Mitose) und Interphase darstellen. Die DNA der Zelle repliziert während eines speziellen Abschnitts der Interphase, der sogenannten S-Phase. Die Interphase enthält auch zwei zeitliche Lücken: G1 zwischen dem Ende der Mitose und dem Beginn der S-Phase, und G2 zwischen der S-Phase und dem Beginn der Mitose. Während der G1- und G2-Phase wird keine DNA gebildet, jedoch erfolgt Proteinsynthese für den Bedarf der Replikation (S-Phase) bzw. der Mitose (M-Phase).

Der Einfachheit halber kann ein Zellzyklus aus zwei Hauptphasen bestehen – einer Phase der Kernteilung zur Bildung zweier Tochterzellen (Mitose, M-Phase) und einer weiteren Phase der DNA- und Proteinsynthese (Interphase, bestehend aus G1, S und G2). Ein Ruhezustand, die sogenannte G0-Phase, ist eine erweiterte G1-Phase, in der sich die Zelle weder teilt noch auf eine Teilung vorbereitet (Abb. 23.2).

Für das Klonen von Dolly wurden die Spenderzellen aus der Brustdrüse eines sechsjährigen Finn-Dorset-Schafs im letzten Trimester der Schwangerschaft gewonnen. Die Zellen wurden zur Ruhe gebracht, indem sie fünf Tage lang in Medien mit reduzierten Nährstoffkonzentrationen wuchsen. Unbefruchtete Eizellen wurden von schottischen Blackface-Schafen zwischen 28 und 33 Stunden nach der Injektion von Gonadotropin-Releasing-Hormon gewonnen, und die Zellkerne wurden entfernt. Im nächsten Schritt wurde der Zellkern aus einer ruhenden Spenderzelle der Brustdrüse in die entkernte Eizelle übertragen (Abb. 23.3). Um die Fusion der Spenderzellen mit der enukleierten Oozyte zu

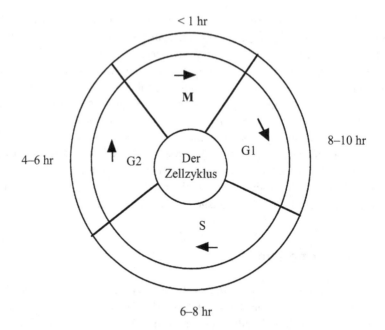

Abb. 23.2 Der Zellzyklus

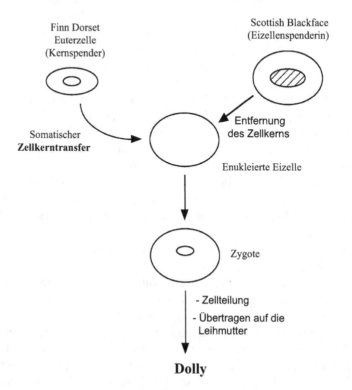

Abb. 23.3 Das Klonen von Dolly

induzieren und die Zelle zur Entwicklung zu aktivieren, wurden elektrische Pulse angelegt. Von den insgesamt 277 erhaltenen fusionierten Zellen entwickelten sich 29 zu Embryonen (im Morula- oder Blastozystenstadium). Sie wurden in 13 Mutterschafe eingepflanzt, was zu einer Schwangerschaft und einem lebenden Lamm – Dolly – führte. Die Erfolgsquote des gesamten Prozesses lag bei 0,4 %. Seither wurde SCNT zum Klonen von Mäusen, Kühen, Ziegen, Schweinen, Kaninchen und Katzen eingesetzt. Der Erfolg beim Klonen von Dolly eröffnet auch die Hoffnung, dass adulte Zellen umprogrammiert werden können, um einen geklonten menschlichen Embryo zur Gewinnung von Stammzellen zu entwickeln – eine Idee, die als therapeutisches Klonen bekannt ist.

23.4   Gentransfer für landwirtschaftliche Nutztiere

Bei Nutztieren besteht der Zweck des Klonens darin, Founder-Tiere zu erzeugen, die das/die Zielgen/e stabil eingebaut haben und in der Lage sind, Generationen von Nachkommen zu erzeugen, die das/die Zielgen/e tragen. Der somatische Zellkerntransfer (SCNT) ist die Methode der Wahl für die Forschungsgemeinschaft, die sich mit der Erzeugung transgener Nutztiere befasst, obwohl in einigen Fällen auch die Mikroinjektion eines fremden DNA-/Genkonstrukts in den Pronukleus der Nutztierzygote praktiziert wird. Die Pronukleininjektion führt jedoch zu einer zufälligen Integration mehrerer Kopien des DNA-Konstrukts und zu anormalen Expressionsmustern. Die Verwendung zellbasierter Systeme, die sich bei der Arbeit mit transgenen Mäusen bewährt haben, ist für Nutztiere noch nicht ausreichend entwickelt. Die Klonierungsmethoden für Tiere haben im Allgemeinen eine geringe Effizienz (weniger als 1 % bei SCNT).

In Verbindung mit dem Gen-Targeting (z. B. homologe Rekombination) oder den kürzlich entwickelten Genome-Editing-Methoden (z. B. ZFN, TALEN und CRISPR/Cas) ist es möglich, präzise Insertionen und Deletionen in der Keimbahn von Nutztieren vorzunehmen (siehe Abschn. 20.5). Beim SCNT wird die transgene Zelle (die durch Gen-Targeting oder Genom-Editierung verändert wurde) als Kernspender verwendet, um eine entkernte Eizelle in der Embryonalentwicklung wiederherzustellen.

Überprüfung

1. Beschreiben Sie das allgemeine Schema des Kerntransfers.
2. Warum wurden frühe embryonale Zellen für das Klonen von Tieren verwendet?
3. Was ist Zelldifferenzierung? Was ist die Ruhephase im Zellzyklus?
4. Was ist so einzigartig am Klonen von Dolly, dass es sich von früheren Experimenten zum Klonen von Tieren unterscheidet?

KAPITEL 24

GESAMTES GENOM UND NEXT-GENERATION-SEQUENZIERUNG

Ein historischer Meilenstein: Das menschliche Genom

Die Sequenzierung des menschlichen Genoms ist das kumulative Ergebnis von fast fünf Jahrzehnten internationaler Zusammenarbeit. Die Sequenzierungsstrategie des Humangenomprojekts (HGP) ist eine Klon-nach-Klon- oder hierarchische Strategie, bei der zunächst genetische und physikalische Karten des menschlichen Genoms erstellt werden (erster Fünfjahresplan, 1993–1998) und dann die Sequenzen mit der Genomkarte verbunden werden (zweiter Fünfjahresplan, 1998–2003).

Die erste Phase des HGP konzentrierte sich auf die Kartierung des menschlichen Genoms. Unter Kartierung versteht man die Erstellung einer Reihe von Chromosomenbeschreibungen, in denen die Position und der Abstand einzigartiger, identifizierbarer biochemischer Markierungen auf den Chromosomen dargestellt sind. Diese als DNA-Marker bezeichneten Orientierungspunkte in einem Genom können anhand ihrer relativen Positionen auf der Grundlage von (1) genetischen Techniken einschließlich der Verknüpfungsanalyse polymorpher Marker (genetisches Mapping) und (2) direkter physikalischer Analyse von charakteristischen Sequenzmerkmalen im DNA-Molekül (physikalisches Mapping) bestimmt werden. Die sich daraus ergebende Genomkarte ist eine umfassende Integration von genetischen und physikalischen Karten, die letztlich den Rahmen für die Durchführung der Sequenzierungsphase des Projekts bildet.

24.1 Genetische Karten

Eine genetische (Kopplungs-)Karte ist eine Beschreibung der relativen Anordnung genetischer Marker in Kopplungsgruppen, in denen der Abstand zwischen Markern als Rekombinationseinheiten ausgedrückt wird (Berechnung auf der Grundlage meiotischer Rekombination). Sie ordnet und schätzt die Abstände zwischen Markern, die zwischen den elterlichen Homologen (Polymorphismus) variieren, durch Kopplungsanalyse. Je näher die Marker beieinander liegen, je enger sie miteinander gekoppelt sind, desto unwahrscheinlicher ist es, dass ein Rekombinationsereignis zwischen sie fällt und sie trennt. Die Rekombinationshäufigkeit liefert somit einen Schätzwert für den Abstand zwischen zwei Markern. Die Haupteinheit für den Abstand entlang der genetischen Karte ist CentiMorgan (cM), was 1 % Rekombination entspricht. Ein genetischer Abstand von 1 cM entspricht ungefähr einem physischen Abstand von 1 Mio. bp (1 Mb). Die Grundprinzipien der genetischen Verknüpfung wurden bereits im Zusammenhang mit Kap. 18: „Suche nach krankheitsverursachenden Genen" beschrieben.

24.1.1 DNA-Marker

Die frühen genetischen Karten wurden auf der Grundlage der Mendelschen Genetik erstellt, indem die Veränderungen der vererbbaren Merkmale und damit die Veränderungen der Phänotypen bei den Nachkommen im Vergleich zu den Eltern beobachtet wurden. Diese Art der Kartierungstechnik beruht auf der Beobachtung eines bestimmten Phänotyps und erfordert umfangreich geplante Züchtungsversuche. Die Beobachtung des Phänotyps ist nicht ganz einfach, da ein einziges körperliches Merkmal häufig von mehr als einem Gen kontrolliert wird.

Diese Methode ist weitgehend durch die Verwendung von DNA-Markern ersetzt worden, die mit biochemischen Techniken untersucht werden können. Die erste Art von DNA-Markern enthält Mutationen, die Veränderungen in einer Restriktionsstellensequenz verursachen, die vom entsprechenden Restriktionsenzym nicht mehr erkannt wird. Diese Marker können durch Restriktionsfragmentlängenpolymorphismusanalyse (RFLP-Analyse) nachgewiesen werden. Ein Restriktionsschnitt durch das Enzym erzeugt ein längeres DNA-Fragment, da die beiden benachbarten Restriktionsfragmente miteinander verbunden bleiben. Genetische Marker werden durch Hybridisierung oder PCR typisiert. Die Region, die die Markersequenz umgibt, wird vervielfältigt, die DNA wird mit Restriktionsenzymen behandelt und die Fragmente werden durch Elektrophorese nach ihrer Größe getrennt. Die Positionen der Banden auf dem Gel entsprechen der Länge des amplifizierten Fragments und geben somit Aufschluss über den Grad des Polymorphismus (siehe auch Abschn. 21.2).

In der Tat können alle polymorphen Loci, die im Genom einzigartig sind, für die genetische Kartierung verwendet werden. So sind beispielsweise Tandemwiederholungen mit variabler Anzahl, kurze Tandemwiederholungen, AC/TG-Wiederholungen sowie Tri- und Tetranukleotidwiederholungen (siehe Abschn. 18.1.2 und 21.1) häufig verwendete DNA-Marker. Einzelne Nukleotidpolymorphismen (SNP), einzelne Punktmutationen, die in der Genomsequenz häufig vorkommen, können ebenfalls für die genetische Kartierung verwendet werden.

24.1.2 Stammbaumanalyse

Die Kopplungsanalyse beim Menschen unterscheidet sich deutlich von der bei anderen Organismen. Bei der Untersuchung von Fruchtfliegen oder Mäusen beispielsweise können umfangreiche Züchtungsexperimente zum Zwecke der Genkartierung geplant und durchgeführt werden. Geplante Experimente zur Auswahl von Kreuzungen sind beim Menschen jedoch nicht möglich. Stattdessen sind die Daten beim Menschen auf diejenigen beschränkt, die von aufeinanderfolgenden Generationen einer bestehenden Familie gesammelt werden können, daher der Begriff Stammbaumanalyse. Aus diesem Grund wurden Familiensammlungen angelegt, die den Forschern für die Kartierung von Markern zugänglich sind. Ein Beispiel ist die Sammlung des Centre d'Etudes du Polymorphisme Humaine (CEPH) in Paris, die aus kultivierten Zelllinien von acht Familien mit insgesamt 809 Individuen und 832 meiotischen Rekombinationen besteht. Die Sammlung ermöglicht es Forschern in aller Welt, einen gemeinsamen Satz von Familien zu verwenden und Daten von Markern, die in einzelnen Labors entwickelt wurden, zusammenzuführen. Bei der humangenetischen Analyse werden die Marker aufgrund der geringen Anzahl von Genotypen und der unvollkommenen Beschaffenheit des Stammbaums mithilfe eines Lod-Scores (Logarithmus der Odds) statistisch ausgewertet. Ein Lod-Ratio >1000:1 (ein Odds-Ratio von mindestens 1000:1 gegenüber alternativen Ordnungen) wird als signifikant angesehen, was darauf hindeutet, dass die Marker miteinander gekoppelt sind. Das Marker-Mapping wird heute vollständig mit computergestützten Analysetools durchgeführt.

24.2 Physikalische Karten

Physikalische Karten werden durch Isolierung und Charakterisierung einzigartiger DNA-Sequenzen, einschließlich einzelner Gene, erstellt und bilden das Substrat für die DNA-Sequenzierungsphase.

24.2.1 Sequenzmarkierte Stellen

Die physische Kartierung des Genoms beruht auf Markern, die im Allgemeinen als sequenzmarkierte Stellen (STS) bezeichnet werden. Jeder kurze Sequenzabschnitt (in der Regel weniger als 500 bp) kann als STS verwendet werden, vorausgesetzt, dass: (1) er eine eindeutige Position im Chromosom hat; (2) seine Sequenz bekannt ist, sodass er mit PCR-Assays nachgewiesen werden kann. Eine gängige Quelle für STS ist der „expressed sequence tag" (EST). Ein EST wird durch eine einzige Rohsequenzablesung von einem zufälligen cDNA-Klon gewonnen. Da cDNAs durch reverse Transkription der entsprechenden mRNAs gewonnen werden, ist die EST-Sequenzierung ein schnelles Mittel zur Entdeckung von Sequenzen wichtiger Gene, auch wenn die exprimierten Sequenzen oft unvollständig sind. Die Verwendung von EST bei der STS-Kartierung hat den Vorteil, dass sich die kartierten Marker innerhalb der kodierenden Regionen im Genom befinden.

Das Hauptziel der Kartierung besteht darin, die Integration physikalischer und genetischer Kartierungsdaten über chromosomale Regionen hinweg zu ermöglichen. Diese Karten erleichtern den Aufbau einer umfassenden, integrierten Plattform für die Sequenzierung und Identifizierung von Krankheitsgenen.

24.2.2 Radiation-Hybridisierung

Um eine STS-Kartierung durchzuführen, muss man eine Sammlung von DNA-Fragmenten erzeugen, die ein menschliches Chromosom oder das gesamte Genom abdecken. Diese Sammlung von DNA-Fragmenten wird als Mapping-Reagenz bezeichnet. Ein Ansatz, um solche Sammlungen zu erhalten, ist die Konstruktion von Radiation Hybrid Panels (RH). Ein RH-Panel besteht aus vielen großen Fragmenten menschlicher DNA, die durch Bestrahlungsbruch erzeugt und in Hamsterfibroblastenzelllinien fusioniert wurden. Zur Herstellung von RH-Panels werden menschliche Zellen einer Röntgenbestrahlung ausgesetzt, um das Chromosom zufällig zu fragmentieren, und dann mit Hamsterzellen fusioniert, um Hybride zu bilden, die als Zelllinien vermehrt werden können (Abb. 24.1).

Zur Typisierung eines STS wird ein PCR-Assay verwendet, um alle Zelllinien in einem Panel auf die Ziel-STS-Sequenz(en) zu untersuchen. Die

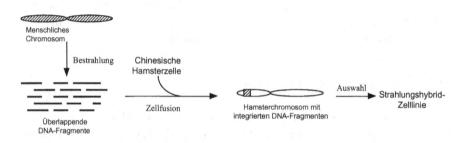

Abb. 24.1 Radiation-Hybride

Häufigkeit des Nachweises von zwei STS-Markern im selben Fragment hängt davon ab, wie nahe sie im Genom beieinander liegen. Je näher sie beieinander liegen, desto größer ist die Chance, dass beide auf demselben Fragment nachgewiesen werden. Je weiter sie auf der Genom-DNA voneinander entfernt sind, desto geringer ist die Wahrscheinlichkeit, dass sie auf demselben Fragment gefunden werden. Der physische Abstand basiert auf der Häufigkeit, mit der Brüche zwischen zwei Markern auftreten.

24.2.3 Klonbibliotheken

Eine Klonbibliothek kann auch als Kartierungsreagenz für die STS-Analyse verwendet werden. Zu diesem Zweck werden in der Regel Bibliotheken mit künstlichen Hefechromosomen (YAC) und bakteriellen künstlichen Chromosomen (BAC) verwendet. Die Marker werden durch den Nachweis von physischen Überschneidungen zwischen den Klonen in der Bibliothek mit überlappenden individuellen Fragmenten (Klon-Contigs) zusammengestellt. Dies geschieht in der Regel durch Fingerprinting-Methoden, wie Kreuzhybridisierung oder PCR von Genomsequenzwiederholungen oder STS-Markern. Wenn beispielsweise die PCR bei jedem Mitglied einer Klonbibliothek auf einzelne STS gerichtet ist, dann müssen die Klone, die PCR-Produkte liefern, überlappende Inserts enthalten (Abb. 24.2). YAC wurde ursprünglich verwendet, weil es große Fragmente aufnehmen und somit große Entfernungen überbrücken kann (siehe Abschn. 18.2.3). YAC und Cosmid sind jedoch Vektoren mit mehreren Kopien und leiden unter einer geringen Transformationseffizienz, der Schwierigkeit, große Mengen an Insert-DNA aus transformierten Zellen zu gewinnen, und Instabilitätsproblemen durch Rearrangement und Rekombination. Aus diesen Gründen ist BAC der bevorzugte Vektor für den Aufbau von zusammenhängenden Bibliotheken geworden.

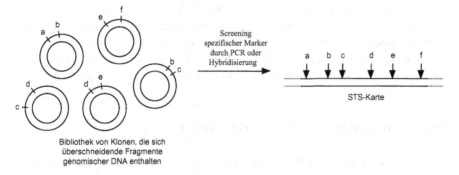

Abb. 24.2 Die Verwendung von Klonbibliotheken als Mapping-Reagenz

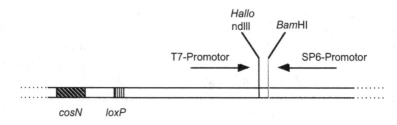

Abb. 24.3 Das Klonierungssegment des BAC-Vektors

24.2.4   Der bakterielle Vektor für künstliche Chromosomen

BAC ist vom F-Faktor von *E. coli* abgeleitet, der natürlicherweise in Form eines 100-Kilobasen-Moleküls vorliegt. Er ermöglicht das Klonieren großer (> 300 kb) DNA-Inserts in *E. coli*, die mit einer sehr niedrigen Kopienzahl, etwa einer Kopie pro Zelle, aufrechterhalten werden können, eine Eigenschaft, die eine stabile Replikation und Vermehrung begünstigt (Shizuya, H., et al. 1992. *Proc. Natl. Acad. Sci. USA* 89, 8794–8797). Ein typischer BAC-Vektor, wie z. B. pBeloBAC11, enthält die folgenden Hauptmerkmale (Abb. 24.3):

1. Sequenzen für die autonome Replikation, die Kontrolle der Kopienzahl und die Aufteilung des Plasmids, einschließlich *oriS*, *repE*, *parA*, *parB* und *parC*, die alle aus dem F-Faktor von *E. coli* stammen.
2. Das Chloramphenicol-Resistenzgen als selektierbarem Marker sowie zwei Klonierungsstellen (*Hin*dIII und *Bam*HI) und weitere Restriktionsstellen für eine mögliche Exzision der Inserts.
3. Bakteriophagen-λ-cosN-Stelle und die Bakteriophagen-P1-LoxP-Stelle. Die cosN-Stelle kann bequem von der Bakteriophagen-α-Terminase (einem im Handel erhältlichen Enzym) gespalten werden, um die DNA zu linearisieren. Die loxP-Stelle wird von der Cre-Rekombinase erkannt und kann verwendet werden, um zusätzliche DNA-Elemente durch Cre-vermittelte Rekombination in den Vektor einzuführen (siehe Abschn. 20.3.3).
4. Eine multiple Klonierungsstelle, die innerhalb des *lacZ*-Gens liegt, um die Blau-weiß-Selektion von Transformanten zu erleichtern. Die Klonierungsstelle wird außerdem von SP6- und T7-Promotorsequenzen flankiert, die die Herstellung von Sonden von den Enden der klonierten Sequenzen durch In-vitro-Transkription von RNA oder durch PCR-Methoden ermöglichen.

24.3   Umfassende integrierte Karten

Seit Anfang der 1990er-Jahre werden genetische und physische Karten des Menschen in hoher Dichte erstellt. Genetische (Kopplungs-)Karten basieren auf polymorphen Markern wie kurzen Tandemwiederholungen, AC/TG-

Wiederholungen sowie Tri- und Tetranukleotidwiederholungen. Physikalische Karten mit hoher Dichte basieren auf STS durch Radiation-Hybridisierung und YAC/BAC-Klonen.

So besteht beispielsweise eine 1994 erstellte hochdichte genetische (Kopplungs-)Karte aus 5840 Loci, von denen 3617 PCR-formatierte Short-tandem-repeat-Polymorphismen und weitere 427 Gene sind, mit einer durchschnittlichen Markerdichte von 0,7 cM (Murray et al. 1994, *Science* 265, 2049–2054). Die 1996 erstellte Version der menschlichen Kopplungskarte besteht aus 5264 Short-tandem-$(AC/TG)_n$-Repeat-Polymorphismen mit einer durchschnittlichen Intervallgröße von 1,6 cM (Dib et al. 1996, *Science* 380, 152–154).

Eine 1995 erstellte physische Karte enthält 15.086 STS-Marker, die später durch 20.104 STS, meist ESTs, mit einer Dichte von einem Marker pro 199 kb ergänzt wurde (Hudson et al. 1995. *Science* 270, 1945–1954). Eine 1998 veröffentlichte physische Karte enthält 41.664 STS durch RH-Mapping, wobei 30.181 der STS auf 3′-nichttranslatierten Regionen von cDNAs basieren, die einzigartige Gene darstellen (Deloukas et al. 1998. *Science* 282, 744–746).

Die durch genetische und physikalische Kartierung entwickelten Marker tragen dazu bei, den Rahmen für eine Konsenskarte für die DNA-Sequenzierungsphase des Humangenomprojekts zu schaffen. Für die Koordinierung der Genomsequenzierung hat jedes der teilnehmenden Labors oder Zentren des internationalen Konsortiums die Verantwortung für die Vervollständigung eines oder mehrerer Abschnitte (Mindestgröße von 1 Mb) des Genoms übernommen. Die Grenzen der Abschnitte werden durch die Auswahl eindeutiger Marker aus dem Rahmenwerk definiert.

24.4 Strategien für die Genomsequenzierung

Die Sequenzierungsphase erfolgt nach einem Ansatz, der allgemein als hierarchische Shotgun-Sequenzierungsstrategie bekannt ist und auch als kartenbasierter oder Klon-für-Klon-Ansatz bezeichnet wird. Eine Alternative ist die Whole-Genome-Shotgun-Sequencing-Strategie.

24.4.1 Hierarchische Shotgun-Sequenzierung

Dieser Ansatz umfasst zwei Stufen des Klonierens (Abb. 24.4). Das Gesamtschema beinhaltet die Zerlegung der Chromosomen in handhabbare große Fragmente, die dann physisch geordnet und einzeln durch Shotgun-Sequenzierung sequenziert werden.

Zunächst wird das Genom mithilfe eines partiellen Verdaus oder akustischer Scherung in handhabbare Segmente mit einer Größe von 50–200 kb zerlegt. Die Fragmente werden in den BAC-Vektor eingefügt und anschließend in *E. coli* transformiert, um eine Bibliothek von Klonen zu erstellen, die das gesamte Genom abdecken. Die in der Bibliothek enthaltenen DNA-Fragmente

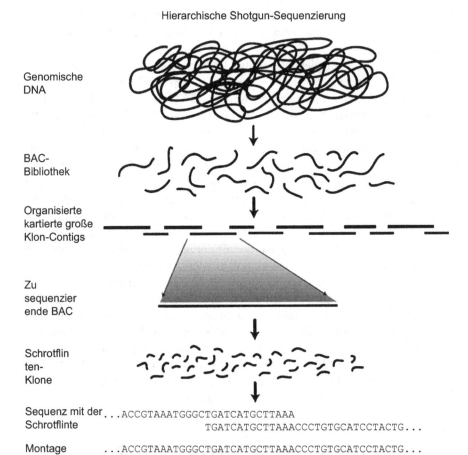

Hierarchische Shotgun-Sequenzierung

Genomische DNA

BAC-Bibliothek

Organisierte kartierte große Klon-Contigs

Zu sequenzier ende BAC

Schrotflin ten-Klone

Sequenz mit der Schrotflinte ...ACCGTAAATGGGCTGATCATGCTTAAA
TGATCATGCTTAAACCCTGTGCATCCTACTG...

Montage ...ACCGTAAATGGGCTGATCATGCTTAAACCCTGTGCATCCTACTG...

Abb. 24.4 Die hierarchische Shotgun-Sequenzierungsstrategie. (Nachdruck mit Genehmigung des International Human Genome Sequencing Consortium et al. *Nature* 409, 863. Copyright 2001 by Nature Publishing Group)

werden an den richtigen Stellen auf der in der ersten Phase des HGP erstellten Genomkarte angeordnet und positioniert.

Im zweiten Schritt werden einzelne Klone ausgewählt und nach der Random-Shotgun-Strategie sequenziert. Das DNA-Fragment in einem einzelnen Klon wird durch Ultraschallbehandlung in kleine Fragmente (2–3 kb) zerlegt. Diese kleinen DNA-Fragmente werden für die Sequenzierung in Plasmide oder Phagemide subkloniert.

Der letzte Schritt besteht darin, einen Genomentwurf aus einzeln sequenzierten BAC-Klonen zusammenzustellen, indem zunächst Contigs für jeden BAC-Klon geordnet und dann Überlappungen an den Enden benachbarter BAC-Sequenzen ausgerichtet werden. Die gesamte Sequenzierung im Genommaßstab wurde mit automatisierten Hochdurchsatzverfahren durchgeführt, und die Sequenzzusammenstellung erfolgte mithilfe von Sequenzbearbeitungssoftware.

24.4.2 Shotgun-Sequenzierung gesamter Genome

Eine alternative Strategie ist als „whole-genome shotgun sequencing strategy" oder „direct shotgun sequencing strategy" bekannt (Abb. 24.5). Bei diesem Ansatz wird das Genom nach dem Zufallsprinzip in kleine DNA-Abschnitte unterschiedlicher Größe (2–50 kb) zerlegt und diese Fragmente werden kloniert, um Plasmidbibliotheken zu erzeugen. Diese Klone werden dann von beiden Enden des Inserts aus sequenziert. Mithilfe von Computeralgorithmen werden aus Tausenden von sich überschneidenden kleinen Sequenzen sogenannte Contigs zusammengesetzt. Die Contigs werden zu Gerüsten verbunden (geordnet und ausgerichtet) und auf den Chromosomen verankert, indem auf die HGP-Kartierungsinformationen verwiesen wird. Die aus der klonbasierten Strategie abgeleiteten BAC-, STS- und EST-Sequenzdaten werden für die Sequenzzusammenstellung und Validierungsanalyse verwendet.

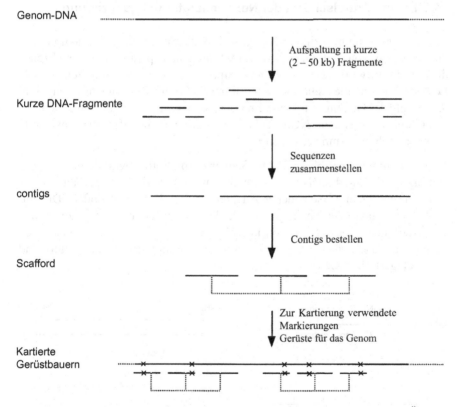

Abb. 24.5 Die Strategie der Shotgun-Sequenzierung des gesamten Genoms. (Übernommen mit Genehmigung von Venter, J. C., et al. The sequence of the human genome. *Science* 291, 1309. Copyright 2001 von American Association for the Advancement of Science)

24.5   Next-generation-Sequenzierung gesamter Genome

Die für das HGP eingesetzte DNA-Sequenzierungstechnologie basiert auf der Sanger-Methode (siehe Abschn. 8.9), wenn auch mit Verbesserungen wie (1) Fluoreszenzdetektion anstelle der ursprünglichen Radiomarkierung, (2) kapillarbasierte Elektrophorese anstelle der PAGE-Geltrennung der Basen und (3) automatisierte Sequenziergeräte, die die gleichzeitige Sequenzierung vieler Proben ermöglichen. Angetrieben durch das Versprechen der personalisierten Medizin und der Pharmakogenomik sowie die Forderung, ein 1000-Dollar-Genom zu erreichen, hat die jüngste Entwicklung im Bereich der Sequenzierung der nächsten Generation (NGS) eine erstaunliche Geschwindigkeit bei der Datenausgabe von einer Gigabase bis zu einer Terabase in einem einzigen Durchgang gebracht.

24.5.1   Das Grundschema der Next-generation-Sequenzierung

Das Grundprinzip der NGS ist, dass die Sequenzierungsreaktion über dichte Arrays von Millionen von DNA-Fragmenten parallel und gleichzeitig durchgeführt wird. Das Ergebnis sind Millionen von kurzen DNA-Leseabschnitten, die neuartige Algorithmen für die Zusammenstellung und Kartierung des Genoms erfordern. Im Folgenden wird das grundlegende Schema einer weit verbreiteten NGS-Technik beschrieben, bei der eine reversible Terminatorchemie zum Einsatz kommt.

1. Vorbereitung der Bibliothek: Die Sequenzierbibliothek wird durch zufällige Fragmentierung der DNA (z. B. durch Scherung) hergestellt, gefolgt von der Ligation zweier verschiedener Adapter an den 5'- und 3'-Enden. Die mit Adaptern modifizierten Fragmente werden denaturiert, und die Einzelstränge werden über einen Rasen von komplementären Oligonukleotidsonden, die auf der Glasoberfläche einer Durchflusszelle immobilisiert sind, geführt und angelagert (Abb. 24.6).

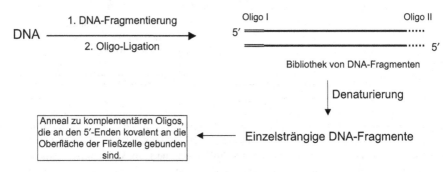

Abb. 24.6 Schema der Bibliotheksvorbereitung

2. Klonale Amplifikation: Jedes angelagerte DNA-Fragment wird dann vervielfältigt, um einen Cluster aus vielen Tausend identischen DNA-Sequenzen zu erzeugen, die einen eindeutigen klonalen Cluster (auch Polonie genannt) bilden. Bei einer Bibliothek mit einer Million DNA-Fragmenten würden wir also eine Million klonaler Cluster erhalten. Jedes Cluster würde die Erzeugung ausreichender Signale für den Nachweis während des Sequenzierungslaufs sicherstellen.

Die Amplifikation wird *in situ* durchgeführt (auch als Festphasenamplifikation bekannt) und besteht aus Annealing, Extension und Denaturierung unter isothermen Bedingungen. Zunächst wird in der Verlängerungsreaktion ein neuer Strang aus dem angelagerten DNA-Strang kopiert, der sich vom 3'-Ende des oberflächengebundenen Oligonukleotids erstreckt. Im Denaturierungsschritt wird der ursprüngliche (vernetzte) Strang abgetrennt und entfernt, wobei der kopierte (neu synthetisierte komplementäre) Strang auf der Glasoberfläche verankert wird. Die Adaptersequenz am 3'-Ende des kopierten Strangs wird an ein neues oberflächengebundenes Oligonukleotid angelagert, wodurch eine Brücke gebildet wird, die von zwei separaten Oligonukleotiden gehalten wird. Daher wird der Prozess auch als Brückenamplifikation bezeichnet. Der überbrückte Strang bildet eine neue Stelle für die Synthese eines neuen Strangs durch Verlängerung. Durch wiederholte Zyklen entsteht schließlich ein klonaler Cluster von etwa 1 µm Durchmesser, der genügend DNA für die Sequenzierung liefert (Adessi et al. 2000. Nucl. Acids Res. 28, e87; Abb. 24.7).

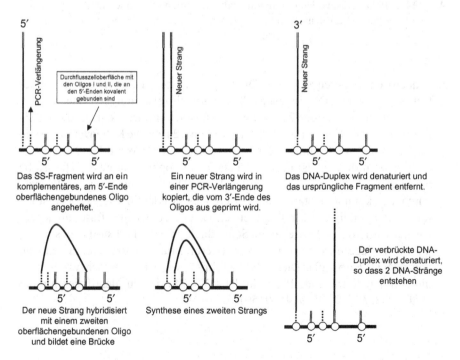

Abb. 24.7 Klonale Amplifikation von DNA durch Festphasen-PCR

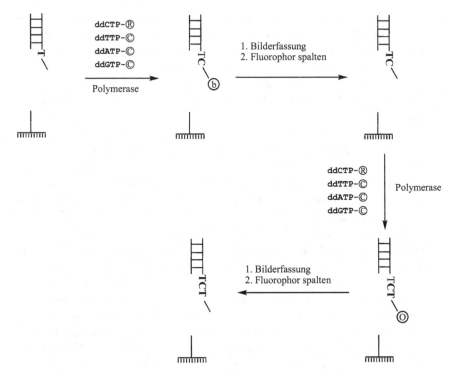

Abb. 24.8 Polymeraseverlängerung mit spaltbaren fluoreszierenden Didesoxynukleotidterminatoren. Die Buchstaben b, g, o, r stehen für unterschiedliche Fluoreszenzwerte der vier ddNTPs

3. Sequenzierung durch Synthese: Die Sequenzierungsreaktion beginnt mit der Denatuierung der DNA in jedem Cluster, um einzelsträngige Vorlagen zu erzeugen, gefolgt von der Zugabe eines Universalprimers, der an die Adaptorsequenz der DNA-Vorlage hybridisiert (Abb. 24.8). Die Kettenverlängerung erfolgt durch PCR unter Verwendung von vier reversiblen Nukleotidterminatoren, die jeweils mit einem anderen Fluorophor (Fluoreszenzfarbstoff) markiert sind, der gespalten werden kann. Die Verlängerung des Primers durch ein komplementäres fluoreszierendes Nukleotid (ddNTP-Farbstoff) führt zur Beendigung der Polymerisation. Die eingebaute Base auf jedem Cluster wird im Bild festgehalten. Schließlich wird der Farbstoff abgespalten, um die Vorlage für eine weitere Verlängerungsrunde vorzubereiten (Einbau von ddNTP-Farbstoff). Diese Zyklusschritte werden mehrfach wiederholt, um aufeinanderfolgende Basen in der DNA-Matrize zu identifizieren (Guo et al. 2008. *PNAS* 105, 9145–9150).

Überprüfung

1.

	Genetische Karte	Physikalische Karte
Verwendete Markierungen		
Einheitsabstand der Marker		
Methoden zum Nachweis von Markern		

2. Warum können nur polymorphe Marker für die genetische Kartierung verwendet werden?

3. Was sind sequenzmarkierte Stellen (STS)? Beschreiben Sie Beispiele für häufig verwendete STS.

4. Warum werden sowohl genetische als auch physische Karten erstellt?

5. Was ist ein „Mapping-Reagenz"? Beschreiben Sie die Techniken, die bei der Entwicklung von Mapping-Reagenzien verwendet werden.

6. Warum werden BACs bei der Herstellung von Klonbibliotheken gegenüber YACs bevorzugt?

7. Welche Arten von Vektoren werden bei der hierarchischen Shotgun-Sequenzierung verwendet? Erläutern Sie, wie und warum diese Vektoren verwendet werden.

8. Der BAC-Vektor wird zur Herstellung von Bibliotheken als Mapping-Reagenz bei der physikalischen Kartierung verwendet (Abschn. 24.2.3 und 24.2.4). Er wird auch in der Sequenzierungsphase verwendet (Abschn. 24.4.1). Wie hängen diese beiden Verwendungen zusammen? Können die für die physikalische Kartierung entwickelten BAC-Klone auch für die Sequenzierung des Genoms verwendet werden? Erläutern Sie Ihre Antwort.

9. Was ist klonale Amplifikation? Wie wird sie durchgeführt? Warum wird sie auch als Brückenamplifikation bezeichnet? Warum ist dieser Schritt im NGS-Protokoll notwendig?

10. Wie werden reversible Terminatoren in NGS verwendet? Warum ist es wichtig, dass die Nukleotide reversibel/abspaltbar sind?

EMPFOHLENE LEKTÜRE

ERSTER TEIL: Grundlagen der genetischen Prozesse

Kap. 1: Einführende Konzepte

Bomgardner, M. M. 2017. A new toolbox for better crops. Chem. & Eng. News 98(24), 31–32.

Campbell, K. L., and Hofreiter, M. 2012. New life for ancient DNA. Sci. Am. 307(2), 46–51.

Lombardo, L., Coppola, G., and Zelasco, S. 2016. New technologies for insect-resistant and herbicide-tolerant plants. Trends Biotechnol. 34, 49–57.

Morrow, M. P., and Weiner, D. 2010. DNA drugs come of age. Sci. Am. 303(1), 48–53.

Moshelion, M., and Altman, A. 2015. Current challenges and future perspectives of plant and agricultural biotechnology. Trends Biotechnol. 33, 337–342.

Nestler, E. J. 2011. Hidden switches in the mind. Sci. Am. 305(6), 76–83.

Stein, R. A. 2016. Epigenetic targets for drug development. Gen. Eng. Biotechnol. News 36(20), 1, 24–26.

Yuan, Y., Bayer, P. E., Batley, J., and Edwards, D. 2017. Improvements in genomic technologies: Application to crop genomics. Trends Biotechnol. 35, 547–558.

Kap. 2: Strukturen von Nukleinsäuren

Darnell, J. E. Jr. 1985. RNA. Sci. Am. 253(4), 68–78.

deDuve, C. 1996. The birth of complex cells. Sci. Am. 274(4), 50–57.

Felsenfeld, G. 1985. DNA. Sci. Am. 253(4), 58–67.

Grivell, L. A. 1983. Mitochrondrial DNA. Sci. Am. 248(3) 78–89.

Gustafsson, C. M., Falkenberg, M., and Larsson, N.-G. 2016. Maintenance and expression of mammalian mitochondrial DNA. Annual Rev. Biochem. 85, 133–160.

Kaushik, M., Kaushik, S., Roy, K., Singh, A., Mahendru, S., Kumar, M., Chaudhary, W., Ahmed, S., Kukreli, S. 2016. A bouquet of DNA structures: Emerging diversity. Biochem. Biophys. Reports 5, 388–395.

Klug, A. 1981. The nucleosome. Sci. Am. 244(2), 52–64.

Murray, A. W., and Szostak, J. W. 1987. Artifical chromosomes. Sci. Am. 257(5), 62–68.

Ro-Choi, T. S., and Choi, Y. C. 2012. Chemical approaches for structure and function of RNA in postgenomic eraJ. Nucleic Acids. doi:https://doi.org/10.1155/2012/369058.

Taylor, R. W., and Turnbull, D. M. 2005. Mitrochondrial DNA mutations in human disease. Nature Rev. Genetics 6, 389–402.

Kap. 3: Strukturen von Proteinen

Caetano-Anolles, G., Wang, M., Caetano-Anolles, D., and Mittenthal, J. E. 2009. The origin, evolution and structure of the protein world. Biochem. J. 417, 621–637.

Rentzsch, R., and Orengo, C. A. 2009. Protein function prediction – the power of multiplicity. Trends Biotechnol. 27, 210–219.

Richards, F. M. 1991. The protein folding problem. Sci. Am. 264(1), 54–63.

Unwin, N., and Henderson, R. 1984. The structure of proteins in biological membranes. Sci. Am. 250(2), 78–94.

Weinberg, R. A. 1985. The molecule of life. Sci. Am. 253(4), 48–57.

Kap. 4: Der genetische Prozess

Brosius, J. 2001. tRNAs in the spotlight during protein biosynthesis. Trends Biochem. Sci. 26, 653–656.

Dickerson, R. E. 1983. The DNA helix and how it read. Sci. Am. 249(6), 94–111.

Ernst, J. F. 1988. Codon usage and gene expression. Trends Biotechnol. 6(8), 196–199.

Hall, S. S. 2012. Journey to the genetic interior. Sci. Am. 307(4), 80–84.

Inada, T. 2017. The ribosome as a platform for mRNA and nascent polypeptide quality. Trends Biochem. Sci. 42, 5–15.

Lake, J. A. 1981. The ribosome. Sci. Am. 245(2), 84–97.

Moore, P. B., and Steitz, T. A. 2005. The ribosome revealed. Trends Biochem. Sci. 30, 281–283.

Nirenberg, M. 2004. Historical review: Deciphering the genetic code – a personal account. Trends Biochem. Sci. 29, 47.

Nomura, M. 1984. The control of ribosome synthesis. Sci. Am. 250(1), 102–114.

Pellegrini, L., and Costa, A. 2016. New insights into the mechanism of DNA duplication by eukaryotic replisome. Trends Biochem. Sci. 41, 859–871.

Radman, M., and Wagner, R. 1988. The high fidelity of DNA duplication. Sci. Am. 259(2), 40–46.

Skinner, M. K. 2014. A new kind of inheritance. Sci. Am. 311(2), 44–51.

Kap. 5: Organisation von Genen

Ast, G. 2005. The alternative genome. Sci. Am. 292(4), 40–47.

Darnell, J. E. Jr. 1983. The processing of RNA. Sci. Am. 249(4), 90–100.

Diller, J. D., and Raghuraman, M. K. 1994. Eukaryotic replication origins: Control in space and time. Trends Biochem. Sci. 19, 320–325.

Gibbs, W. 2003. Unseen genome: gems among the junk. Sci. Am. 28(6), 48–53.

Grunberg, S., and Hahn, S. 2013. Structural insights into transcription initiation by RNA polymerase II. Trends Biochem. Sci. 38 603–611.

Grunstein, M. 1992. Histones as regulators of genes. Sci. Am. 267(4), 68–74B.

Hinnebusch, A. C. 2017. Structural insights into the mechanism of scanning and start codon recognition in eukaryotic translation initiation. Trends Biochem. Sci. 42, 589–611.

Latchman, D. S. 2001. Transcription factors: bound to activate or repress. Trends Biochem. Sci. 26, 211–213.

Le Hir, H., Nott, A., and Moore, M. J. 2003. How introns influence and enhance eukaryotic gene expression. Trends Biochem. Sci. 28, 215–220.

Kornberg, R. D. 2005. Mediator and the mechanism of transcriptional activation. Trends Biotechnol. 30, 235–239.

Kriner, M. A., Sevostyanova, A., and Groisman, E. A. 2016. Learning from the leaders: gene regulation by transcription termination factor Rho. Trends Biochem. Sci. 41, 690–699.

Ptashne, M. 2005. Regulation of transcription: from lambda to eukaryotes. Trends Biochem. Sci. 30, 275–279.

Ramanathan, A., Robb, G. B., and Chan, S.-H. 2016. mRNA capping: biological functions and applications. Nucleic Acids Res. 44, 7511–7526.

Sharp, P. A. 2005. The discovery of split genes and RNA splicing. Trends Biochem. Sci. 30, 279–281.

Tjian, R. 1995. Molecular machines that control genes. Sci. Am. 272(2), 54–61.

Kap. 6: Ablesen der Nukleotidsequenz eines Gens

Fisher, L. W., Heegaard, A.-M., Vetter, U., Vogel, W., Just, W., Termine, J. D., and Young, M. F. 1991. Human biglycan gene. J. Biol. Chem. 266, 14371–14377.

Kugel, J. F., and Goodrich, J. A. 2012. Non-coding: Key regulators of mammalian transcription. Trends Biochem. Sci. 37, 141–151.

Lundberg, L. G., Thoresson, H.-O., Karlstrom, O. H., and Nyman, P. O. 1983. Nucleotide sequence of the structural gene for dUTPase of Escherichia coli K-12. EMBO J. 2, 967–971.

Mammalian Gene Collection (MGG) Program Team (Strausberg, R. L. et al.) 2002. Generation and initial analysis of more than 15,000 full-length human and mouse cDNA sequences. Proc. Natl. Acad. Sci. USA 99, 16899–16903.

Ungefroren, H., and Krull, N. B. 1996. Transcriptional regulation of the human biglycan gene. J. Biol. Chem. 271, 15787–15795.

ZWEITER: Techniken und Strategien des Genklonierens

Kap. 7: Bei der Klonierung verwendete Enzyme

Bickle, T. A., and Kruger, D. H. 1993. Biology of DNA restriction. Microbiol. Rev. 57, 434–450.

Pavlov, A. R., Pavlova, N. V., Kozyavkin, S. a., and Slesarev, A. L. 2004. Recent developments in the optimization of thermostable DNA polymerases for efficient applications. Trends Biotechnol. 22, 253–260.

Roberts, R. J., and Macelis, D. 1993. REBATE-restriction enzymes and methylases. Nucl. Acids Res. 21, 3125–3137.

Kap. 8: Techniken des Klonierens

Cohen, S. N. 1975. The manipulation of genes. Sci. Am. 233(1), 25–33.

Ho, S. N., Hunt, H. D., Borton, R. M., Pullen, J. K., and Pease, L. R. 1989. Site-directed mutagenesis by overlap extension using the polymerase chain reaction. Gene 77, 51–59.

Martin, C., Bresnick, L., Juo, R.-R., Voyta, J. C., and Bronstein, I. 1991. Improved chemiluminescent DNA sequencing. BioTechniques 11, 110–114.

Mullis, K. B. 1990. The unusual origin of the polymerase chain reaction. Sci. Am. 262(4), 56–65.

Sanger, F. 1981. Determination of nucleotide sequence in DNA. Bioscience Reports 1, 3–18.

Southern, E. M. 1975. Detection of specific sequences among DNA fragments separated by gel electrophoresis. J. Mol. Biol. 98, 503–517.

Thomas, P. S. 1980. Hybridization of denatured RNA and small DNA fragments transferred to nitrocellulose. Proc. Natl. Acad. Sci. USA 22, 5201–5205.

Kap. 9: Klonierungsvektoren zum Einbringen von Genen in Wirtszellen

Cameron, I. R., Possee, R. D., and Bishop, D. H. L. 1989. Insect cell culture technology in baculovirus expression system. Trends Biotechnol. 7, 66–70.

Chauthaiwale, V. M., Therwath, A., and Deshpande, V. V. 1992. Bacteriophage lamda as a cloning vector. Microbiol. Rev. 56, 577–591.

Davies, A. H. 1994. Current methods for manipulating baculoviruses. Bio/Technology 12, 47–50.

Holn, B., and Colins, J. 1988. Ten years of cosmids. Trends Biotechnol. 6, 293–298.

Katzen, F., Chang, G., and Kudlicki, W. 2005. The past, present and future of cell-free protein synthesis. Trends Biotechnol. 23, 150–156.

Lu, Q. 2005. Seamless cloning and gene fusion. Trends Biotechnol. 23, 199–207.

Luque, T., and O'Reilly, D. R. 1999. Generation of baculorvirus expression vectors. Mol. Biotechnol. 11, 163–163.

Newell, C. A. 2000. Plant transformation technology. Mol. Biotechnol. 16, 53–65.

Possee, R. D., and King, L. A. 2016. Baculovirus transfer vectors. Chapter 3. Baculovirus and Insect Cell Expression Protocols (Methods in Molecular Biology Vol. 1350), D. W. Murhammer, ed. Springer, NY.

Ramsay, M. 1994. Yeast artificial chromosome cloning. Mol. Biotechnol. 1, 181–201.

Schenborn, F., and Groskreutz, D. 1999. Reporter gene vectors and assays. Mol. Biotechnol. 13, 29–43.

Schuermann, D., Molinier, J., Fritsch, O., and Holm, B. 2005. The dual nature of homologous recombination in plants. Trends Genetics 21, 173–181.

Simons, K., Garoff, H., and Helenius, A. 1982. How an animal virus gets into and out of its host cell. Sci. Am. 246(2), 58–66.

Twyman, R. M., Stoger, E., Schilberg, S., Christou, P., and Fischer, R. 2003. Molecular farming in plants: host systems and expression technology. Trends Biotechnol. 21, 570–578.

Varmus, H. 1987. Reverse transcription. Sci. Am. 257(3), 56–64.

Kap. 10: Gen-Vektor-Konstruktion

Addgene 2017. Plasmids 101: A Desktop Resource, 3rd Edition, www.addgene.com.

Fakruddin, M., Mazumdar, R. M., Mannan, K. S. B., Chowdhury, A., and Hossain, M. N. 2013. Critical factors affecting the success of cloning, expression, and mass production of enzymes by recombinant E. coli. ISRN Biotechnology, Article ID 590587.

Studier, F. W., and Moffatt, B. A. 1986. Use of bacteriophage T7 RNA polymerase to direct selective high-level expression of cloned genes. J. Mol. Biol. 189, 113–130.

Kap. 11: Transformation

Chassy, B. M., Mercenier, A., and Flickinger, J. 1988. Transformation of bacteria by electroporation. Trends Biotechnol. 6, 303–309.

Das, M., Raythata, H., and Chatterjee, S. 2017. Bacterial transformation: What? Why? How? and When? Annual Res. Rev. Biol. 16, 1–11.

Hockney, R. C. 1994. Recent developments in heterologous protein production in Escherichia coli. Trends Biotechnol. 12, 456–463.

Hohn, B., Levy, A. A., and Puchta, H. 2001. Elimination of selection markers from transgenic plants. Curr Opin. Biotechnol. 12, 139–143.

Klein, T. M., Arentzen, R., Lewis, P. A., and Fitzpatrick-McElligott, S. 1992. Transformation of microbes, plants and animals by particle bombardment. Bio/Technology 10, 286–290.

Maheshwari, N., Rajyalakshmi, K., Baweja, K., Dhir, S. K., Chowdhry, C. N., and Maheshwari, S. C. 1995. *In vitro* culture of wheat and genetic transformation – retrospect and prospect. Crit. Res. Plant Sci. 14, 149–178.

Rivera, A. L., Gomez-Lim, M., Fernandez, F., and Loske, A. M. 2012. Physical methods for genetic plant transformation. Physics Life Rev. 9, 308–345.

Walden, R., and Wingender, R. 1995. Gene-transfer and plant regeneration techniques. Trends Biotechnol. 13, 324–331.

Whitelam, G. C., Cockburn, B., Gandecha, A. R., and Owen, M. R. L. 1993. Heterologous protein production in transgenic plants. Biotechnol. Genet. Engineer. Rev. 11, 1–29.

Ziemienowicz, A. 2014. Agrobacterium-mediated plant transformation: Factors, applications and recent advances. Biocatalysis Agric. Biotechnol. 3, 95–102.

Kap. 12: Isolierung von Genen für die Klonierung

Cohen, S. N. 1975. The manipulation of genes. Sci. Am. 233(1), 25–33.

Harbers, M. 2008. The current status of cDNA cloning. Genomics 91, 232–242.

Kimmel, A. R. 1987. Selection of clones from libraries: Overview. Methods Enzymol. 152, 393–399.

Okayama, H., Kawaichi, M., Brownstein, M., Lee, F., Yokota, T., and Arai, K. 1987. High-efficiency cloning of full-length cDNA: Construction and screening of cDNA expression libraries for mammalian cells. Methods Enzymol. 154, 3–28.

DRITTER TEIL: Auswirkungen des Genklonierens: Anwendungen in der Landwirtschaft

Kap. 13: Verbesserung der Qualität von Tomaten durch Antisense-RNA

Guo, Q., Liu, Q., Smith, N. A., Liang, G., and Wang, M.-B. 2016. RNA silencing in plants: Mechanisms, technologies and applications in horticultural crops. Current Genomics 17, 476–489.

Kramer, M., Sanders, R. A., Sheehy, R. E., Melis, M., Kuehn, M., and Hiatt, W. R. 1990. Field evaluation of tomatoes with reduced polygalacturonase by antisense RNA. In: *Horticultural Biotechnology,* eds. A. B. Bennett and S. D. O'Neil, Wiley-Liss Inc., New York.

Lau, N. C., and Bartel, D. P. 2003. Censors of the genome. Sci. Am. 289(2), 34–41.

Pelechono, V., and Steinmetz, L. M. 2013. Gene regulation by antisense transcription. Nature Rev. Genetics 14, 880–893.

Schuch, W. 1994. Improving tomato quality through biotechnology. Food Technology 48(11), 78–83.

Sheehy, R. E., Kramer, M., and Hiatt, W. R. 1988. Reduction of polygalacturonase activity in tomato fruit by antisense RNA. Proc. Natl. Acad. Sci. USA 85, 8805–8809.

Sheehy, R. E., Pearson, J., Brady, C. J., and Hiatt, W. R. 1987. Molecular characterization of tomato fruit polygalacturonase. Mol. Gen. Genet. 208, 30–36.

Wagner, R. W. 1994. Gene inhibition using antisense oligodeoxynucleotides. Nature 372, 333–335.

Kap. 14: Transgene Nutzpflanzen mit Insektizidwirkung

Ffrench-Constant, R. H., Daborn, P. J., and Le Goff, G. 2004. The genetics and genomics of insecticide resistance. Trends Genetics 20, 164–170.

Fischhoff, D. A., Bowdish, K. S., Perlak, F. J., Marrone, P. G., McCormick, S. M., Niedermeyer, J. G., Dean, D. A., Kusano-Kretzmer, K., Mayer, E. J., Rochester, D. E., Rogers, S. G., and Fraley, R. T. 1987. Insect tolerant transgenic tomato plants. Bio/Technology 5, 807–813.

Ibrahim, R. A., and Shawer, D. M. 2014. Transgenic Bt-plants and the future of crop protection. Int. J. Agric. Food Res. 3, 14–40.

Pertak, F. J., Deaton, R. W., Armstrong, T. A., Fuchs, R. I., Sims, S. R., Greenplate, J. T., and Fischhoff, D. A. 1990. Insect resistant cotton plants. Bio/Technology 8, 939–943.

Rietschel, E. T., and Brade, H. 1992. Bacterial endotoxins. Sci. Am. 267(2), 54–61.

Shah, D. M., Rommems, C. M. T., and Beachy, R. N. 1995. Resistance to diseases and insects in transgenic plants: progress and applications to agriculture. Trends Biotechnol. 13, 362–368.

Umbeek, P., Johnson, G., Barton, K., and Swain, W. 1987. Genetically transformed cotton (*Grossypium hirsutum* L.) plants. Bio/Technology 5, 263–266.

Zhang, J., Khan, S. A., Heckel, D. G., and Bock, R. 2017. Next-generation insect-resistant plants: RNAi-mediated crop protection. Trends Biotechnol. 35, 871–882.

Zhao, J.-Z., Cao, J., Li, Y., Collins, H. I., Roush, R. T., Earle, E. D., and Shelton, A. M. 2003. Transgenic plants expressing two *Bacillus thuringiensis* toxins delay insect resistance evolution. Nature Biotechnol. 21, 1493–1497.

Kap. 15: Transgene Nutzpflanzen mit Herbizidresistenz

Comai, L., Facciotti, D., Hiatt, W. R., Thompson, G., Rose, R. E., and Stalker, D. M. 1985. Expression in plants of a mutant *aro* A gene from Salmonella typhimurium confers tolerance to glyphosate. Nature 317, 741–744.

Gurr, S. J., and Rushton, P. J. 2005. Engineering plants with increased disease resistance: how are we going to express it? Trends Biotehnol. 23, 283–290.

Fillatti, J. J., Kiser, J., Rose, R., and Comai, L. 1987. Efficient transfer of a glyphosate tolerance gene into tomato using a binary *Agrobacterium tumefaciens* vector. Bio/Technology 5, 726–730.

Hines, P. J., and Marx, J. (eds.) 1995. The emerging world of plant science. Science 268, 653–716.

Latif, A., Rao, A. Q., Khan, M. A. U., Shahid, N., Bajwa, K. S. Ashraf, M. A., Abbas, M. A., Azam, M., Shahid, A. A., Nasir, I. A., and Husnain, T. 2015. Herbicide-resistant cotton (*Gossypium hirsutum*) plants: an alternative way of manual weed removal. BMC Res. Notes 8, 453–460.

McDowell, J. M., and Woffenden, B. J. 2003. Plant disease resistance gene: recent insights and potential applications. Trends Biotechnol. 21, 178–183.

Schulz, A., Wengenmayer, F., and Goodman, H. M. 1990. Genetic engineering of herbicide resistance in high plants. Plant Science 9, 1–15.

Strobel, G. A. 1991. Biological control of weeds. Sci. Am. 205(1), 72–78.

Kap. 16: Wachstumsverbesserung bei transgenen Fischen

Anon 2010. "Briefing Packet: AquAdvantage Salmon", II. Product Definition, Food and Drug Administration Center for Veterinary Medicine, September 20, 2010.

Chen, T. T., Lin, C.-M., Lu, J. K., Shamblott, M., and Kight, K. 1993. Transgenic fish: a new emerging technology for fish production. In: Science for The Food Industry of the 21st Century, Biotechnology, Supercritical Fluids, Membranes and Other Advanced Technologies for Low Calorie, Healthy Food Alternatives, ed. M. Yalpani, ATL Press, Mount Prospect, IL.

Chen, T. T., and Powers, D. A. 1990. Transgenic fish. TIBTECH 8, 209, 215.

Du, S. J., Gong, Z., Fletcher, G. L., Shears, M. A., King, M. J., Idler, D. R., and Hew, C. L. 1992. Growth enhancement in transgenic Atlantic salmon by the use of an "all fish" chimeric growth hormone gene construct. Bio/technology 10, 176–181.

Hobbs, R. S., and Fletcher, G. L. 2008. Tissue specific expression of antifreeze protein and growth hormone transgenes driven by the ocean pout (*Mcrozoarces americanus*) antifreeze protein OP5a gene promoter in Atlantic salmon (*Salmo salar*). Transgenic Res. 17, 33–45.

VIERTER TEIL: Auswirkungen des Genklonierens: Anwendungen in der Medizin und verwandten Bereichen

Kap. 17: Mikrobielle Produktion von rekombinantem Humaninsulin

Atkinson, M. A., and Maclaren, N. K. 1990. What causes diabetes? Sci. Am. 263(1), 62–71.

Bristow, A. F. 1993. Recombinant-DNA-derived insulin analogues as potentially useful therapeutic agents. Trends Biotechnol. 11, 301–305.

Gilbert, W., and Willa–Komaroff, L. 1980. Useful proteins from recombinant bacteria. Sci. Am. 242(4), 74–94.

Goeddel, D. V., Kleid, D. G., Bolivar, P., Heyneker, H. L., Yanmsura, D. G., Crea, R., Hirose, T., Kraszewski, A., Itakura, K., and Riggs, A. D. 1979. Expression in *Escherichia coli* of chemically synthesized genes for human insulin. Proc. Natl. Acad. Sci. USA 76, 106–110.

Lienhard, G. E., Slot, J. S., James, D. E., and Mueckler, M. M. 1992. How cells absorb glucose? Sci. Am. 266(1), 86–91.

Mukhopadhyay, R. 2014. Insulin for all. ASBMB Today October, 13(10), 28–32.

Kap. 18: Suche nach krankheitsverursachenden Genen

Anand, R. 1992. Yeast artificial chromosomes (YACs) and the analysis of complex genomes. Trends Biotechnol. 10, 35–40.

Buckler, A. J., Chang, D. D., Craw, S. L., Brook, D., Haber, D. A., Sharp, P. A., and Housman, D. E. 1991. Exon amplification: a strategy to isolate mammalian genes based on RNA splicing. Proc. Natl. Acad. Sci. USA 88, 4005–4009.

Collins, F. S. 1991. Of needles and haystacks: Finding human disease genes by positional cloning. Clin. Res. 39, 615–623.

Gilissen, C., Hoischen, A., Brunner, H. G., and Weltman, J. A. 2012. Disease gene identification strategies for exome sequencing. European J. Human Genetics 20, 490–497.

Halaas, J. L., Gajiwala, K. S., Maffei, M., Cohen, S. L., Chaiti, B. T., Rabinowitz, D., Lllone, R. L., Burley, S. K., Friedman, J. M. 1995. Weight-reducing effects of the plasma protein encoded by the obese gene. Science 269, 543–544.

Mamanova, L., Coffey, A. J., Scott, C. E., Kozarewa, I., Turner, E. H., Kumar, A., Howard, E., Shendure, J., and Turner, D. J. 2010. Target-enrichment strategies for next-generation sequencing. Nature Method 7, 111–118.

Pelleymounter, M. A., Cullen, M. J., Baker, M. B., Hecht, R., Winters, D., Boone, T., and Collins, T. 1995. Effects of the obese gene product on body weight regulation in *ob/ob* mice. Science 269, 540–543.

Poustka, A., Pohl, T. M., Barlow, D. P., Frischauf, A.-M., and Lebrach, H. 1987. Construction and use of human chromosome jumping libraries from *Not* 1-digested DNA Nature 325, 353–355.

Robinson, P. N., Krawitz, P., and Mundios, S. 2011. Strategies for exome and genome sequence data analysis in disease-gene discovery projects. Clin. Genet. 80, 127–132.

White, R., and Lalouel, J.-M. 1988. Chromosome mapping with DNA markers. Sci. Am. 258(2), 40–48.

Zhang, Y., Proenca, R., Maffei, M., Barone, M., Leopold, L., and Friedman, J. M. 1994. Positional cloning of the mouse obese gene and its human homologue. Nature 372, 425–432.

Kap. 19: Gentherapie beim Menschen

Blaese, R. M. 1997. Gene therapy for cancer. Sci. Am. 276, 111–120.

Blaese, R. M., Culver, K. W., Miller, A. D., Carter, C. S., Fleisher, T., Clerici, M., Shearer, G., Chang, L., Chiang, Y., Tolstoshew, P., Greenblatt, J. L., Rosenberg, S. A., Klein, H., Berger, M., Mullen, C. A., Ramsey, J., Muul, L., Morgan, R. A., and Anderson, W. F. 1995. T lymphocyte-directed gene therapy for ADA-SCID: Initial trial results after 4 years. Science 270, 475–480.

Felgner, P. L. 1997. Nonviral strategies for gene therapy. Sci. Am. 276(6), 102–106.

Hauswirth, W. W. 2014. Retinal gene therapy using adeno-associated viral vectors: Multiple applications for a small virus. Human Gene Therapy 25, 671–678.

Hill, A. B., Chen, M., Chen, C.-K., Pfeller, B. A., and Jones, C. H. 2016. Overcoming gene-delivery hurdles: Physiological considerations for nonviral vectors. Trends Biotechnol. 34, 91–105.

Hock, R. A., Miller, D., and Osborne, W. R. A. 1989. Expression of human adenosine deaminase from various strong promoters after gene transfer into human hematopoietic cell lines. Blood 74, 876–881.

Langridge, W. H. R. Edible vaccines. Sci. Am. 283, 66–71.

Lewis, R. 2014. Gene therapy's second act. Sci. Am. 310(3), 52–57.

Ling, G. 2017. Genomic vaccines. Sci. Am. 317(6), 37.

Lundstrom, K. 2003. Latest development in viral vectors for gene therapy. Trends Biotechnol. 21, 117–122.

Maguire, A. M., et al. 2008. Safety and efficacy of gene transfer for Leber's congenital amaurosis. N Engl. J. Med. 358, 2240–2248.

Morgan, R. A., and Anderson, W. F. 1993. Human gene therapy. Ann. Rev. Bioche. 62, 191–217.

Mountain, A. 2000. Gene therapy: the first decade. Trends Biotechnol. 18, 119–128.

Oliveira, P. H., and Mairhofer, J. 2013. Marker-free plasmids for biotechnological applications – implications and perspectives. Trends Biotechnol. 31, 539–547.

Samulski, R. J., and Muzyczka, N. 2014. AAV-mediated gene therapy for research and therapeutic purposes. Ann. Rev. Virol. 1, 427–451.

Sheikh, N. A., and Morrow, W. J. W. 2003. Guns, genes, and spleen: a coming of age for rational vaccine design. Methods 31, 183–192.

Tarner, I. H., Muller-Ladner, U., and Fathman, C. G. 2004. Targeted gene therapy: frontiers in the development of 'smart drug'. Trends Biotechnol. 22, 304–310.

Testa, F., et al. 2013. Three-year follow-up after unilateral subretinal delivery of adeno-associated virus in patients with Leber congenital amaurosis Type 2. Ophthalmology 120, 1283–1291.

Verma, I. M. 1990. Gene therapy. Sci. Am. 265(5), 68–84.

Weiner, D. B., and Kennedy, R. C. 1999. Genetic vaccines. Sci. Am. 281(1), 50–57.

Kap. 20: Gen-Targeting und Genomeditierung

Barrangou, R., and Doudna, J. A. 2016. Applications of CRISPR technologies in research and beyond. Nature Biotechnol. 34, 933–941.

Belmonte, J. C. I. 2016. Human organs from animal bodies. Sci. Am. 315(5), 32–37.

Capecchi, M. R. 1994. Targeted gene replacement. Sci. Am. 270(3), 52–59.

Capecchi, M. R. 2000. How close are we to implementing gene targeting in animals other than the mouse. Proc. Natl. Acad. Sci. USA 97, 956–957.

Clark, A. J., Buri, S., Denning, C., and Dickinson, P. 2---. Gene targeting in livestock: a preview. Transgenic Res. 9, 263–275.

Dai, Y., Yaught, T. D., Boone, J., Chen, S.-H., Phelps, C. J., Ball, S., Monahan, J. A., Jobst, P. M., McCreath, K. J., Lamborn, A. E., Cowell-Lucero, J. L., Wells, K. D., Colman, A., Poejaeva, I. A., and Ayares, D. L. 2002. Targeted disruption of the α-1,3-galactosyltransferase gene in cloned pigs. Nature Biotechnol. 20, 251–255.

Fassler, R., Martin, R., Forsberg, E., Litzenburger, T., and Iglesias, A. 1995. Knockout mice: How to make them and why. The immunological approach. Int. Arch. Allergy Immunol. 106, 323–334.

Gaj, T., Gersbach, C. A., and Barbas, C. F. III. 2013. ZFN, TALEN, and CRISPR/Cas-based methods for genome engineering. Trends Biotechnol. 31, 397–405.

Hochstrasser, M. L., and Doudna, J. A. 2015. Cutting it close: CRISPR-associated endoribonuclease structure and function. Trends Biochem. Sci. 40, 58–66.

Joung, J. K., and Sander, J. D. 2013. TALENS: a widely applicable technology for targeted genome editing. Nat. Rev. Mol. Cell Biol. 14, 49–55.

Kim, H.-S., and Smithies, O. 1988. Recombinant fragment assay for gene targeting based on the polymerase chain reaction. Nucleic Acid. Res. 16, 8887–8903.

Kolber-Simonds, D., Lai, L., Watt, S. R., Denaro, M., Arn, S., Augenstein, M. L., Betthauser, J., Carter, D. B., Greenstein, J. L., Hao, Y., Im, G.-S., Liu, Z., Mell, G. D., Murphy, C. N., Park, K.-W., Rieke, A., Ryan, D. J. J., Sachs, D. H., Forsberg, E. J., Prather, R. S., and Hawley, R. J. 2004. Production of α-1,3-galactosyltransferase null pigs by means of nulcear transfer with fibroblasts bearing loss of heterozygosity mutations. Proc. Natl. Acad. Sci. 101, 7335–7340.

Lai, L., and Prather, R. S. 2003. Creating genetically modified pigs by using nuclear transfer. Repro. Biol. Endocrinol. 1, 82–87.

Lanza, R. P., Cooper, D. K. C., and Chick, W. L. 1997. Xenotransplantation. Sci. Am. 277, 54–59.

Liang, Z., Chen, K., Li, T., Zhang, Y., Wang, Y., Zhao, Q., Liu, J., Zhang, H., Liu, C., Ran, Y., Gao, C. 2017. Nature Communications 8, 14261. DOI: https://doi.org/10.1038/ncomms14261.

Mitsunobu, H., Teramoto, J., Nishida, K., and Kondo, A. 2017. Beyond native Cas9: manipulating genomic information and function. Trends Biotechnol. 35, 983–996.

Nemudry, A. A., Valetdinova, K. R., Medvedev, S. P., and Zakian, S. M. 2014. TALEN and CRISPR/Cas genome editing systems: Tools of discovery. Acta Naturae 6, 19–40.

Ran, F. A., Hsu, P. D., Wright, J., Agarwala, V., Scott, D. A., and Zhang, F. 2013. Genome engineering using the CRISPR-Cas9 system. Nature Protocols 8, 2281–2308.

Sander, J. D., and Joung, J. K. 2014. CRISPR-Cas systems for editing, regulating and targeting genomes. Nature Biotechnol. 32, 347–355.

Smith, K. R. 2002. Gene transfer in higher animals: theoretical considerations and key concepts. J. Biotechnol. 99, 1–22.

Tan, W., Proudfoot, C., Lillico, S. G., Bruce, C., and Whitelaw, A. 2016. Gene targeting, genome editing: from dolly to editors. Transgenic Res. 25, 273–287.

van der Oost, J., Jore, M. M., Westra, E. R., Lundgren, M., and Brouns, S. J. J. 2009. CRISPR-based adaptive and heritable immunity in prokaryotes. Trends Biochem. Sci. 34, 401–409.

Kap. 21: DNA-Typisierung

Carey, L., and Mitnik, I. 2002. Trends in DNA forensic analysis. Electrophoresis 23, 1386–1397.

Debenham, P. G. 1992. Probing identity: The changing face of DNA fingerprinting. Trends Biotechnol. 10, 96–102.

Jeffreys, A. J., Turner, M., and Debenhm, P. 1991. The efficiency of multi-locus DNA fingerprint probes for individualization and establishment of family relationships, determined from extensive casework. Am. J. Hum. Genet. 48, 824–840.

Gill, P. 2002. Role of short tandem repeat DNA in forensic casework in the UK – past, present, and future perspectives. BioTechniques 32, 366–385.

Gill, P., Ivanov, P. I., Kimpton, C., Piercy, R., Benson, N., Tully, G., Evett, I., Hagelberg, E., and Sullivan, K. 1994. Identification of the remains of the Romanov family by DNA analysis. Nature Genetics 6, 130–135.

Hares, D. R. 2015. Selection and implementation of expanded CODIS core loci in the United States. Forensic Science International: Genetics 17, 33–34.

Ivanov, P. I., Wadhams, M. J., Roby, R. K., Holland, M. M., Weedn, V. W., and Parsons, T. J. 1996. Mitochondrial DNA sequence heteroplasmy in the Grand Duke of Russia Georgij Romanov establishes the authenticity of the remains of Tsar Nicholas II. Nature Genetics 12, 417–420.

Jobling, M. A., and Gill, P. 2004. Encoded evidence: DNA in Forensic Analysis. Nature Rev. Genetics 5, 739–751.

Moxon, E. R., and Wills, C. 1999. DNA microsatellites: agents of evolution? Sci. Am. 280(1), 94–99.

Nakamura, Y., Leppert, M., O'Connell, P., Wolff, R., Holm, T., Culver, M., Martin, C., Fujimoto, E., Hoff, M., Kumlin, E., and White, R. 1987. Variable number of tandem repeat (VNTR) markers for human gene mapping. Science 235, 1016–1622.

National Institute of Justice (nij). 2017. http://nij.gov/topics/forensics/.

Ruitberg, C. M., Reeder, D. J., and Butler, J. M. 2001. STRBase: a short tandem repeat DNA database for the human identity testing community. Nucleic Acids Res. 29, 320–322.

Turman, K. M. 2001. Understanding DNA evidence: A guide for victim service providers. U.S. Department of Justice. http://ove.gov/publications/bulletins/dna_4_2001/welcome.html/.

Kap. 22: Transpharmers: Bioreaktoren für pharmazeutische Produkte

Bawden, W. S., Passey, R. T., and Mackinlay, A. G. 1991. The genes encoding the major milk-specific protein and their use in transgenic studies and protein engineering. Biotechnol. Genet. Engineer. Rev. 12, 89–137.

Carver, A. S., Dairmple, M. A., Barrass, J. D., Scott, A. R., Colman, A., and Garner, I. 1993. Transgenic livestock as bioreactors: Stable expression of human alpha-1-antitrypsin by a flock of sheep. Bio/Technology 11, 1263–1270.

Fischer, R., and Emans, N. 2000. Molecular farming of pharmaceutical proteins. Transgenic Res. 9, 279–299.

Ivarie, R. 2003. Avian transgenesis: progress towards the promise. TIBECH 21, 14–19.

Maga, E. A., and Murray, J. D. 1995. Mammary gland expression of transgenes and the potential for altering the properties of milk. Bio/Technology 13, 1452–1457.

Mekuriaw, E., Asemare, S., and Tagele, A. 2016. Transgenic biotechnology in animals and its medical application: Review. J. Health, Medicine and Nursing 29, 87–98.

Wheeler, M. B. 2007. Agricultural applications for transgenic livestock. Trends Biotechnol. 25, 204–210.

Wright, G., Carver, A., Cotton, D., Reeves, D., Scott, A., Simons, P., Wilmut, I., Garner, I., and Colman, A. 1991. High level expression of active human alpha-1-antitrypsin in the milk of transgenic sheep. Bio/Technology 9, 830–834.

Kap. 23: Klonen von Tieren

Keefer, C. L. 2015. Artificial cloning of domestic animals. Proc. Natl. Acad. Sci. USA 112, 8874–8878.

Lanza, R. P., Dresser, B. L., and Damiani, P. 2000. Cloning Noah's Ark. Sci. Am. 283(5), 84–89.

Lotti, S. N., Rolkoff, K. M., Rubessa, M., and Wheeler, M. B. 2017. Modification of the genome of domestic animals. Animal Biotechnol. 28, 198–210.

Matthew, J. E., Gutter, C., Loike, J. D., Wilmut, I., Schnieke, A. E., and Schon, E. A. 1999. Mitochondrial DNA genotypes in nuclear transfer-derived cloned sheep. Nature Genetics 23, 90–93.

Roslin Institute. 2000. Nuclear transfer: a brief history. www.roslin.ac.uk/public/01-03-98-nt.html.

Tan, W., Proudfoot, C., Lillico, S. G., and Whitelaw, C. B. A. 2016. Gene targeting, genome editing: from Dolly to editors. Transgenic Res. 25, 273–287.

Wilmut, I. 1998. Cloning for medicine. Sci. Am. 279(6), 58–63.

Wilmut, I., Beaujean, N., de Sousa, P. A., Dinnyes, A., King, T. J., Paterson, L. A., Wells, D. N., and Young, L. E. 2002. Somatic cell nuclear transfer. Nature 419, 583–586.

Kap. 24: Gesamtes Genom und Next-generation-Sequenzierung

Adessi, C., Matton, G., Ayala, G., Turcatti, G., Mermod, J.-J., Mayer, P., and Kawashim, E. 2000. Solid phase DNA amplification: characterization of primer attachment and amplification mechanisms. Nucl. Acids Res. 28, e87.

Bentley, D. R., Fruit, K. D., Deloukas, P., Schuler, G. D., and Ostell, J. 1998. Coordination of human genome sequencing via a consensus framework map. Trends Genetics 14, 381–384.

Bentley, D. R., et al. 2008. Accurate whole human genome sequencing using reversible terminator chemistry. Nature 456, 53–59.

Deloukas, P., et al. 1999. A physical map of 30,000 human genes. Science 282, 744–746.

Dib, C., et al. 1996. A comprehensive genetic map of the human genome based on 5,264 microsatellites. Nature 380, 152–154.

Guo, J., Xu, N., Li, Z., Zhang, S., Wu, J., Kim, D. H., Marma, M. S., Meng, Q., Cao, H., Li, X., Shi, S., Yu, L., Kalchikov, S., Russo, J. J., Turro, N. J., and Ju, J. 2008. Four-color DNA sequencing with 3'-*O*-modified nucleotide reversible terminators and chemically cleavable fluorescent dideoxynucleotides. PNAS 105, 9145–9150.

Heather, J. M., and Chain, B. 2016. The sequence of sequencers: The history of sequencing DNA. Genomics 107, 1–8.

Hudson, T. J., et al. 1995. A STS-based map of the human genome. Science 270, 1945–1954.

International Human Genome Sequencing Consortium. 2001. Initial sequencing and analysis of the human genome. Nature 409, 860–921.

March, R. E. 1999. Gene mapping by linkage and association analysis. Mol. Biotechnol. 13, 113–122.

Murray, J. C., et al. 1994. A comprehensive human linkage map with centimorgan density. Science 265, 2049–2054.

Nachman, M. W. 2001. Single nucleotide polymorphism and recombination rate in humans. Trends Genetics 17, 481–485.

Oliver, M., et al. 2001. A high-resolution radiation hybrid map of the human genome draft sequence. Science 291, 1298–1302.

Rai Chi, K. 2016. The dark side of the human genome. Nature 538, 275–277.

Shizuya, H., Birren, B., Kim, U.-J., Mncino, V., Slepak, T., Tachiri, Y., and Simon, M. 1992. Cloning and stable maintenance of 300-kilobase-pair fragments of human DNA in Escherichia coli using an F-factor-based vector. Proc. Natl. Acad. Sci. USA 89, 8794–8797.

Shizuya, H., and Kouros-Mehr, H. 2001. The development and applications of the bacterial artificial chromosome cloning system. Keio J. Med. 50, 26–30.

Venter, J. C., Smith, H. O., and Hood, L. 1996. A new strategy for genome sequencing. Nature 381, 364–366.

Venter, J. C. et al. 2001. The sequence of the human genome. Science 291, 1304–1351.

White, R., and Lalouel, J.-M. 1988. Chromosome mapping with DNA markers. Sci. Am. 258(2), 40–48.

Printed in the United States
by Baker & Taylor Publisher Services